普通高等院校实验类系列特色教材

大学物理实验教程

主　编　张艳丽
副主编　陈本富　王玉涵
参　编　周晶晶　于　婷　冯江平
潘学莲　刘显奎

西南交通大学出版社
·成　都·

图书在版编目（CIP）数据

大学物理实验教程 / 张艳丽主编. —成都：西南交通大学出版社，2023.9

ISBN 978-7-5643-9359-5

Ⅰ. ①大… Ⅱ. ①张… Ⅲ. ①物理学－实验－高等学校－教材 Ⅳ. ①O4-33

中国国家版本馆 CIP 数据核字（2023）第 112737 号

Daxue Wuli Shiyan Jiaocheng

大学物理实验教程

主编　张艳丽

责任编辑　孟秀芝
封面设计　何东琳设计工作室

出版发行　西南交通大学出版社
（四川省成都市金牛区二环路北一段 111 号
西南交通大学创新大厦 21 楼）
邮政编码　610031
发行部电话　028-87600564　028-87600533
网址　http://www.xnjdcbs.com
印刷　四川森林印务有限责任公司

成品尺寸　185 mm × 260 mm
印张　16.75
字数　399 千
版次　2023 年 9 月第 1 版
印次　2023 年 9 月第 1 次
定价　49.00 元
书号　ISBN 978-7-5643-9359-5

课件咨询电话：028-81435775

前言

PREFACE

大学物理实验课是高等院校理、工、医、农等专业必修的专业基础课程，是大学生进行科学实验基本训练的第一门实验类课程，是大学生接受系统实验方法和基本实验技能训练的开端，是大学生实践创新能力培养的重要基础。大学物理实验课覆盖的学科领域广泛，是相关专业理论课程学习的重要基石。这些都赋予大学物理实验课程重要的历史使命和功能：培养学生掌握基本的实验技能和方法；激发学生的实验创新意识；训练学生的实验实践综合创新能力；培养学生养成严谨的科学实验创新思维；引导学生树立正确的科学思想、科学方法和科学态度。因此，大学物理实验课程改革对于培养应用型人才和创新型人才至关重要。

2010 年，教育部高等学校物理基础课程教学指导分委员会编写了《高等学校理工科类大学物理实验课程教学基本要求》。本书首先以该文件的基本要求为依据，同时吸取国内兄弟院校优秀教材的优点，再结合当前我校物理实验教学仪器和实验教学改革的实际情况，以及我校教师多年来的物理实验教学经验和获得的一些教学成果编写而成。本书的主要特点、创新性及社会价值分列如下：

1. 实践性强，适应应用型人才培养目标的转变

本书设置了基础性实验、综合性实验和设计性实验三个层次的实验内容，构造出由低到高、由易到难、分层次递进式的设计理念。每个实验项目包括实验背景、实验目的、实验原理、实验仪器、实验步骤、注意事项、数据处理、思考题及社会应用等，实践性和操作性均较强。在重理论、厚基础的基础上，注重学生实践能力、创新能力和创新思维的培养，切合全面整体推进应用型人才培养目标的转变。

2. 增设物理发展史、应用现状等内容，增强了教材的可读性和趣味性

本书除包括实验目的、实验原理、实验步骤、注意事项、预习题、实验数据记录和处理、思考题等内容外，本书在实验项目编写时，尽可能增设了阅读材料，内容包括物理发展史、历史背景、有趣的故事和社会应用价值等。可以让学生了解实验项目的由来和现在的应用现状，以激发学生的学习兴趣，同时，还增添了内容的可读性和趣味性。本书在实验原理部分还增设了实验仪器构造，有利于激发学生的创新灵感和培养学生的创新思维。

3. 立足立德树人职责，加强教材课程思政建设

习近平总书记指出："高校立身之本在于立德树人。"全面推进课程思政建设，是落实立德树人根本任务的战略举措。在这种全员全程全方位立德树人的大背景下，教材的课程思政建设显得尤为迫切。本书在编写过程中，全面挖掘思政元素，增设阅读材料，加入课程思政内容，力争达到"教材育人"的目的，以响应育人大格局的国家号召。

本教材由西昌学院张艳丽主持编写并担任主编，西昌学院陈本富、王玉涵担任副主编，西昌学院周晶晶、于婷、冯江平、潘学莲、刘显奎参编。编写分工如下：张艳丽编写绪论、第 1 章、第 2 章、第 3 章以及实验 4.17 至实验 4.20，实验 5.1 和实验 5.13，实验 6.2 和实验 6.6，约 16.3 万字；刘显奎老师编写实验 4.5、实验 4.7、实验 6.1，约 1.9 万字；陈本富老师编写实验 5.6 至实验 5.11、实验 6.4，约 5.2 万字；王玉涵老师编写实验 4.2、实验 4.8 至实验 4.10、实验 4.13、实验 4.14、实验 4.21、实验 5.12，约 5.2 万字；于婷老师编写实验 4.1、实验 4.3、实验 4.4，约 1.6 万字；周晶晶老师编写实验 5.2 至实验 5.5、实验 6.3，约 5.2 万字；冯江平老师编写实验 4.11 至实验 4.12、实验 4.15、实验 6.5，约 3.4 万字；潘学莲老师编写实验 4.6、实验 4.16，约 1.1 万字。统稿由张艳丽、陈本富和刘显奎老师完成。本教材由西昌学院资助出版。

在编写过程中，李德地老师提出了非常有益的指导性意见和建议，在此深表感谢。同时，本教材还参阅了许多院校的相关教材和相关实验仪器说明书，在此对兄弟院校和一些仪器生产商表示衷心的感谢。

限于编者经验及知识水平，书中或许存在不当之处，恳请读者批评指正。

编　者

2022 年 9 月 12 日

目 录

CONTENTS

绪 论

物理学是一门自然科学，它的基本理论已渗透自然科学和工程技术的各个领域，物理学是自然科学和工程技术科学的基础。物理学本质是一门以实验为基础的科学。在物理学的发展过程中，其发展规律是先发现，后理论猜想，再实验验证，最后确定理论。因此，物理学的发展离不开实验。“实践是检验真理的唯一标准”。物理学规律的发现与物理理论的建立都必须以实验为基础，并接受实验的检验。例如伽利略、开普勒等人在力学和天文学上的发现，为牛顿建立经典力学和归纳出“万有引力”定律提供了基础；杨氏双缝干涉实验验证了光的波动性假说；德国物理学家赫兹的电磁波实验验证了麦克斯韦的电磁场理论，同时他发现的“光电效应”为爱因斯坦的光量子假说提供了实验依据；到了 19 世纪末期，一些重大实验的发现，如黑体辐射实验、卢瑟福散射实验、原子光谱实验、放射性实验等，导致了近代物理学的诞生。物理实验是科学实验的先驱，其在实验思想、实验方法和实验手段等方面，与大多数科学实验具有较大的共性。数百年来，在物理学的发展过程中，物理实验还凝练了科学工作者精湛的实验技能、敏锐的创新思维、丰厚的科技成果和感人的人文精神等。

“大学物理实验”是高等院校理工科类学生必修的一门基础性实验课程，是将理论知识与感性认知统一起来的必由之道，是提高学生实践能力、动手能力，培养学生创新思维、创新意识、实事求是的科学精神和良好科学素养的一门基础性实验课程。通过本课程的学习，学生可以在如下几个方面得到培养：

（1）对物理量的测量、观察和分析，有利于加深学生对物理理论知识的理解和认知，有助于学生深刻理解和掌握实验中蕴含的物理思想，实现理论和实践的统一。

（2）每个实验都凝练了物理科学家们无尽的智慧，实验设计和实验仪器设计之巧妙，都值得每位学生为之深思和品味。感之、触之、悟之，可以有效培养学生的创新思维和创新能力。

（3）通过课前预习，编写实验流程，可以有效训练学生的自主学习意识和独立思考的能力。

（4）通过物理实验教学活动，可以增强学生的基本实验技能，如独立完成实验操作、敢于动手、能够对实验现象进行基本的分析和判断、正确记录实验数据、合理处理实验数据并进行误差分析。

（5）通过实验报告的撰写，可以有效培养学生的写作能力。

（6）实验项目的设计，由浅入深，由简入难，符合学生的认知规律，其中设计性实验是专门设计的，有计划地培养学生创新能力，引导学生创新的开放性实验。

（7）在测量某个物理量的过程中，实验数据的求真务实、精益求精，可有效培养学生认真学习和钻研的工作态度，同时培养学生严谨务实的科学素养。

（8）实验是由 2 ~ 3 人一组共同完成的，在学生合作过程中，可有效培养学生的团结精神、合作精神和有效沟通的良好品德。

（9）立德树人是高校立身之本，为全面落实立德树人根本任务，教材中加入了思政元素，可以帮助学生树立正确的世界观、人生观和价值观。

本教材依据《高等学校理工科类大学物理实验课程教学基本要求》，同时借鉴国内兄弟院校的一些优秀教材，将实验项目分为“三个层次”，即基础性实验、综合性实验和设计性实验。基础性实验与大学物理公共理论课联系紧密，适合于物理专业以及非物理专业学生使用，内容主要包括一些对基本物理量的测量，或者一些验证性实验。在此层次的实验教学设计中，教学方式可以采用启发式、引导式的教学方法。综合性实验属于拔高性实验，适合于物理专业或与物理专业相关性较大的专业，该实验项目需要学生具备较高的理论基础，内容主要包括对复杂物理量的测量，实验步骤和实验仪器稍微复杂一些。在此层次的实验教学设计中，教学方式可以选择讨论式的教学方法。设计性实验是带有研究性性质的实验，属于开放性实验，适合于学有余力的学生、想参加竞赛的学生或者喜欢钻研物理的学生，该实验项目需要学生具备更高的专业素质。一个实验项目，要达到实验目的，实验方法可以有多种，学生可以自由发挥其创造力，独立设计实验，完成实验。此层次的实验项目可以有效培养学生的创新思维，激发学生创新意识，提高学生创新能力。在此层次的实验教学设计中，教学方式可以采用以学生为主导、教师积极引导和答疑的教学方法。

物理实验教学是在物理实验室进行的，为了完成实验目标，达到预期的实验效果，需要学生注意并遵守如下实验流程。

1. 课前预习

课前预习是课堂操作的必要准备。课前预习需做好三件事。一是认真研读教材，吃透实验目的、实验要求、理论基础、仪器结构、仪器工作原理、实验步骤等；二是撰写预习报告，即根据研读的教材内容，把上述几个要素认真地整理在一个预习本上，为快速进入实验、完成实验目标打下良好的基础；三是完成课后思考题，思考题往往是实验的精髓，带有启发性和提示性，可以帮助学生更深刻地理解和领会实验。

2. 实验操作

进入实验室后，学生需要认真聆听教师讲解，特别是要注意教师交代的注意事项，以及应当遵守的实验规则等。讲解教师要求开始实验后，学生方可动手操作实验。在实验操作之前，学生认真回顾预习内容和教师讲解的内容，先逐一辨认实验仪器，清点实验器具是否齐全，检验仪器工作是否正常，按照实验步骤逐一操作实验，观察现象，记录数据，初步预判实验数据的正确性。在实验操作完成后，关闭电源，清理实验仪器和实验器具，将其恢复原状，清洁桌面，打扫卫生，确保桌面和实验室卫生清洁。

3. 实验记录

实验记录是编写实验报告、数据处理和数据分析的原始资料，非常重要，需认真记录。实验记录包括实验名称、实验日期、实验环境、实验室名称、同实验者姓名和学号、实验器具、仪器型号、实验数据等。特别是应当正确记录实验数据，如有效数字、重复次数等，不得随意涂改和删除数据，若由于粗心大意将数据记录错误，应当轻轻画一斜杠，并在旁边加以注释。若发现数据不合理，应当重新检查实验仪器和实验步骤，剔除实验系统误差。在记录实验过程中，应注意实验记录清晰、整齐和美观。

4. 编写实验报告

实验报告是学生对一个实验项目的实验总结。通过实验报告，可以展示学生的学习态度、人文素养、科学素养和实验技能。通过撰写实验报告，可以有效培养学生的科技写作能力。根据物理实验教学特点并参照国家关于科技论文写作有关标准和规范，实验报告应做到简明扼要，重点突出，字迹工整，布局美观，内容完整。实验报告内容主要包括阅读材料、实验目的、实验仪器（包括仪器清单及实验仪器型号等）、实验原理（包括理论基础、仪器构造和仪器工作原理）、实验步骤、注意事项、课前预习、数据记录、数据处理、思考题和实验心得等。其中，实验心得内容比较灵活，可以是通过本次实验自己学到了哪些新知识，提高了哪些新认识，也可以是自己在实验过程中犯过哪些错误，以后应注意改正什么，或者对实验发表自己的一些看法和见解。实验心得是学生对实验的真实反馈，也是培养学生自我反省、自我反思、及时总结的一种良好品德和习惯。

第 1 章 误差理论

测量非常重要，在各行各业都必不可少。提到测量，自然会想起那些测量英雄。如全国劳模、中铁一局五公司高级测量师白芝勇，大江南北的高铁、地铁、桥梁、公路、隧道都有他的身影。中国高铁 3.6 万千米运营里程中，他和他的团队精测的线路占到近十分之一。又如 2021 年“大国工匠年度人物”工程测量工陈兆海，26 年工作在测量一线，他先后参与修建了我国首座 30 万吨级矿石码头、首座航母船坞、首座双层地锚式悬索桥等多个国家重点工程。他执着专注、勇于创新，练就了一双慧眼和一双巧手，以追求极致的匠人匠心，为大国工程建设保驾护航。还如国测一大队，量天测地，绘我山河，为我国的经济和国防建设提供了坚实的保障。

同样地，物理实验也离不开测量。但是，在实际工作中，测量误差是不可避免的，任一测量结果都必然带有误差。对于误差来讲，不同的应用场合，对误差的要求不同。因此，在分析测量结果时，应该对测量结果可能包含的误差范围给出定量说明。能够实现对测量数据的误差分析是所有科技工作者必备的实践能力之一。通过本课程的学习，可有效培养学生处理实验数据的能力。本章将针对测量结果、误差分析、不确定度、有效数字等理论概念进行详细介绍。

1.1 常用术语

1）测量值

所谓的测量值，指实验上将某一待测的物理量与某一已知的标准量进行比较而得到的数值。例如，测量某一物体的长度，根据需要选择合适的标准刻度尺如米尺、游标卡尺、螺旋测微器等进行测定，根据物体在米尺、游标卡尺、螺旋测微器等上的刻度读出数值，该数值即被测物体长度的测量值。

根据测量方式的不同，测量可以分为直接测量和间接测量。直接测量是指直接将被测量量与已知的标准量进行比较而得到的测量量。如长度、时间、重量、温度、湿度、压强、电流、电压等均属于可用仪表测量的直接测量量。间接测量是指不便于直接测量，但是可以借助某种函数关系，将直接测量值代入函数关系中而得到的物理量。如某一球体的体积，体积不便直接测量，但直径可以利用米尺直接测量，利用直径与球体体积之间的函数关系，将球的直径代入函数关系中即可求得球体体积，则球体体积即间接测量。另外，测量还可以根据测量次数分为单次测量和多次测量。单次测量指对被测物体只进行了一次测量，多次测量指对被测物体进行了两次及两次以上次数的测量。

2）真　值

任何一个宏观的物理量，都应该存在一个客观的完全准确的值，称为真值。值得注意的是，真值都是未知的，需要去测量。严格地讲，由于仪器的测量精度有限，或者操作中存在微小差异等，都会使得测定值与真值之间存在一定的误差。因而，测量值不等于真值。

3）算术平均值

算术平均值是最常用的一种平均值，用 $\overline{x}$ 表示。若对一物理量进行 n 次观测，得到一组观测值 $x_1, x_2, \cdots, x_n$，则

$$\overline{x} = \frac{1}{n}(x_1 + x_2 + \cdots + x_i + \cdots + x_n) = \frac{1}{n}\sum_{i=1}^{n} x_i \tag{1.1.1}$$

在一组等精度测量值中，若测量值服从正态分布，则算术平均值是这一组测量值的中心，是最佳值或最可信值。因此，在实际工作中，经常将由大量测量数据得到的平均值近似待测量的真值，但还需注意，平均值不等于真值。

算术平均值在实际工作中广为应用，有时直接简称为平均值，切记不要与其他方法取得的平均值相混淆。

4）中位值

中位值是将测量数据按数值大小次序排列的中间值。若观测次数为偶数，则取中间两个值的平均值为中位值。中位值是估计测量数据平均值的一种粗略的简洁方法，在测量工作中作数据变化的初步判断时常用到。

5）加权平均值

若某一组数据采用的测量方法不同、仪器的精度不同等因素而引起各测量值的代表性和可信度不同，为了反映各个数据的可信度、代表性，需对每组数据引入一个系数，即权数 w。将权数代入计算式，得出按权重进行计算的加权平均值，即加权平均值 $\overline{x}_w$，其定义如下：

$$\overline{x}_w = \frac{w_1 x_1 + w_2 x_2 + \cdots + w_n x_n}{w_1 + w_2 + \cdots + w_n} = \frac{\sum_{i=1}^{n} w_i x_i}{\sum_{i=1}^{n} w_i} \tag{1.1.2}$$

加权平均值在不等精度测量和各种不同来源的数据处理中应用甚广。

6）几何平均值

将一组有 n 个观测值的数据连乘，然后开 n 次方，求得的平均值即几何平均值，用 $\overline{x}_g$ 表示。其计算公式如下：

$$\overline{x}_g = \sqrt[n]{x_1 x_2 x_3 \cdots x_i \cdots x_n} \tag{1.1.3}$$

当这组测量数据在对数坐标系上的分布较在线性坐标系上的分布更为对称时，常用几何平均值。

1.2 测量结果的评定

可以采用精密度、准确度和精确度进行测量结果评定。以图 1.2.1 打靶情况为例，图（a）中，靶点比较集中，但都距靶心较远；图（b）中，靶点分散，也不着靶心；图（c）中，靶点集中，且都在靶心。若以靶心代表真值，靶点代表测量值，图 a 说明测量值都集中在某数值的附近，精密度较高，但都偏离真值较远，测量值的精确度较低。此类情况，若找准打靶人打靶的缺点，改正后就可以获得较高的成绩，同样的道理，若在实验中，找到某一影响因素，修正后，测量的结果就与真值非常接近了。图（b）说明测量值的精密度和精确度都较低，测量值较为分散，精密度低，同时也都不着靶心，精确度低。此类情况，说明打靶人还需要多多练习，提高打靶技术。图（c）说明测量值都在真值的附近，但都与真值相差不大，说明测量值的精密度和精确度都较高，即准确度高，此组测量值是最理想的，此类情况说明打靶人打靶水平精湛。

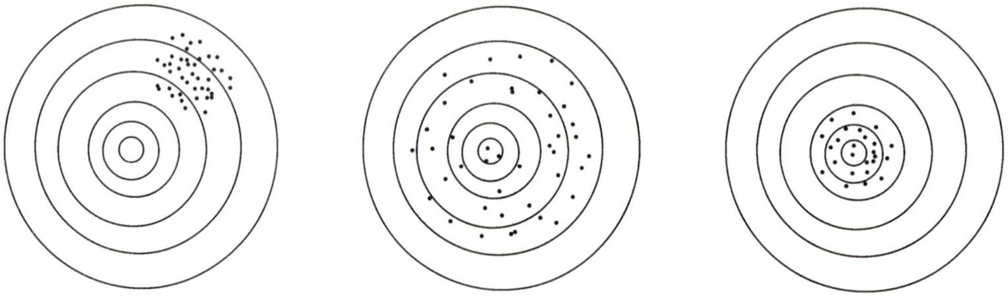

（a）精确度低，精密度高　（b）精确度低，精密度低　（c）精确度高，精密度高

图 1.2.1　打靶示意图

1.3 误差的分类及表示

1）误差的分类

在实际的测量过程中，根据对误差来源的综合分析，误差分为三类，即系统误差、偶然误差和过失误差。

（1）系统误差。

系统误差的特征是单向性，即在相同的实验条件下，如观察者相同、测量仪器相同、实验方法和实验条件等完全相同，对同一物理量进行多次测量，发现误差的大小和符号始终保持不变，或当条件改变时，误差按某一确定的规律变化。引起这种误差的因素主要有：① 某一影响因素未发现，未得到校正；② 仪器未得到准确校准，或某一参数有误；③ 周围环境有变化，如环境温度、湿度、压力变化；④ 操作者的习惯不同或读数时的偏向。系统误差对结果影响较大，需采取措施予以消除。

消除系统误差常用的方法有如下两种：

第一种方法，根据误差的来源消除系统误差。例如某一因素未发现，需要仔细分析，不要轻易剔除，或许有重大发现。如英国物理学家雷莱（W. Rayleigh）在分离氮气时发现，从空气提取出的氮气密度与利用化学方法制取的氮气密度不同，且有显著差别。雷莱没有试图减小两种数据的差别，相反，他经过分析和检验，确认了二者之间存在的差别，正是由雷莱正确地强调大气氮与化学氮可能的差别，才导致雷姆塞（Ramsay）发现了惰性气体。著名科学家威廉·汤姆生这样评价雷姆塞的伟大发现："大部分学者认为科学的想象力更胜于精确的量度。其实，雷姆塞的工作证明——一切科学上的伟大发现，几乎完全来自精确的量度和从大量的数字中明察秋毫。"雷姆塞的理论思维能力和动手能力都很强，他把发现的氦、氖、氩、氪、氙等气体作为一族，完整地插入到化学元素周期表中，使化学元素周期表更加完善。又如仪器的"调零误差"，若发现仪器不能调零，需在测得的结果中扣除调零误差，以消除系统误差。再如由于实验者本人引起的个人误差，例如读取量筒内液体体积时，应把量筒放在平整的桌面上，观察刻度时，视线与量筒内液体的凹液面的最低处保持水平，再读出所取液体的体积数。有实验者习惯性地读取液体与量筒最高接触面的数据作为液体的体积数，这样就会导致读数偏高。因此，这需要实验者提高实验技能，不断总结经验，尽量减少系统误差。

第二种方法，应用技术方法消除系统误差。技术方法有三种：① 替代法，如消除由于天平不等长带来的系统误差，适量选取某一媒介物，将被测物体与媒介物分别放置于天平的砝码盘和物盘上，使之平衡，然后用砝码替换被测物体，再使之与媒介物平衡，则砝码的总重量等于被测物体的重量；② 交换法，如使用电桥测电阻时，两导线间的接触电阻和电阻丝的不均匀性都会对测量值产生系统误差，为了消除此系统误差，可以采用待测电阻和标准电阻交换位置的方法，使之再次达到平衡，利用两次平衡之间的关系即可消除此类系统误差；③ 异号法，如在拉伸法测量金属丝的杨氏模量时，加砝码时测一次，减砝码再测一次，求平均值，即可消除由摩擦引起的系统误差。

发现和消除系统误差是一个复杂的问题，实验者只有在实验中不断总结经验，努力提高实验技能，才能在测量中发现和消除系统误差。

（2）偶然误差。

偶然误差也称为随机误差，误差产生的因素是无法控制的。如当一个有经验的操作人员使用一台精密仪器对某一物理量进行认真仔细地测量，发现所测数据有时大有时小，且数据总是在某一数值附近上下变化，即与这一数值的差别有时为正值，有时为负值。若测量次数足够多，所有数据相加，误差的代数和将趋于零。数据的大小或者误差的正负完全是随机的，无法控制的。在实际工作中，人们认识到，出现上述数据变化情况，有些是一些无法控制的因素产生的随机误差，有些是由于被测的物理量本身具有统计意义，没有确定的数值，例如不稳定性核素的放射性和半衰期，它们没有确定的数值，总是按一定的规律在某一数值附近上下波动，对于上述这种测量数据的变化，其误差统称为偶然误差或统计误差。

一般而言，偶然误差具有统计规律，呈正态分布，因此消除偶然误差需采用概率统计的方法。正态分布的特征是单峰性、对称性和有界性。即越接近真值，出现的概率越大，出现正负误差的概率相等，误差的绝对值是有限的，绝对值很大的误差出现的概率趋于零。通过以上特征，消除偶然误差的办法就是增加测量次数，使得正负误差相互抵消或补偿，且测量次数越多，求取的算术平均值越接近于真值。

（3）过失误差。

过失误差也称为粗大误差，是指由实验者粗心大意，不负责任或者工作条件太差，过度疲劳引起误操作或读错、记错、算错等所造成的误差。为了避免过失误差的发生，就要求实验者认真负责、精心操作。过失误差较大，鉴别过失误差的方法可以是采用一定的判据进行取舍，如肖文特（W. Chauvenet）舍弃判据等。

2）误差的表示与估算

实验中，过失误差应该完全避免，系统误差原则上应该设法减小或者消除，因而实验中的测量值只需讨论偶然误差。在偶然误差作用下，对某一物理量进行多次重复测量，并对测量结果进行统计，就会发现这些数据在某一数据周围分布。由于是偶然误差，这些测量数据的平均值会逐渐接近于物理量的真值。当然，由于方法、仪器和操作不可能绝对完善，平均值只能接近于真值。从这一组多次测定的数据中找出一个最佳值来代表真值，并进一步研究这一最佳值可能存在的误差范围和置信度。由于偶然误差具有统计规律，可以对测量的最佳值和偶然误差利用数理统计理论进行估算。在估算中，直接测量和间接测量、多次测量和单次测量的估算方法不同，下面就针对上述几种情况进行分别讨论。

（1）绝对误差。

设 x^* 是某一物理量的真值，x 是某次测量值，则绝对误差为

$$e = x^* - x \tag{1.3.1}$$

通过定义可以看出，绝对误差可正可负，绝对误差不是误差的绝对值。但是通常不知道真值，也就不能计算出绝对误差的准确值。虽然这个值客观存在，但实际上是得不到的。在实际工作中，通常采用某测量值的算术平均值来近似表示该物理量的真值，因此，绝对误差的另外一种近似表示是

$$e = \bar{x} - x \tag{1.3.2}$$

注意，绝对误差的单位与测量值的单位一致。

（2）绝对误差限。

绝对误差的准确值无法获得，但是在实际的测量中，可以获得误差的范围，即根据测量工具估计出误差的绝对值不超过某一正数，即

$$|e| = |x^* - x| \leqslant \varepsilon \tag{1.3.3}$$

ε 即近似值 x 的绝对误差限，简称误差限。例如，用一毫米刻度尺测量某一物体长度，测得长度的近似值为 123 mm，由于直尺的最小刻度为 mm，所以其误差不会超过最小刻度的一半，因此此测量值的绝对误差限为 0.5 mm。

（3）相对误差。

误差限的大小不能完全表示出近似值的好坏。例如，测得光速的近似值为 299 796 km/s，误差限为 3.5 km/s，误差限约为光速的十万分之一，显然测量结果非常准确；同样地，测量某一运动员的跑步速度，误差限是 0.01 km/s，即 10 m/s，误差限明显太大，接近运动员的跑步速度，测得的结果非常粗糙。为了较好地反映近似值的精确程度，必须考虑误差与真值的比值，即相对误差。相对误差的定义是绝对误差除以真值的比值，记作 e_r，e_r 有时利用百分数进行表示，无单位。其公式可以表示为

$$e_r = \frac{x^* - x}{x^*} \tag{1.3.4}$$

计算相对误差与计算绝对误差具有相同的困难，真值不知道，无法计算相对误差的准确值，只能用 x 的算术平均值近似表示真值。

（4）相对误差限。

与绝对误差一样，虽然不能获得相对误差的准确值，但是可以获得相对误差的最大取值范围，即相对误差限的绝对值不超过某一正数，该正数即相对误差限。其公式为

$$|e_r| = \left|\frac{x^* - x}{x^*}\right| \leqslant \varepsilon_r \tag{1.3.5}$$

（5）算术平均误差。

算术平均误差的计算公式为

$$\Delta\bar{x} = \frac{1}{k}\sum_{i=1}^{k}|x_i - \bar{x}| \tag{1.3.6}$$

其中，k 是测量次数，x_i 是第 i 次测量的测量值，$\bar{x}$ 是测量值的算术平均值。算术平均误差的单位与测量值 x 单位一致。

（6）标准误差（均方误差）。

标准误差是指各测量值误差的平方和的平均值的平方根，故又称均方根误差。其计算公式为

$$S_x = \sqrt{\frac{\sum_{i=1}^{k}(x_i - \bar{x})^2}{k-1}} \tag{1.3.7}$$

它表示在有限次的测量中，某一次测量结果的标准误差。标准误差反映的是一组测量值的离散程度。例如，A 和 B 两组各有 6 名学生，同时参加一次语文测试，A 组学生的分数分别为 95、85、75、65、55、45，B 组学生的分数分别为 73、72、71、69、68、67。这两组学生的平均成绩都是 70 分，但是 A 组学生的标准误差为 17.08 分，B 组学生的标准误差为 2.16 分，这组数据说明 A 组学生之间的差距比 B 组学生之间的差距大得多。

（7）算术平均值的标准偏差（标准差）。

算术平均值的标准偏差也经常简称为标准差，用 $S_{\bar{x}}$ 表示，其计算公式及与 S_x 的关系为

$$S_{\bar{x}}=\sqrt{\frac{\sum_{i=1}^{k}(x_i-\bar{x})^2}{k(k-1)}}=\frac{1}{\sqrt{k}}S_x \tag{1.3.8}$$

值得注意的是，标准误差和标准差不是测量值的实际误差，也不是误差范围，它们是对一组测量值可靠性或者精密度的一种估计。标准误差越小，说明测量值的可靠性越大或者精密度越高，反之，测量值不太可靠。进一步的分析表明，根据偶然误差的高斯理论，当一组测量值的标准误差为 S_x 时，则其中任何一个测量值分布在 $(x-S_x, x+S_x)$ 区间内的概率为 68.3%。同样地，某次测量值 x 落在 $(x-2S_x, x+2S_x)$ 内的概率为 94.5%，落在 $(x-3S_x, x+3S_x)$ 内的概率为 99.7%。上述中的概率 68.3%、94.5%和 99.7%就是置信度。

另外，还需注意的是，算术平均误差和算术平均值的标准偏差都可以表示偶然误差的大小，但是算术平均值的标准偏差更具有明确的统计意义，其受测量次数的影响较小，且较为稳定，因此国际上均用算术平均值的标准偏差表示测量的精密度。

【例 1.3.1】 利用游标卡尺测量某一物体的长度 d，一共测量了 6 次，测量值分别是 23.13 mm，23.14 mm，23.12 mm，23.14 mm，23.15 mm，23.11 mm。计算其算术平均值、算术平均误差和标准差。

解 ① 算术平均值：

$$\begin{aligned}\bar{d}&=\frac{\sum_{i=1}^{6}d_i}{6}\\&=\frac{23.13+23.14+23.12+23.14+23.15+23.11}{6}\\&=23.13(\text{mm})\end{aligned}$$

② 算术平均误差：

$$\begin{aligned}\Delta\bar{d}&=\frac{1}{6}\sum_{i=1}^{k}\left|d_i-\bar{d}\right|\\&=\frac{|23.13-23.13|+|23.14-23.13|+|23.12-23.13|+|23.14-23.13|+}{6}\rightarrow\\&\leftarrow\frac{|23.15-23.13|+|23.11-23.13|}{6}\\&\approx 0.01(\text{mm})\end{aligned}$$

③ 标准差：

$$\begin{aligned}S_{\bar{x}}&=\sqrt{\frac{\sum_{i=1}^{k}(d_i-\bar{d})^2}{6(6-1)}}\\&=\sqrt{\frac{0^2+0.01^2+0.01^2+0.01^2+0.02^2+0.02^2}{30}}\\&\approx 0.01(\text{mm})\end{aligned}$$

（8）单次测量误差。

若某一物理量只测量了一次，此次测量值即该物理量的最佳值。对于单次测量的误差估计，一般取仪器误差为单次测量的误差，即

$$\Delta x = \Delta_{仪} \tag{1.3.9}$$

对于仪器误差，应该具体问题具体分析，一般有如下五种情况：

① 仪器上标有示值误差的。示值误差是指在正确使用仪器的条件下，仪器示值与被测量真值之间可能产生最大误差的绝对值。若标有示值误差，仪器误差就等于示值误差。

② 仪器有固定分度值的。如实验室常用的游标卡尺，其分度值是 0.02 mm，在读数的时候，小数部分只能是 0.02 mm 的整数倍。此种情况，仪器误差就等于分度值。

③ 仪器标有准确度等级的。仪器误差为

$$\Delta_{仪} = \pm\frac{量程\times准确度等级}{100} \tag{1.3.10}$$

例如量程为 5 V 的电压表，准确度等级为 1.5 级，该电压表的仪器误差为 $\Delta_{仪} = \pm\frac{5\times1.5}{100} = \pm0.075$（V）。

④ 可以连续读数的仪器。此类仪器在读数时，需要在最小刻度位再估读一位，例如，米尺最小刻度为 0.1 cm，如图 1.3.1 所示，铅笔的长度为 3 cm + 0.6 cm + 0.01 cm = 3.61 (cm)。此种情况下，仪器误差取最小刻度值的一半。如上述米尺，$\Delta_{仪} = \frac{1}{2}\times0.1 = 0.05\,(\text{cm})$。

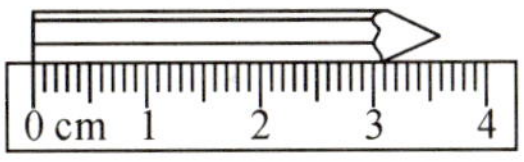

图 1.3.1　米尺测长度的示意图

⑤ 数字化的不能连续读数的仪器。例如电子秒表。此种情况下，仪器误差等于分度值或者最小单位。电子秒表的最小单位是 0.01 s，其仪器误差即 0.01 s。

特别注意，对于单次测量的标准误差，其数值等于仪器误差除以根号 3，即

$$S_{仪} = \frac{\Delta_{仪}}{\sqrt{3}} \tag{1.3.11}$$

上述介绍均是直接测量的误差估算，对于直接测量结果，其最终的表示形式为：$N = \overline{N} \pm \Delta N$（单位）。若要分析误差的大小，或者测量值的可信度，可以采用相对误差来表示：$E_r = \frac{\Delta N}{N}\times100\%$。

（9）间接测量误差。

上面介绍的几种误差表示都是针对直接测量量而言的。在实际工作中，并不是所有的物理量都可以直接测量，例如重力加速度。实际中，通常利用单摆测量重力加速度。测量

方法是利用函数关系 $g=4\pi^2\dfrac{L}{T^2}$，先测出单摆的摆长和单摆的周期，然后将摆长 L 和周期 T 代入上述函数关系中，即可求得重力加速度 g。此种由直接测量量代入函数关系计算得到的物理量即间接测量量。对于直接测量量，由于方法、仪器和操作不可能绝对完善，因而测量值总是存在随机误差。显然，将带有误差的测量值代入函数中，计算得到的函数值也肯定存在误差，因此，对于间接测量量也需要进行误差估算，即误差在函数关系中的传递。

假如直接测量与间接测量的函数关系为 $N=f(x,y,z,\cdots)$，则有：

① 间接测量的最佳值。由直接测量的最佳值计算得到的函数值即间接测量的最佳值。即

$$N=f(\bar{x},\bar{y},\bar{z},\cdots) \tag{1.3.12}$$

② 间接测量的算术平均误差。计算间接测量的算术平均误差，需要用到高等数学中的全微分。函数 $N=f(x,y,z,\cdots)$ 的全微分方程为

$$\mathrm{d}N=\frac{\partial f}{\partial x}\mathrm{d}x+\frac{\partial f}{\partial y}\mathrm{d}y+\frac{\partial f}{\partial z}\mathrm{d}z+\cdots \tag{1.3.13}$$

式（1.3.13）表示，当 $x,y,z\cdots$ 有 $\mathrm{d}x,\mathrm{d}y,\mathrm{d}z\cdots$ 的微小变化时，函数值 N 的变化量 $\mathrm{d}N$。由于误差远小于测量值，同时，误差也不是微小量，$\mathrm{d}x,\mathrm{d}y,\mathrm{d}z\cdots$ 可以用 $x,y,z\cdots$ 的算术平均误差 $\Delta x,\Delta y,\Delta z\cdots$ 代替，同时考虑误差可能的最大值，利用公式（1.3.13），即可获得算术平均误差在函数关系中的传递，即

$$\Delta N=\left|\frac{\partial f}{\partial x}\right|\Delta x+\left|\frac{\partial f}{\partial y}\right|\Delta y+\left|\frac{\partial f}{\partial z}\right|\Delta z+\cdots \tag{1.3.14}$$

若 $N=f(x,y,z,\cdots)$ 函数关系是乘积的关系，还可以对函数两边同时取对数，化为 $\ln N=\ln f(x,y,z,\cdots)$，然后求微分，即

$$\frac{\mathrm{d}N}{N}=\frac{\partial\ln f}{\partial x}\mathrm{d}x+\frac{\partial\ln f}{\partial y}\mathrm{d}y+\frac{\partial\ln f}{\partial z}\mathrm{d}z+\cdots \tag{1.3.15}$$

同样的道理，若是误差估算，$\mathrm{d}x,\mathrm{d}y,\mathrm{d}z\cdots$ 可以用 $x,y,z\cdots$ 的算术平均误差 $\Delta x,\Delta y,\Delta z\cdots$ 代替，并取绝对值相加，即

$$E_{\Delta N}=\frac{\Delta N}{N}=\left|\frac{\partial\ln f}{\partial x}\right|\Delta x+\left|\frac{\partial\ln f}{\partial y}\right|\Delta y+\left|\frac{\partial\ln f}{\partial z}\right|\Delta z+\cdots \tag{1.3.16}$$

【例 1.3.2】 设两个函数 $N_1=2x+5y$ 和 $N_2=7x^2y$，x 和 y 的误差分别是 Δx 和 Δy，试求误差在两个函数中的传递 ΔN_1和ΔN_2。

解 ① 求 ΔN_1。

$$\Delta N_1=\frac{\partial N_1}{\partial x}\Delta x+\frac{\partial N_1}{\partial y}\Delta y=2\Delta x+5\Delta y$$

② 求 ΔN_2。

$$E_{\Delta N_2} = \frac{\Delta N_2}{N_2} = \left|\frac{\partial \ln N_2}{\partial x}\right|\Delta x + \left|\frac{\partial \ln N_2}{\partial y}\right|\Delta y$$
$$= \frac{2}{x}\Delta x + \frac{\Delta y}{y}$$

即
$$\Delta N_2 = E_{\Delta N_2} \times N_2 = \left(\frac{2}{x}\Delta x + \frac{\Delta y}{y}\right) \times N_2$$

③ 间接测量的标准误差。标准误差在函数关系的传递公式为

$$S_N = \sqrt{\frac{\partial f}{\partial x}S_x^2 + \frac{\partial f}{\partial y}S_y^2 + \frac{\partial f}{\partial z}S_z^2 + \cdots} \tag{1.3.17}$$

同样的道理，若函数关系是乘积的关系，函数两边取对数，然后再计算标准误差，得

$$E_S = \frac{S_N}{N} = \sqrt{\frac{\partial \ln f}{\partial x}S_x^2 + \frac{\partial \ln f}{\partial y}S_y^2 + \frac{\partial \ln f}{\partial z}S_z^2 + \cdots} \tag{1.3.18}$$

【例 1.3.3】 设两个函数 $N_1 = 2x + 5y$ 和 $N_2 = 7x^2 y$， x 和 y 的标准误差分别是 S_x 和 S_y，试求两个函数的标准误差。

解 ① 求 N_1 的标准误差。

$$S_{N_1} = \sqrt{\frac{\partial f}{\partial x}S_x^2 + \frac{\partial f}{\partial y}S_y^2}$$
$$= \sqrt{2S_x^2 + 5S_y^2}$$

② 求 N_2 的标准误差。

$$E_S = \frac{S_{N_2}}{N_2} = \sqrt{\frac{\partial \ln f}{\partial x}S_x^2 + \frac{\partial \ln f}{\partial y}S_y^2}$$
$$= \sqrt{\frac{2}{x}S_x^2 + \frac{1}{y}S_y^2}$$

$$S_{N_2} = N_2 \times \sqrt{\frac{\partial \ln f}{\partial x}S_x^2 + \frac{\partial \ln f}{\partial y}S_y^2}$$
$$= N_2 \times \sqrt{\frac{2}{x}S_x^2 + \frac{1}{y}S_y^2}$$

特别注意，对于间接的测量结果，其最终的表示形式为：$N = \overline{N} \pm \Delta N$（单位）。若要分析误差的大小，或者结果的可信度，可以采用相对误差来表示：$E_r = \frac{\Delta N}{N} \times 100\%$。

常用函数的误差传递公式如表 1.3.1 所示。

表 1.3.1　常用函数的误差传递公式

函数表达式	算术平均误差	标准差
$N=x+y$	$\Delta N=\Delta x+\Delta y$	$S_N=\sqrt{S_x^2+S_y^2}$
$N=x-y$	$\Delta N=\Delta x+\Delta y$	$S_N=\sqrt{S_x^2+S_y^2}$
$N=xy$	$\dfrac{\Delta N}{N}=\dfrac{\Delta x}{x}+\dfrac{\Delta y}{y}$	$S_N/N=\sqrt{\left(\dfrac{S_x}{x}\right)^2+\left(\dfrac{S_y}{y}\right)^2}$
$N=\dfrac{x}{y}$	$\dfrac{\Delta N}{N}=\dfrac{\Delta x}{x}+\dfrac{\Delta y}{y}$	$S_N/N=\sqrt{\left(\dfrac{S_x}{x}\right)^2+\left(\dfrac{S_y}{y}\right)^2}$
$N=\dfrac{x^k y^m}{z^n}$	$\dfrac{\Delta N}{N}=k\dfrac{\Delta x}{x}+m\dfrac{\Delta y}{y}+n\dfrac{\Delta z}{z}$	$S_N/N=\sqrt{k\left(\dfrac{S_x}{x}\right)^2+m\left(\dfrac{S_y}{y}\right)^2+n\left(\dfrac{S_z}{z}\right)^2}$
$N=kx$	$\Delta N=k\Delta x$，$\dfrac{\Delta N}{N}=\dfrac{\Delta x}{x}$	$S_N=kS_x$，$\dfrac{S_N}{N}=\dfrac{S_x}{x}$
$N=\sqrt[k]{x}$	$\dfrac{\Delta N}{N}=\dfrac{1}{k}\dfrac{\Delta x}{x}$	$\dfrac{S_N}{N}=\dfrac{1}{k}\dfrac{S_x}{x}$
$N=\sin x$	$\Delta N=\cos x\Delta x$	$S_N=\lvert\cos x\rvert S_x$
$N=\ln x$	$\Delta N=\dfrac{\Delta x}{x}$	$S_N=\dfrac{S_x}{x}$

备注：分式中每一项都取正值，若是多次测量，每个变量均取平均值。

【例 1.3.4】 利用单摆测重力加速度，经多次测量，测得单摆周期平均值 $\overline{T}=2.000\ \text{s}$，算术平均误差 $\Delta T=0.002\ \text{s}$，标准误差 $S_T=0.002\ \text{s}$；单摆摆长的平均值 $\overline{L}=1.000\ \text{m}$，算术平均误差 $\Delta L=0.001\ \text{m}$，标准误差 $S_L=0.001\ \text{m}$。根据公式 $g=4\pi^2\dfrac{L}{T^2}$，试计算重力加速度算术平均值的误差 Δg 和标准误差 S_g。

解 ① 先求重力加速度的最佳值 g。

$$g=4\times(3.142)^2\times\frac{1.000}{(2.000)^2}=9.872\ (\text{m/s}^2)$$

② 求 Δg。

对重力加速度公式两边同时取对数，得

$$\ln g=\ln 4\pi^2+\ln L-2\ln T$$

根据表 1.3.1，可知

$$\frac{\Delta g}{g}=\frac{\Delta L}{L}+2\frac{\Delta T}{T}$$

将数据代入上式中得

$$\frac{\Delta g}{g}=\frac{0.001}{1.000}+2\times\frac{0.002}{2.000}=0.003$$

$$\Delta g=9.872\times0.003\approx0.030\ (\text{m/s}^2)$$

③ 求 S_g。

$$\frac{S_g}{g}=\sqrt{\left(\frac{1}{L}\right)^2 S_L^2+\left(\frac{2}{T}\right)^2 S_T^2}$$
$$=\sqrt{\left(\frac{1}{1.000}\right)^2\times(0.001)^2+\frac{4}{(2.000)^2}\times(0.002)^2}$$
$$=0.002$$

$$S_g=9.872\ \text{m/s}^2\times 0.002\approx 0.020\ (\text{m/s}^2)$$

结果显示，若采用算术平均误差，$g=9.87\pm0.03\ \text{m/s}^2$；若采用标准误差，$g=9.872\pm0.020\ \text{m/s}^2$。

注意，任何一个测量结果，表示时都应该包含三部分，即最佳值、误差和单位。其中，误差可以是算术平均误差，也可以是标准误差。即

$$N=\overline{N}\pm\Delta N\ （单位）\tag{1.3.19}$$

或者

$$N=\overline{N}\pm S_{\overline{N}}\ （单位）\tag{1.3.20}$$

算术平均误差和标准误差都可以表示误差，但两者表示的意义不同，两者之间不能画等号。公式（1.3.19）表示真值落在 $(\overline{N}-\Delta N,\overline{N}+\Delta N)$ 区间内。公式（1.3.20）表示真值落在 $(\overline{N}-S_{\overline{N}},\overline{N}+S_{\overline{N}})$ 内的概率为 68.3%。概率 68.3%就是置信度或者置信水平。需要强调的是，当 ΔN 和 $S_{\overline{N}}$ 的首位是除了 1 或 2 的数字时，ΔN 和 $S_{\overline{N}}$ 只取一位有效数字，第二位按四舍五入处理，最佳值 $\overline{N}$ 的最后一位与 ΔN 和 $S_{\overline{N}}$ 所在位对齐。当 ΔN 和 $S_{\overline{N}}$ 的首位是 1 或 2 时，ΔN 和 $S_{\overline{N}}$ 可取两位有效数字，最佳值 $\overline{N}$ 的最后一位与 ΔN 和 $S_{\overline{N}}$ 所在位对齐。如例 1.3.4 中的结果表示，若采用算术平均误差，$g=9.87\pm0.03\ \text{m/s}^2$；若采用标准误差，$g=9.872\pm0.020\ \text{m/s}^2$.

3）可疑测量值的舍弃

在实验工作中，常发现有个别测量值与多次测量的平均值差别较大，若采用这个数据参与计算，将会大幅度影响测量结果。在这种情况下，如果将这些数据轻易舍弃，这显然是不恰当的。因为在实际实验中，偶然误差是随机的，其大小也是随机的，所以偶尔出现一次较大的误差也是合理的，故不能轻易将某些数据舍弃。

在发现某一次测量值与已有的测量值相差较大时，如大于标准差 σ 的二倍，则需要注意。因为误差大于 2σ 的测量值出现的概率只有 5%。此时，可以检查仪器工作是否正常，电源及周围环境是否在正常范围内，操作、读数、记录是否有误等。若这些方面都没有问题，则只有根据误差理论对数据的可靠性进行判断，然后再决定数据的取舍。常用的判据是肖文特（W. Chauvenet）舍弃判据。肖文特标准认为，在 k 个读数中，某一测量值与平均值的偏差出现的概率小于 $\frac{1}{2k}$ 时，此数据就应舍弃。根据这一原则，某些大误差仍在偶

然误差范围之内，不能舍弃。可以进行多次测量，则可能出现反方向的数值相近的大误差。

肖文特舍弃判据的具体计算方法如下：计算测量值（包括可疑值在内）的平均值和单次测量值的标准误差 σ，计算可疑值的较大误差 Δx_i，并计算 $\frac{\Delta x_i}{\sigma}$，若 $\frac{\Delta x_i}{\sigma}$ 大于舍弃标准，则观测值 x_i 应舍弃。表 1.3.2 给出了肖文特数值舍弃标准。根据表 1.3.2 上查得舍弃标准值，可疑数值 d 的舍弃标准，可简化为：除去可疑数值外，将其余数值计算平均值，如可疑数值与平均值之差的绝对值大于 4σ，则舍弃此可疑数值。

表 1.3.2　肖文特数值舍弃标准

测量次数 n	$\Delta x/\sigma$	测量次数 n	$\Delta x/\sigma$
5	1.68	20	2.24
6	1.73	22	2.28
7	1.79	24	2.31
8	1.86	26	2.35
9	1.92	30	2.39
10	1.96	40	2.50
12	2.03	50	2.58
14	2.10	100	2.80
16	2.16	200	3.02
18	2.20	500	3.29

1.4　测量不确定度

前面讨论了用误差评定测量结果。根据定义，误差是指测量值或者间接测量值与真值之间的差别。但是真值是不知道的，所以误差也无法准确计算出来。因此，用误差评定测量结果不是最合适的。目前国外已采用不确定度来评定实验结果。我国于 1991 年 8 月批准的《测量误差及数据处理技术规范》(JJG 1027—1991)，明确了用不确定度评定测量结果。因此，作为理、工、农、医等各专业的大学生必须了解不确定度。

所谓测量不确定度，指由于测量误差的存在而对被测量值的不能肯定的程度，反过来，就是表示该测量值的可信赖的程度。它是对测量值可信度进行评定的一个重要指标。不确定度越小，说明测量值的可信度越高，质量越高，可使用的价值越高。反之，则可信度越低，质量越低，使用价值越低。在表示物理量测量的结果中，必须给出不确定度，一方面便于评定其可靠性，另一方面增加测量结果之间的可比性。

测量不确定度从根本上改变了将测量误差分为随机误差和系统误差的传统分类方法，它在可修正的系统误差修正以后，将余下的全部误差划分为可以用统计方法计算的误差和除统计方法以外其他方法估算的误差。其中，用统计方法计算的误差，称为 A 类分量；除统计方法以外，用其他方法估算的误差，称为 B 类分量。A 类分量用多次重复测量的统计方法算出的标准偏差 s_i 来表征，B 类分量用其他方法估计出近似的“标准偏差” u_i 来表征。

若上述分量彼此独立，通常用方差合成的方法得出合成不确定度的表征值。即

$$\sigma=\sqrt{\sum_{i=1}^{m}s_i^2+\sum_{i=1}^{n}u_i^2} \qquad (1.4.1)$$

式中，m 和 n 分别表示 A 类分量和 B 类分量的个数。

在实际工作中，在计算不确定度时，要求对每一个分量应做到不遗漏，不重复。但是在大学物理实验教学中，为简便起见，不确定度的 A 类分量和 B 类分量都分别取 1 个分量，并且 A 类分量用多次重复测量的平均值的标准误差 S_x 来表示，B 类分量用仪器的标准误差 u_x 来表示。这样，直接测量的合成不确定度为

$$\sigma=\sqrt{S_{\bar{x}}^2+u_x^2} \qquad (1.4.2)$$

式中

$$S_{\bar{x}}=\sqrt{\frac{\sum_{i=1}^{k}(x_i-\bar{x})}{k(k-1)}} \qquad (1.4.3)$$

$$u_x=\Delta_{仪}\Big/\sqrt{3} \qquad (1.4.4)$$

若被测量是单次测量，σ 可简单地用 u_x 表示，即

$$\sigma=u_x \qquad (1.4.5)$$

上述讨论的是直接测量的测量不确定度，对于间接测量的测量不确定度，需要用到不确定度的传递公式，类似于误差传递公式。如果 $x,y,z,\cdots$ 是直接测量值，N 是由直接测量值得到的间接量，其函数关系表示为 $N=f(x,y,z,\cdots)$，则间接测量 N 的合成不确定度计算公式可表示为

$$\sigma_N=\sqrt{\left(\frac{\partial f}{\partial x}\right)^2\sigma_x^2+\left(\frac{\partial f}{\partial y}\right)^2\sigma_y^2+\left(\frac{\partial f}{\partial z}\right)^2\sigma_z^2+\cdots} \qquad (1.4.6)$$

或者

$$\frac{\sigma_N}{N}=\sqrt{\left(\frac{\partial \ln f}{\partial x}\right)^2\sigma_x^2+\left(\frac{\partial \ln f}{\partial y}\right)^2\sigma_y^2+\left(\frac{\partial \ln f}{\partial z}\right)^2\sigma_z^2+\cdots} \qquad (1.4.7)$$

式中，$\sigma_x,\sigma_y,\sigma_z,\cdots$ 分别是直接测量量 $x,y,z,\cdots$ 的合成不确定度。

用合成不确定度表示测量结果：

$$N=\overline{N}\pm\sigma_{\overline{N}} \qquad (1.4.8)$$

需要强调的是，当 $\sigma_{\overline{N}}$ 的首位是大于等于 3 的数字时，$\sigma_{\overline{N}}$ 只取一位有效数字，第二位按四舍五入处理，最佳值 $\overline{N}$ 的最后一位与 $\sigma_{\overline{N}}$ 所在位对齐。当 $\sigma_{\overline{N}}$ 首位是 1 或 2 时，$\sigma_{\overline{N}}$ 可取

两位有效数字，最佳值 $\overline{N}$ 的最后一位与 $\sigma_{\overline{N}}$ 所在位对齐。

【例 1.4.1】 测一圆柱体积，用螺旋测微器测圆柱体的半径 r，用游标卡尺（分度值为 0.02 mm）测圆柱体的高度 H，利用公式 $V=\pi r^2 H$ 计算圆柱体的体积。测量值如下：

r（mm）：8.505　8.510　8.499　8.502　8.498

H（mm）：50.24　50.22　50.28　50.50　50.24

解　r 的算术平均值为

$$\bar{r}=\frac{1}{5}\sum_{i=1}^{5} r_i = 8.503\ (\text{mm})$$

r 多次重复测量的标准偏差为

$$S_{\bar{r}}=\sqrt{\frac{\sum_{i=1}^{5}(r_i-\bar{r})^2}{5(5-1)}}=0.003\ (\text{mm})$$

螺旋测微器的标准误差为

$$u_x = 0.005/\sqrt{3}=0.003\ (\text{mm})$$

r 的合成不确定度为

$$\sigma_r=\sqrt{S_{\bar{r}}^2+u_{\bar{r}}^2}=0.005\ (\text{mm})$$

同理，可得

$$\bar{H}=\frac{1}{5}\sum_{i=1}^{5} H_i = 50.24\ (\text{mm})$$

$$S_{\bar{H}}=\sqrt{\frac{\sum_{i=1}^{5}(H_i-\bar{H})^2}{5(5-1)}}=0.02\ (\text{mm})$$

$$u_H = 0.02/\sqrt{3}=0.02\ (\text{mm})$$

$$\sigma_H=\sqrt{S_{\bar{H}}^2+u_H^2}=0.03\ (\text{mm})$$

下求体积 V。

$$\bar{V}=\pi\bar{r}^2\bar{H}=11\ 406\ (\text{mm}^3)$$

体积的合成不确定度为

$$\ln V=\ln\pi+2\ln r+\ln H$$

$$\frac{\partial \ln V}{\partial r}=\frac{2}{r},\frac{\partial \ln V}{\partial H}=\frac{1}{H},\frac{\partial \ln V}{\partial \pi}=0$$

代入公式（1.4.7），有

$$\frac{\sigma_V}{V}=\sqrt{\left(\frac{2}{r}\right)^2\sigma_r^2+\left(\frac{1}{H}\right)\sigma_H^2}$$

$$=\sqrt{\left(\frac{2}{8.053}\right)^2\times 0.005^2+\left(\frac{1}{50.24}\right)^2\times 0.03^2}$$

$$=0.001\ 4$$

$$\sigma_V=0.001\ 4\times 11\ 406=16\ (\text{mm}^3)$$

用合成不确定度表示的测量结果为

$$V=11\ 406\pm 16(\text{mm}^3)=(1.140\ 6\pm 0.001\ 6)\times 10^4\ (\text{mm}^3)$$

1.5　有效数字及运算法则

1）有效数字的意义

首先看一个例子，如图 1.5.1 所示。对图中铅笔的长度读数，可以读为 3.60 cm，也可以读为 3.61 cm 或者 3.62 cm，这些读数都是正确的。因为，从刻度上明显可以看出，3 和 6 都是明确的、可靠的。再仔细看，铅笔尖并不是完全与刻度 6 对齐，稍微超越刻度 6，因此，还需要再估读一位，可以估读为 0，也可以估读为 1 或者 2，如估读成 7，8，9 等，就不合适了。因此最后一位估读位，不是非常精确的，也常把它称为可疑数字。最后一位虽然不是精确数字，但是不能丢，一定要保留，因为其对表示铅笔的长度是有意义的。因此，该数值的有效数字数是 3。有效数字也可以称为有用数字，它对表达数值的大小是有帮助的。

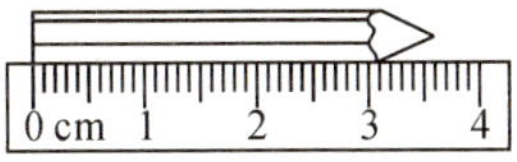

图 1.5.1　米尺测长度

从第一位不为零的数字开始算起，后面的所有数字包括零都是有效数字。例如 0.006 500，其有效数字为 4。

注意，为了保留住有效数字，不让有效数字丢失或者增加无效的数字位数，对于一些物理量常使用科学记数法。例如某一物体的长度是 11.80 m，其有效数字是 4。若将单位换成毫米或者微米，该长度就应该写为 11 800 mm 和 11 800 000 μm，有效数字就变得不清晰了，后面的零是无效的数字，改变了有效数字的位数。若用科学记数法，则为 $1.180\times 10^1\,\text{m}, 1.180\times 10^4\,\text{mm}, 1.180\times 10^7\,\mu\text{m}$，单位再发生变化，有效数字却一直保持不变。

2）直接测量的有效数字

对于直接测量的测量值，其有效数字的位数取决于仪器的精度。例如测一物体长度，用米尺测，长度为 1.25 cm，有 3 位有效数字；用分度值为 0.02 mm 的游标卡尺测，长度为 1.252 cm，有 4 位有效数字；用分度值为 0.01 mm 的螺旋测微器测，长度为 1.251 7 cm，有 5 位有效数字。使用同一仪器测得的数值，可疑数据所占的位必须相同。例如分度值为 0.02 mm 的游标卡尺，其可疑数字位均为百分位；分度值为 0.01 mm 的螺旋测微器，其可疑数字位均为千分位。不能连续读数的仪器没有估读，最后一位就是误差所在位。对于多次重复测量的物理量，其算术平均值的有效数字位数与单次测量的有效数字位数相同，多余的位数按数字舍入规则取舍。

3）间接测量的有效数字

间接测量的物理量是由直接测量的物理量代入某个函数式计算得到的，其结果的有效数字位数是由误差决定的。间接测量的结果必须与误差的位数对齐，多余的位数按“四舍六入五凑偶”的法则进行处理。即小于等于 4 时，舍去；大于等于 6 时，向前一位进 1；等于 5 时，根据倒数第二位的奇偶决定，若倒数第二位是奇数，则倒数第二位加 1，变为偶数，若倒数第二位本身就是偶数，则直接舍弃。例如，3.625 化为 3.62，4.235 化为 4.24。又如，通过计算得到重力加速度 $g = 9.872\ 498\cdots \mathrm{m/s^2}$，误差 $\Delta g = 0.003\ \mathrm{m/s^2}$，则重力加速度的最终取值 $g = 9.872\ \mathrm{m/s^2}$。

另外，如果不知道误差，就用有效数字计算规则来估计间接测量的有效数字位数。在有效数字的运算中需注意，可靠数字与可靠数字进行运算，其结果仍是可靠数字；可疑数字与可靠数字或者可疑数字与可疑数字的运算结果仍为可疑数字，若有进位，进位是可靠数字。所有运算的运算结果都只取一位可疑数字。关于有效数字的计算规则具体如下：

（1）有效数字的加法和减法运算规则。

不同有效数字位数的两个数值相加减，计算结果保留的位数应该与加数和减数中可疑数字占有位最高者相同。例如 $98.756\ \mathrm{cm} + 1.3\ \mathrm{cm} = 100.1\ \mathrm{cm} \neq 100.056\ \mathrm{cm}$；$19.68\ \mathrm{cm} - 5.848\ \mathrm{cm} = 13.83\ \mathrm{cm} \neq 13.832\ \mathrm{cm}$。

（2）乘除法运算规则。

不同有效数字位数的两个数值相乘，其结果的有效数字位数与乘数中位数最少者相同。例如 $39.3 \times 4.084 = 160 \neq 160.5$，$1.929 \div 2.5 = 0.77 \neq 0.771\ 6$。

（3）乘方、开方的运算法则。

乘方和开方的运算，其结果的有效数字位数与底数的有效数字位数相同。例如 $39.12^2 = 1\ 530$，$\sqrt{5.325} = 2.308$。

（4）其他几种情况。

① 自然数与有效数字相乘，其结果的有效数字位数不受自然数的影响，计算是多少位就是多少位有效数字。

② 在计算中用到一些常数，如 e，π，$\sqrt{2}$ 等，其有效数字的位数可认为无限，需要多少位就写多少位。即计算结果的有效数字位数不受这些常数的影响。

③ 对数，其小数的有效位数与真数的有效位数相同。如 $\lg 1.983 = 0.297\ 3$ 真数 4 位，小数 4 位，有效数字 4 位；$\lg 1\ 983 = 3.297\ 3$ 真数 4 位，小数 4 位，有效数字 5 位。

④ 指数，如 e^x。把 e^x 表达结果写成科学记数法，小数点前保留一位，小数点后面保留的位数与 x 在小数点后面的位数相同。如 $e^{9.24} = 10\ 301.03\cdots = 1.03 \times 10^4$。

⑤ 三角函数，其有效数字的位数由误差的位数决定。如，$N = \sin x$，其误差 $\Delta N = 0.000\ 2$，有效数字位是万分位，即小数点后保留 4 位，如 $\sin 49°18' = 0.758\ 134\ 3 = 0.758\ 1$。

第 2 章 基本测量和数据处理方法

2.1 实验的基本测量方法

实验的基本测量方法是指人们在对物理知识的认知过程中，对成千上万个物理实验所使用的方法进行归类和总结而得到的物理实验方法，如比较法、放大法、转换法、替代法和模拟法等。作为大学生，认知这些常用的实验基本测量方法对提高自身的实验技能具有重要意义。下面具体介绍常用的实验基本测量方法。

1）比较法

比较法是最基本、最普遍、最常用的一种测量方法。比较法分为直接比较法和间接比较法。所谓的直接比较法，指把待测的物理量与已知真值的同类物理量或标准量相比较而直接获取待测的物理量。这种方法通常要借助于仪器或标准量具，如米尺测长度、量角器测角度、天平测质量、惠更斯电桥测电阻、电位差计测电压等。间接比较法是指由于某些物理量无法通过直接比较得到，需将待测物理量转变为另一种可以与已知标准量直接比较的物理量，这种转变必须服从一定的单值函数关系。如利用水银的热膨胀测量温度；用弹簧的形变测力等。

2）放大法

当待测的物理量或待测信号数值过小无法测准时，或者直接测量误差较大时，将被测的物理量放大后再进行测量的方法，称为放大测量法。待测物理量不同，放大的原理和方法也不同。根据放大方式的不同分为积累放大法、机械放大法、电子学放大法和光学放大法。

（1）积累放大法。

在物理实验中常遇到这样的问题，某些物理量受测量仪器精度的限制，或受人反应时间的限制，单次测量的误差很大，获得的数据无法使用，这就需要采用累积放大法进行测量。例如单摆实验测周期，假定单摆周期为 2.00 s，人开关秒表所需的平均时间为 0.2 s，则单次测量周期的相对误差 $\Delta T = 0.2/2 \times 100\% = 10\%$，显然误差太大。若延长测量时间，一次测 50 个周期的时间，则由于人开关秒表平均反应时间引起的误差降至 $\Delta T = 0.2/2 \times 100\% \div 50 = 0.2\%$，误差明显降低了很多。

（2）机械放大法。

机械放大法是指利用机械传动原理，将量具上的最小刻度间隔放大，然后进行再读数的方法。例如螺旋测微器的原理。螺纹旋转一周，螺距前进 1 mm，将螺母的一周刻成 100 等分，相当于螺纹旋转一周，把 1 mm 平均分成 100 份，相当于把毫米间隔放大了 100 倍。因此螺旋测微器的分度值是 0.01 mm。放大作用提高了测量仪器的分辨率，从而提高了测量精度。

（3）电学放大法。

电学放大法指将微弱的电信号通过电子放大电路将信号放大后再进行测量的方法。该方法应用非常普遍，被广泛应用于各类传感器，如温度传感器、压力传感器，以及光电转换、电磁转换等。现在各种新型的高度集成的运算放大器不断涌现，电学放大法应用更广，同时，为了避免失真，电信号在放大过程中尽量是采用线性放大方式。

（4）光学放大法。

光学放大法分为视角放大和微小变化量放大。视觉放大如放大镜、显微镜和望远镜等，放大观察视角，实际尺寸并没有放大，所以放大后没有增加误差，在一定程度上还提高了读数的准确度。微小变化量放大如微小长度和微小角度等，例如拉伸法测金属丝的杨氏模量，利用了光杠杆镜尺法测微小长度的变化。

3）转换法

转换测量法即将某种不可测的或者测不准的物理量转换成另外一种可准确测量的物理量，利用可准确测量物理量与待测物理量之间的某种内在关系，实现待测物理量的测量。例如，利用阿基米德定律将体积的测量转换成浮力的测量，利用浮力和体积的关系，计算出体积。转换测量法在实验中举不胜举，热电偶将对温度的测量转换为电势差的测量，通过温差发电理论推算出温度；示波器将电压信号转化为光信号，电子屏上的几何图形显示电压的变化规律；牛顿环干涉法通过干涉图像的几何尺寸测量球面的曲率半径。另外，各类传感器也属于转换测量法，如测重传感器、压力传感器、长度传感器、密度传感器、黏度传感器、热传感器、磁传感器和光传感器等。

4）替代法

我国古代一名 9 岁的孩子把替代法发挥得淋漓尽致，他就是曹冲。曹冲 9 岁时，父亲要求他对一头大象进行称重。在当时的条件下是无法对这庞然大物进行称重的，但他却做到了。他先让大象登上船，观察此时船的吃水深度。然后再把石头放进船里，观察石头的吃水深度，比较两者的吃水深度，他断定，当两者吃水深度相同时，石头的重量就是大象的体重。即利用称石头的质量代替了称大象的质量。在现代物理实验测量中，替代法也是常用的，例如在天平称重时，为了消除天平不等臂带来的系统误差，取一种参考物质放在砝码盘，把待测物质放在物盘里，调节平衡，取下待测物质，把砝码放在物盘里，使之再次达到平衡，此时砝码的重量就是待测物体的重量。曾有大学生创新性地利用替代法精确测量了电阻的阻值。他先用万用表测量待测电阻的阻值，假如示数为 n，再用万用表测精度较高的电阻箱，调节电阻箱的阻值使得万用表的示数也指向 n，此时电阻箱的电阻值就是待测电阻的阻值。

5）模拟测量法

仿照原物，制造出类似原物的模型，通过测量模型来获得测量结果的方法，称为模拟测量法。根据模拟手段的不同，分为几何模拟法、替代模拟法和计算机模拟法。所谓的几何模拟测量法，指将待测物体按一定比例缩小，缩小后的物体模型与待测物体相似度极高，物体模型的实验结果几乎等于待测物体的实验结果。代表性的例子是风洞实验，若需要测量某飞行器表面的流场，先制造出该飞行器缩小版的模型，置于风洞中，测量模型的气动力及表面压强分布，为飞行器设计提供气动特性数据。模拟实验比实物实验大大降低了成本。替代模拟法指利用物理量之间的性质或规律相似性进行模拟的方法。典型的例子是用偏光弹性仪测量机械零件或建筑构件的应力分布。先用有机玻璃或其他透明材料按待测工件的形状制成相似的模型，将其放在偏光弹性仪上并对其施加外力，在外力作用下，模型发生形变，其内部各处的密度及折射率发生变化，当有偏振光通过时，模型内部产生彩色条纹，根据条纹的颜色及疏密分布情况，就可以判断被测物体内部的应力分布情况。所谓的计算机模拟，指利用计算机的虚拟实验平台，设置实验条件，利用键盘指令控制和操作实验过程，最后在计算机屏幕上显示物理测量结果。

2.2 实验数据处理的基本方法

实验离不开测量，测量的最终目的是获得与实验目的相符合的实验结果。实验结果的好坏，一定程度上取决于实验数据的处理。对实验数据进行合理的处理，可以降低数据的波动，减少数据的误差，降低数据的不确定度，从而获得精度较高的实验结果，并在数据分析的基础上找出与实验目的相符合的物理规律和结论，这是实验者面临的一项重要任务。选择合理的数据处理方法，可以少走弯路，提高效率，达到事半功倍的效果。因此，学会实验数据处理，对获得较好的实验结果具有重大意义，理工科等各专业的大学生都应该掌握基本的实验数据处理方法。常用的实验数据处理方法有列表法、作图法、最小二乘法和逐差法，下面将一一介绍。

1）列表法

列表法是将实验中测得的数据进行分类和整理，分别按照一定顺序填入事先设计好的表格中，使得测量的数据清楚、直观、简明，方便对数据进行比较和分析，同时还便于观察有误或不合理的数据，以便及时修正。对于列表法需要注意以下几点：

（1）数据不能遗漏。不同类别的数据可以按行或者按列进行罗列放入同一个表格中。

（2）表格需要有表头。表头应简明扼要地反映表格里面是关于什么的数据表。

（3）每个数据都有单位。因此表中第一个单元格应表明该行或该列是什么物理量，同时给出物理量的单位。注意，在物理实验中，没有单位的数字是没有任何物理意义的。例如数字 1，若不标注单位，其没有任何物理意义，若标注 km，m，μm 等，其物理意义就非常明显了。

（4）表中数据要保留正确的有效数字。

（5）若还需对表格里面的数据进行说明，可以在表格下面增加备注。

下面举一个例子，如表 2.2.1 所示。

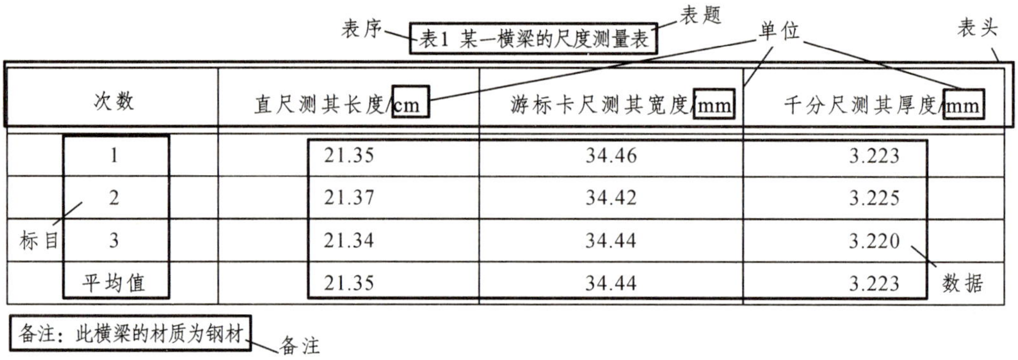

图 2.2.1　表的内容及要素

2）作图法

作图法是将两列数据之间的关系或者变化规律用图线形式直观地表示出来。作图法是科学实验中最常用的数据处理方法。

（1）作图法的优点。

① 可以形象直观地反映物理量之间的规律和关系；

② 不必知道函数关系，根据图形可以推算出某些物理量的数值；

③ 描绘光滑曲线具有平均效果，可以减小偶然误差，并能帮助发现和分析系统误差；

④ 根据图线上物理量的变化规律，可以建立函数关系，即经验公式。

（2）作图的方法。

实验作图一般选用坐标纸，但是随着计算机的广泛使用，可以采用 Excel 进行作图，且作图快速、省力、准确。利用 Excel 作图的步骤如下：

① 打开 Excel，输入数据，选择数据区域，如图 2.2.2 所示。

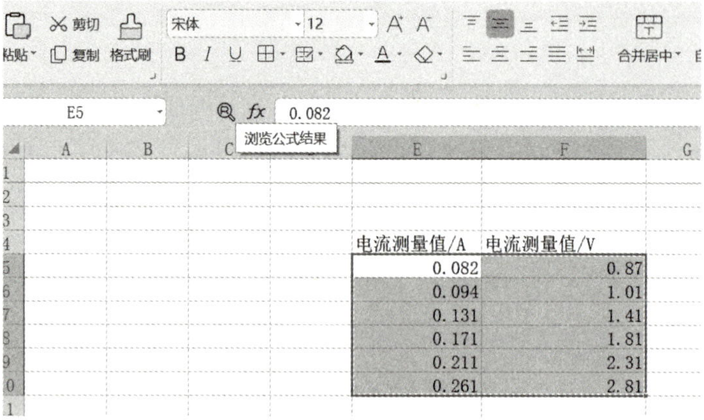

图 2.2.2　Excel 作图步骤 1

② 点击“插入”，再点击“散点图”图标，选择带平滑线和数据标记散点图样式，如图 2.2.3 所示。

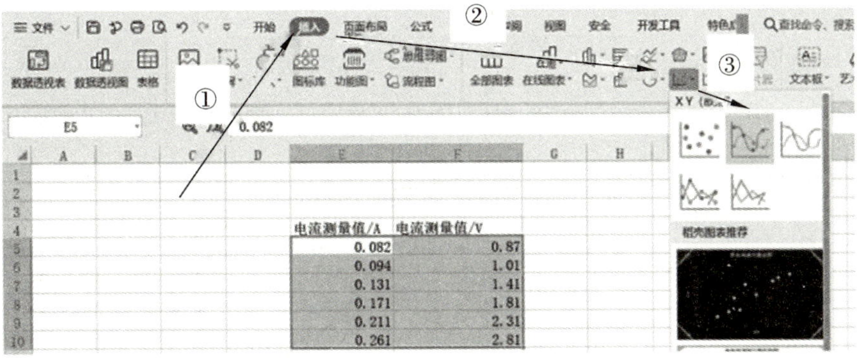

图 2.2.3　Excel 作图步骤 2

③ 点击“散点图”后，在文档里就会显示所做的图，如图 2.2.4 所示。此图不完整，还需进一步完善信息。

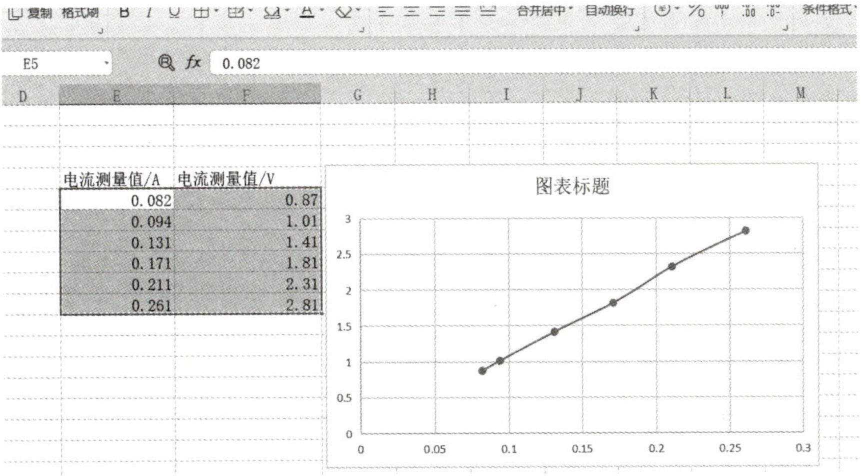

图 2.2.4　Excel 作图步骤 3

④ 完善作图，添加图题、坐标轴标题、单位等，如图 2.2.5 所示。

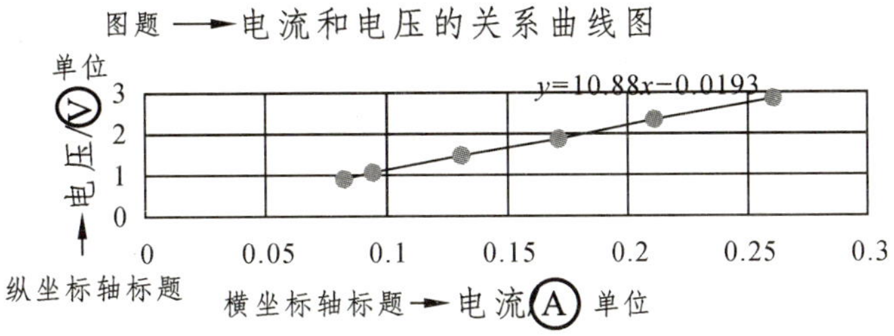

图 2.2.5　Excel 作图步骤 4

⑤ 鼠标对准曲线，点击左键选中，然后点击右键，显示一列菜单栏，点击菜单中的“添加趋势线”，如图 2.2.6 所示。

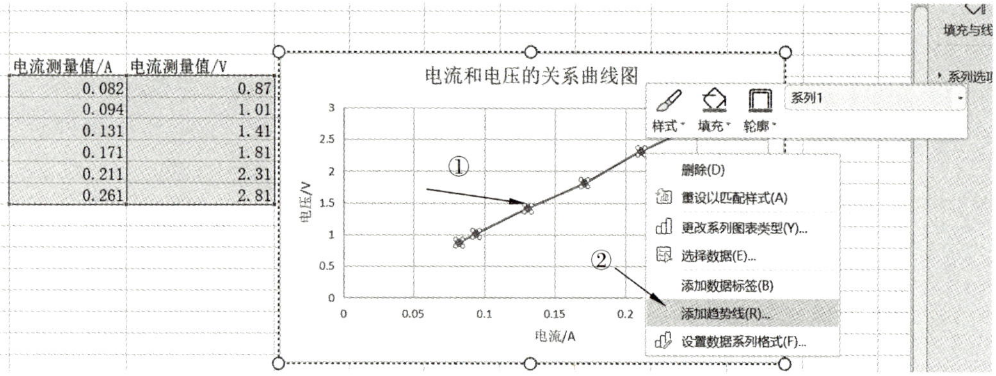

图 2.2.6　Excel 作图步骤 5

⑥ 在添加趋势线的选项中，根据曲线形式，选择合适的函数形式，点击“确定”，即可添加关系曲线的函数表达式，如图 2.2.7 所示。

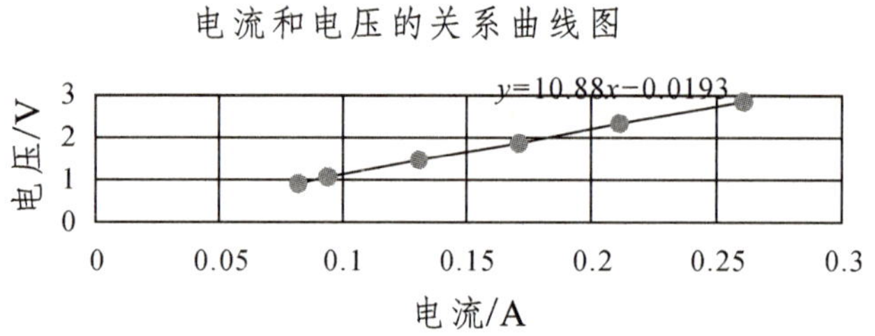

图 2.2.7　Excel 作图步骤 6

3）逐差法

逐差法是针对自变量等量变化，因变量也作等量变化时，把测量数据中的因变量进行逐项相减或者按顺序分为两组进行对应项相减，然后将所得差值作为因变量的多次测量值进行数据处理的方法。逐差法可以有效提高实验数据的利用率，减小随机误差的影响，也可以减小实验中仪器误差分量，因此是一种常用的数据处理方法。

例如，匀加速直线运动测物体加速度时利用打点计数器记录纸带上相同时间内走过的距离，纸带上相邻点之间的间距 $\Delta x = at^2$，即纸带上的点距 x 按 $\Delta x = at^2$ 等量增加。测量了 10 个点距，分别为 $x_1, x_2, x_3, \cdots, x_{10}$。逐差法是将点距 x_i 分为两组，对应相减。即

$$\frac{(x_{10}-x_5)+(x_9-x_4)+(x_8-x_3)+(x_7-x_2)+(x_6-x_1)}{5} = 5at^2 \qquad (2.2.1)$$

通过上式，即可求得加速度 a：

$$a = \frac{(x_{10}-x_5)+(x_9-x_4)+(x_8-x_3)+(x_7-x_2)+(x_6-x_1)}{5\times 5\times t^2} \qquad (2.2.2)$$

4）最小二乘法

最小二乘法就是在两个物理量的关系曲线中找到一条最佳的拟合曲线，使得各测量值与这条拟合曲线上对应点差值的平方和最小。

例如，实验测得了两组数据 $x_1, x_2, x_3, \cdots, x_n$ 和 $y_1, y_2, y_3, \cdots, y_n$，假如这两组数据符合线性关系，若由这两组数据进行作图，会发现，并不是所有点的测量点都落在直线上，如图 2.2.8 所示。

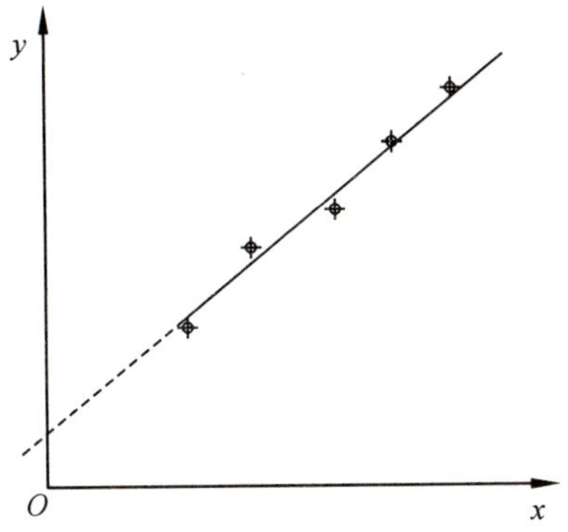

图 2.2.8　某种关系曲线图

若将 x_i 代入这个线性关系式 $y = ax + b$ 中，将会出现 $y_i' = ax_i + b \neq y_i$，即拟合值与测量值之间存在误差。所谓的最小二乘法，就是要求 $\sum_{i=1}^{n}(y_i' - y_i)^2$ 最小。由 $\sum_{i=1}^{n}(y_i' - y_i)^2$ 最小，可求得系数 a 和 b，由此获得的 $y = ax + b$ 的具体表达式，就是所谓的拟合函数，也称为经验公式。

下面以二次函数为例，利用最小二乘法计算拟合曲线。设两组数据 $x_1, x_2, x_3, \cdots, x_n$ 和 $y_1, y_2, y_3, \cdots, y_n$ 符合二次函数关系，即 $y = a_0 + a_1x + a_2x^2$，则拟合值与测量值的差值的平方和为

$$\begin{aligned} R &= \sum_{i=1}^{n}(y_i' - y_i)^2 \\ &= \sum_{i=1}^{n}(a_0 + a_1x_i + a_2x_i^2 - y_i)^2 \end{aligned} \tag{2.2.3}$$

要求 R 最小，可根据极值理论，即要使其最小，必有

$$\begin{cases} \dfrac{\partial R}{\partial a_0} = 2\sum\limits_{i=1}^{n}(a_0 + a_1x_i + a_2x_i^2 - y_i) = 0 \\ \dfrac{\partial R}{\partial a_1} = 2\sum\limits_{i=1}^{n}x_i(a_0 + a_1x_i + a_2x_i^2 - y_i) = 0 \\ \dfrac{\partial R}{\partial a_2} = 2\sum\limits_{i=1}^{n}x_i^2(a_0 + a_1x_i + a_2x_i^2 - y_i) = 0 \end{cases} \tag{2.2.4}$$

将上式整理可得

$$\begin{cases} a_0n + a_1\sum\limits_{i=1}^{n}x_i + a_2\sum\limits_{i=1}^{n}x_i^2 = \sum\limits_{i=1}^{n}y_i \\ a_0\sum\limits_{i=1}^{n}x_i + a_1\sum\limits_{i=1}^{n}x_i^2 + a_2\sum\limits_{i=1}^{n}x_i^3 = \sum\limits_{i=1}^{n}x_iy_i \\ a_0\sum\limits_{i=1}^{n}x_i^2 + a_1\sum\limits_{i=1}^{n}x_i^3 + a_2\sum\limits_{i=1}^{n}x_i^4 = \sum\limits_{i=1}^{n}x_i^2y_i \end{cases} \tag{2.2.5}$$

求解式（2.2.5），解得a_0, a_1,和a_2，代入函数式$y = a_0 + a_1x + a_2x^2$，即得到拟合函数。

【例 2.2.1】 测量值如表 2.2.1 所示，表中的数据变化趋势为一条抛物线，符合二次函数关系。

表 2.2.1　某次测量的数据记录表

测量次数 i	1	2	3	4	5	6	7	8	9
x_i	1	3	4	5	6	7	8	9	10
y_i	10	5	4	2	1	1	2	3	4

解　由最小二乘法原理可得

$$\begin{aligned}R &= \sum_{i=1}^{n}(y_i' - y_i)^2 \\ &= \sum_{i=1}^{n}(a_0 + a_1x_i + a_2x_i^2 - y_i)^2\end{aligned}$$

$$\begin{cases}\dfrac{\partial R}{\partial a_0} = 2\sum\limits_{i=1}^{n}(a_0 + a_1x_i + a_2x_i^2 - y_i) = 0 \\ \dfrac{\partial R}{\partial a_1} = 2\sum\limits_{i=1}^{n}x_i(a_0 + a_1x_i + a_2x_i^2 - y_i) = 0 \\ \dfrac{\partial R}{\partial a_2} = 2\sum\limits_{i=1}^{n}x_i^2(a_0 + a_1x_i + a_2x_i^2 - y_i) = 0\end{cases}$$

整理可得

$$\begin{cases}a_0n + a_1\sum\limits_{i=1}^{n}x_i + a_2\sum\limits_{i=1}^{n}x_i^2 = \sum\limits_{i=1}^{n}y_i \\ a_0\sum\limits_{i=1}^{n}x_i + a_1\sum\limits_{i=1}^{n}x_i^2 + a_2\sum\limits_{i=1}^{n}x_i^3 = \sum\limits_{i=1}^{n}x_iy_i \\ a_0\sum\limits_{i=1}^{n}x_i^2 + a_1\sum\limits_{i=1}^{n}x_i^3 + a_2\sum\limits_{i=1}^{n}x_i^4 = \sum\limits_{i=1}^{n}x_i^2y_i\end{cases}$$

将表 2.2.1 中的数据代入上述行列式中，并将行列式写成矩阵相乘的形式，即

$$\begin{pmatrix}9 & 53 & 381 \\ 53 & 381 & 3\,017 \\ 381 & 3\,017 & 25\,317\end{pmatrix}\begin{pmatrix}a_0 \\ a_1 \\ a_2\end{pmatrix} = \begin{pmatrix}32 \\ 147 \\ 1\,025\end{pmatrix}$$

求解上式得

$$a_0 = 13.5, \quad a_1 = -3.6, \quad a_2 = 0.3$$

因此拟合曲线函数为

$$y = 13.5 - 3.6x + 0.3x^2$$

第 3 章 物理实验基本知识

3.1 力学实验基础知识

3.1.1 力学实验中的一些基本概念

1）力

力是物体对物体的作用，是物体改变运动状态或形变的原因，力不能脱离物体而单独存在，两个不接触的物体之间也可能产生力，力的作用是相互的。我国的古人就曾在《墨经》中对力的概念进行了总结——“力，形之所以奋也”，意思是力是使物体奋起运动的原因。可见，我国古人对力的认知相当深刻，与著名的物理奠基人之一牛顿对力的认知具有异曲同工之处。牛顿第二定律指出，力等于物体的质量乘以加速度。即有力就有加速度，没有力就没有加速度，因此力是使物体奋起运动的原因。力的分类形式很多，若根据力的性质不同，可以分为重力、弹性力、万有引力、摩擦力、表面张力、电场力、洛伦兹力、分子力和核力等。结合力学实验所需，这里仅介绍重力、弹性力、万有引力、摩擦力和表面张力。

（1）重力。

重力是针对地球表面的物体而言，由于地球引力作用而对物体施加的力。其实，重力是万有引力在地球表面的一种表现。重力的大小等于物体的质量乘以重力加速度，即 $G=mg$。其中，m 是物体的质量；g 是重力加速度。力的方向指向地心，力作用在物体的重心上。

（2）弹性力。

弹性力是指物体在外力作用下发生形变后产生的一种恢复力。弹性力有一个弹性限度，在限度以内，撤掉外力，物体可以完全恢复原状，此时弹性力与形变量之间成正比，或者是线性关系；超过这个限度，撤掉外力后，物体不能恢复原状。对于弹簧来说，在弹性限度内，弹性力满足胡克定律 $F=-kx$，弹簧的弹性力与弹簧的形变量成正比，其中，k 为刚度系数，有的也称为弹性系数；公式里面的负号，表示恢复力时刻指向平衡位置。

（3）万有引力。

万有引力是指具有质量的两个物体之间的相互吸引力。“万有”即对所有具有质量的物体都实用。万有引力对在天体物理中研究天体的运动及演化起到重要作用。引力的大小与两个物体质量的乘积成正比，与它们距离的平方成反比，其计算公式为 $F=-G\frac{Mm}{r^2}$。其中，M, m 分别指两个物体的质量；r 指两个物体之间的距离；G 称为万用引力常数，$G=6.67\times10^{-11}\,\mathrm{N\cdot m^2/kg^2}$。

（4）摩擦力。

摩擦力是指当两个物体之间存在正压力时，产生的阻止两个物体相对运动的切向力。根据两个物体相对的运动状态，摩擦力分为静摩擦力、滑动摩擦力、滚动摩擦力。所谓的静摩擦力，指相互接触的两个物体存在相对运动的趋势，但两个物体相对运动速度为零时产生的摩擦力。它的大小随着两个物体运动状态的变化而变化，当静摩擦力达到最大静摩擦力时，物体就会发生相对运动。滑动摩擦力是指两个相互接触的物体发生了相对运动时，在两个物体的接触面上产生的阻止两个物体发生相对运动的摩擦力。滑动摩擦力的大小与两个物体之间的正压力和表面的粗糙程度有关，一般公式表示为 $f=\mu N$，其中，μ 是动摩擦因数，也可称之为滑动摩擦系数，它只与材料、接触面粗糙程度有关，而与接触面积无关；N 是正压力。滚动摩擦力是指一个物体在另一物体表面上滚动时产生的摩擦力。滚动摩擦力比滑动摩擦力小得多。

（5）表面张力。

表面张力是指液体表面或者两种不互溶的液体之间的界面处，由于分子之间的吸引力，产生了极其微小的拉力。表面张力非常常见，例如荷叶上团成球的小水珠、树叶尖端预下落的小水滴等都是在表面张力的作用下形成的。利用表面张力可以解释液体的很多现象，如润湿现象、毛细现象和泡沫的形成等。

2）长　度

长度测量是力学实验中常测的物理量，如圆柱体体积测量、单摆测重力加速度、驻波等都需要测量长度。测量长度的工具很多，如卷尺、直尺、三角板、游标卡尺、螺旋测微器、移测显微镜等。不同的工具，量程和精度也不同。在测量时，应该根据待测物体的实际情况，选择合适的测量工具。若测量单摆的摆长，可以选用米尺；若测量头发丝的直径，应该选择移测显微镜。

3）时　间

时间也是力学实验中常测的物理量。例如单摆测重力加速度时需要测量单摆周期、三线摆测周期等。时间单位有小时、分钟、秒、毫秒、微秒等，测量时间的工具也很多，如秒表、电子表、和原子钟等，力学实验中常用秒表和光电计时器。

3.1.2　力学实验中常用工具

1）测量长度的工具

测量长度的工具很多，实验室常用到直尺、游标卡尺、螺旋测微器和移测显微镜。下面将一一介绍。

（1）直尺。

直尺是在生活中常用的一种测量长度的工具，直尺的长度不同，量程和精度也不同，一般直尺的分度值是 1 mm 或者 0.5 mm，如图 3.1.1 所示。

图 3.1.1　直尺的实物图

（2）游标卡尺。

图 3.1.2 是游标卡尺的结构示意图。图中有尺身和游标尺，直尺是固定的，游标尺可以带动内测量爪、外测量爪一端和深度尺一起移动。其原理是将主尺上的 1 mm 平均分成 n 个等刻度，n 是游标尺上的刻度。若 n 是 10，游标卡尺的分度值是 $1/10 = 0.1$ mm；若 n 是 20，游标卡尺的分度值是 $1/20 = 0.05$ mm；若 n 是 50，游标卡尺的分度值是 $1/50 = 0.02$ mm。精度的选择取决于对测量的要求。通过游标卡尺的结构示意图可以看出，游标卡尺可以测量长度、宽度、厚度、内外直径以及深度等。

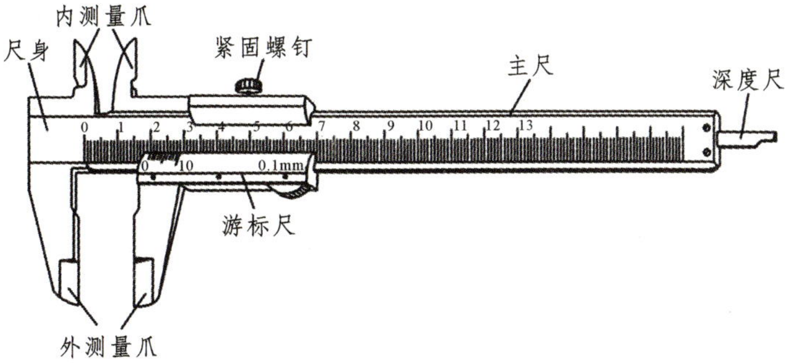

图 3.1.2　游标卡尺的结构示意图

① 游标卡尺的使用方法（以测量某一物体厚度为例）。

a）用软布将量爪擦干净，使其并拢，查看游标和主尺身的零刻度线是否对齐，若没有对齐，需要对零点误差进行校正。

b）移动游标尺，将外测量爪轻轻打开。当打开足够宽度时，将物体轻轻放在外测量爪中间，然后轻轻收紧测量爪，使得外测量爪轻触待测物体测量面。

c）拧紧紧固螺钉，固定游标尺。

d）读数。

e）测完后，用软布轻轻擦拭游标卡尺，将上面的汗水等擦拭干净，放进专用的收纳盒中。

② 游标卡尺的读数方法。

游标卡尺读数有 3 个步骤：

a）先读尺身上的刻度，即寻找游标尺零线，读取最靠近游标尺零线的尺身上的刻度值。

b）再读小数，即仔细观察游标尺上的刻度，观察从游标尺零线开始，第一个游标尺与尺身刻度对齐的刻度线，找到对齐的刻度线后，数一数该刻度是游标尺上的第几个刻度，根据游标卡尺的分度值，即可计算出小数部分的读数。

c）把上面两次读数的整数部分和小数部分相加，就是被测物体的长度。

【例 3.1.1】 请读出图 3.1.3 中游标卡尺的刻度。

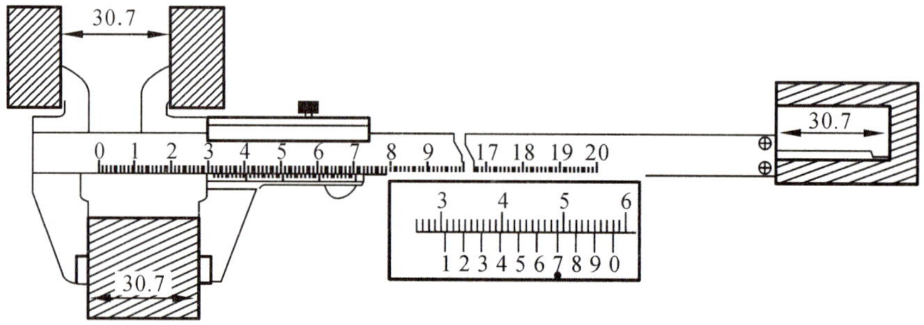

图 3.1.3 游标卡尺测长度的示意图

解 尺身上的刻度为 30 mm，游标尺上有 10 个等刻度，此游标卡尺的分度值为 0.1 mm，读取游标尺上的刻度，发现游标尺上第 7 个刻度与主尺上的刻度对齐，由此可以读出游标尺上的刻度为 $7\times0.1=0.7\ \text{mm}$，根据两个读数，即可得出物体的长度为 $30\ \text{mm}+0.7\ \text{mm}=30.7\ \text{mm}$。

③ 使用游标卡尺的注意事项。

a）清洁测量爪和测量面。

b）检查各部件的相互作用，如尺框和微动装置移动灵活，紧固螺钉能否起作用。

c）校对零位。使游标卡尺两测量爪紧密贴合，应无明显的光隙，主尺零线与游标尺零线应对齐。

d）测量结束后要把游标卡尺平放，大尺寸的游标卡尺更应该注意，否则尺身会弯曲变形。

e）带深度尺的游标卡尺，用完后，要把测量爪合拢，否则较细的深度尺露在外边，容易变形甚至折断。

f）游标卡尺使用完毕，要擦净上油，放到游标卡尺盒内，注意不要锈蚀或弄脏。

g）如发现游标卡尺存在不准或异常情况，应停止使用，及时上报。

（3）螺旋测微器。

图 3.1.4 是螺旋测微器的结构示意图。图中有固定刻度和可动刻度，转动可动刻度，测微螺杆就会与其一起移动。螺旋测微器的原理是可动刻度旋转一周，就在固定刻度上移动 1 mm，可动刻度上刻有 100 个等刻度，即相当于在可动刻度转动一周，把固定刻度尺上的 1 mm 平均分成 100 等分，则螺旋测微器的分度值是 $1/100=0.01\ \text{mm}$。注意读数时，还需估读一位，因此，在 mm 量级上，螺旋测微器应该保留小数点 3 位，螺旋测微器有时也被称为千分尺。

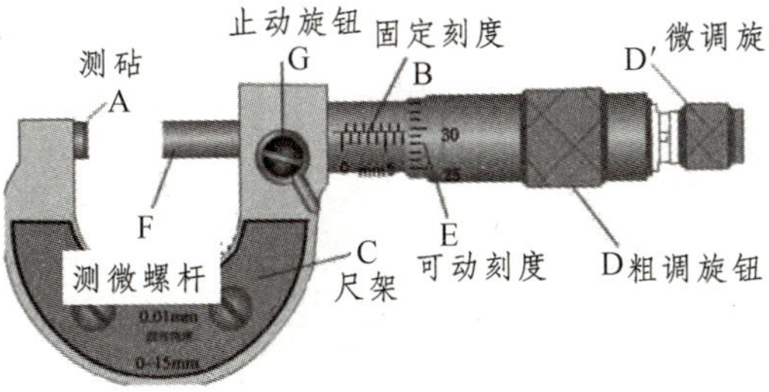

图 3.1.4　螺旋测微器的结构示意图

① 螺旋测微器的使用方法。

a）测量之前，检查零点。转动可动刻度，使测微螺杆与测砧接触，可动刻度的左边缘与固定刻度的 0 刻线重合，此时，可动刻度的零刻线应当和固定刻度上的基准线对齐，否则有零误差。若存在零误差，则需要将零误差值作为每次测量的校正值。

b）旋出测微螺杆，并使测砧和测微螺杆的面正好接触待测物体两端，测微螺杆向右移动的距离就是所测物体的长度。这个距离的整毫米数由固定刻度读出，小数部分由可动刻度读出。

② 螺旋测微器的读数方法。

a）先读固定刻度，固体刻度为 2 mm，如图 3.1.5 所示。

b）再读半刻度。若半刻度线已经露出，记作 0.5 mm；若半刻度线未露出，记作 0.0 mm。如图 3.1.5 所示，半刻度已露出，记作 0.5 mm。

c）然后读可动刻度（注意估读），如图 3.1.5 所示，记作 46.2，最后一位 2 是估读。

d）最终读数结果为“固定刻度 + 半刻度 + 可动刻度”。最终读数为 $2\ \text{mm} + 0.5\ \text{mm} + 46.2 \times 0.01\ \text{mm} = 2.962\ \text{mm}$。

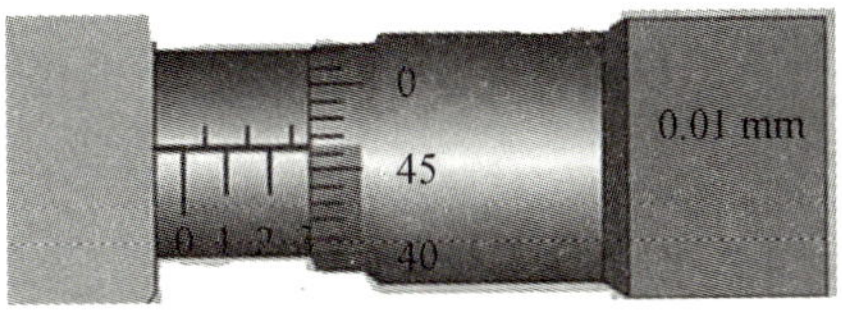

图 3.1.5　螺旋测微器测量某一物体的长度

（4）移测显微镜。

移测显微镜是将测微螺旋和显微镜组合起来用于精确测量微小长度的专用显微镜。其测量精度可达 0.01 mm。移测显微镜的结构示意图如图 3.1.6 所示。移测显微镜的工作原理是移测显微镜将螺旋测微器和显微镜结合，利用显微镜的放大原理，较清晰地观测物体，然后利用显微镜里面的叉丝找到观测物体的第一个目标点，此时记下标尺和螺旋测微器上的读数，然后转动转鼓，移动叉丝，对准观测物体的第二个目标点，记下标尺和螺旋测微器上的读数。第二个目标点的读数减去第一个目标点的读数，即待测物体的尺度。测微螺旋的一个螺距是 1 mm，通过转鼓，将螺距等分为 100 个小格，即移测显微镜的测量精度是 0.01 mm。显微镜的放大倍数通常为 20 倍左右，这对于测量已经足够了。

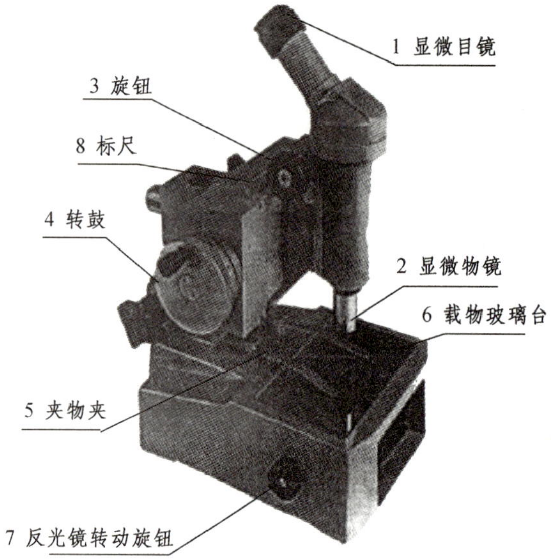

图 3.1.6 移测显微镜的结构示意图

① 移测显微镜的使用方法。

a）转动摇鼓，使显微系统处于中间。

b）伸缩目镜，看清叉丝。

c）放低镜筒，将被测物体放在镜筒正下方，双手转动显微系统的旋钮，使其上下移动，以看清待测物。

d）转动摇鼓，移动显微物镜，使叉丝的十字线的竖线对准测量物的一端。

e）从标尺和转鼓上读出该点的读数 x_1。

f）继续转动摇鼓，直到叉丝移动到测量物的另一端。

g）读出该点的读数 x_2。

h）计算得出测量物的长度为 x_2-x_1 。

② 移测显微镜的读数方法。

a）先从标尺上读出整数部分。

b）再从转鼓上读出小数部分，注意，若标记点在两个刻度的中间，要进行估读。小数部分的读数 =（刻度值 + 估读值）× 0.01 mm。

c）最终读数 = 标尺上的整数部分 + 转鼓上的小数部分。

d）如图 3.1.7 所示，根据标尺的刻度和转鼓的刻度，读数为 5 mm（标尺刻度）+ 6.7 × 0.01（转鼓刻度值，注意 7 为估读）= 5.067 mm。

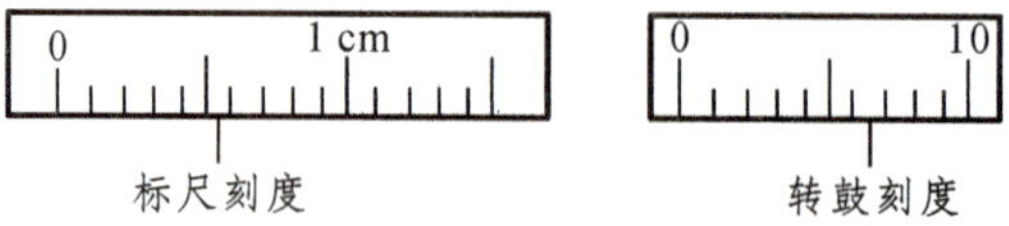

图 3.1.7 测量某一物体长度时的刻度图示

③ 使用移测显微镜的注意事项。

a）要尽量做到显微镜的移动方向与被测两点间的连线平行。

b）防止回程误差，即在测量时，向同一方向转动摇鼓，不能向相反方向转动摇鼓。

c）测量结束后，将移测显微镜放回盒子中。

d）将实验桌面收拾干净。

2）测量质量的仪器

质量是力学实验中常测的物理量，常用的质量测量仪器主要有秤盘天平、物理天平、电子天平和分析天平。下面分别对这些设备进行一一介绍。

（1）秤盘天平。

秤盘天平是根据杠杆原理制成的，在杠杆的两端各有一小盘，左端放称量物体，右端放砝码，杠杆中央装有指针。两端平衡时，两端的质量（重量）相等，杠杆中央的指针指向零。秤盘天平的精确度不高，一般为 0.1 g 或 0.2 g。秤盘天平的结构示意图如图 3.1.8 所示。

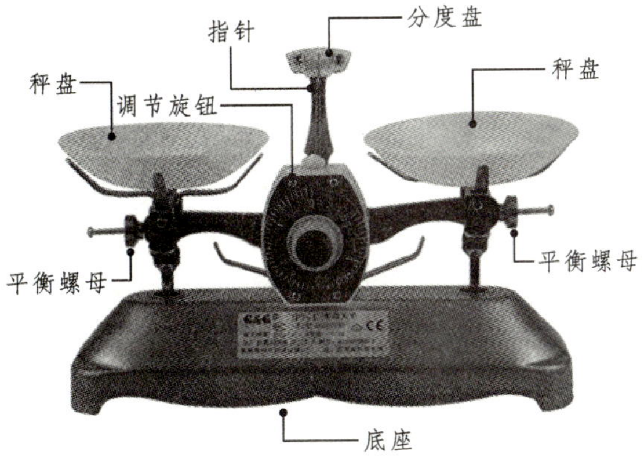

图 3.1.8　秤盘天平的示意图

① 秤盘天平的使用方法。

a）将秤盘天平放置在水平位置，游码调至红色 0 刻度线处。

b）调节平衡螺母（天平两端的螺母），直至指针对准中央刻度线，同时确保天平横梁水平平衡。

c）左秤盘放称量物，右秤盘放砝码。

d）用镊子夹取砝码，不能用手，以防弄湿、弄脏砝码。

e）加砝码时，从估计称量物的最大值加起，逐步减小。加减砝码并用镊子移动标尺上的游码，直至指针再次对准中央刻度线。

f）物体的质量 = 砝码的总质量 + 游码在标尺上的刻度值（$M_{左} = M_{右} + M_{游}$）。

g）减砝码时，也必须用镊子，取下的砝码放回砝码盒。

h）称量完毕，应把游码移回零点。

② 秤盘天平的使用注意事项。

a）秤盘天平轻拿轻放，天平调零，且横梁水平平衡。

b）右放砝码，左放物体。

c）砝码用镊子夹取，不能用手拿，使用时要轻拿轻放。

d）秤盘天平的底座上有一个铭牌，上面记录着此秤盘天平的最大称量和感量。使用时，要注意不要超过最大称量值和小于感量，否则将损坏秤盘天平或无法测量。

e）游码用镊子移动，不能用手。

f）过冷过热的物体不可放在天平上称量。应先在干燥器内放置至室温后再称量。

g）加砝码应该从大到小，节省时间。

h）在称量过程中，不可再调节平衡螺母。

i）使用完毕，将实验仪器放回到固定位置。

（2）物理天平。

物理天平利用杠杆原理制成的。横梁就是杠杆，在杠杆的两端各有一个秤盘，一端放砝码，一端放称量物体，横梁中间的指针用来指示平衡，当两个秤盘平衡时，两端的质量相等。横梁上有三个刀口，中间的刀口由立柱上的刀刃支起，两侧刀口各悬挂一个秤盘。在横梁的下面，有一个指针，当横梁摆动时，指针在标尺上显示偏转的格数。横梁两端具有平衡螺母，用于在天平空载时调节平衡。天平底座上也有底角螺丝，用于调节底座的水平。物理天平的结构示意图如图 3.1.9 所示。

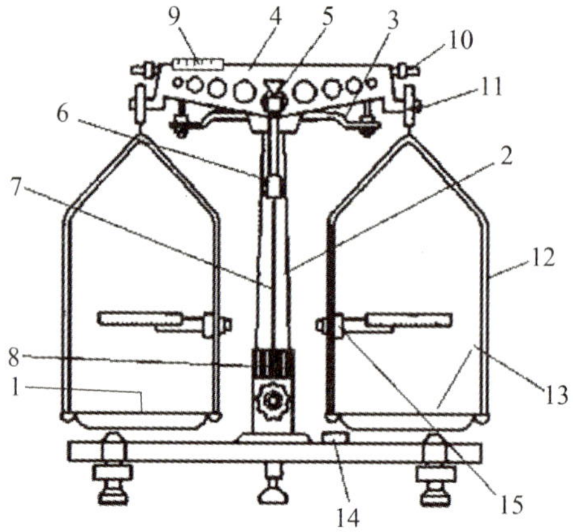

1—秤盘；2—立柱；3—制动架；4—横梁；5—刀刃；6—感量调节器；7—指针；8—标尺；
9—游码；10—平衡螺母；11—吊耳；12—支架；13—秤盘；14—水平仪。

图 3.1.9 物理天平结构示意图

① 物理天平的使用方法。

a）调节底座平衡。

b）游码归零，调节横梁左右的螺丝使天平达到水平平衡。

c）左秤盘放称重物体，右秤盘放砝码。配合移动游码，使天平再次达到水平平衡。

d）物体质量等于砝码质量加上游码所示质量。

② 物理天平使用注意事项。

a）称重物体的质量小于天平的最大称量值，以防损坏天平刀口。

b）避免在两侧物品重量悬殊的情况下升起横梁。

c）称量时，加减砝码要在天平制动的情况下进行。

d）转动手轮，轻轻升起横梁，若升起过程中发现两端不平衡，需马上轻轻放下横梁，不必把横梁完全升到顶再观察是否平衡。

e）称重时，称重物体和砝码放在秤盘的中间。

f）不要把潮湿的物品、化学药品直接放在天平盘里，以免腐蚀秤盘。

g）砝码用镊子夹取，不能用手拿，用完放回砝码盒。加砝码遵循先大后小的顺序。

h）天平使用完毕，要使刀刃和刀承分离，将天平存放在干燥清洁的地方。

（3）电子天平。

电子天平采用了电子控制技术，用电磁力代替了砝码。电子天平处于空称零位时，空盘一端的力矩与电磁力矩相当，处于平衡状态，零位指示器显示为零。当秤盘上加载称重物体时，原来的平衡被打破，杠杆偏离零位，零位指示器显示有偏差信号，偏差信号经过放大、调节等一系列转换，使线圈内的电流相应增大，电磁力矩随之增大，又使杠杆再次恢复到平衡位置，平衡以后，电信号处理为数字信号，显示在显示屏上。电子天平的结构示意图如图 3.1.10 所示。

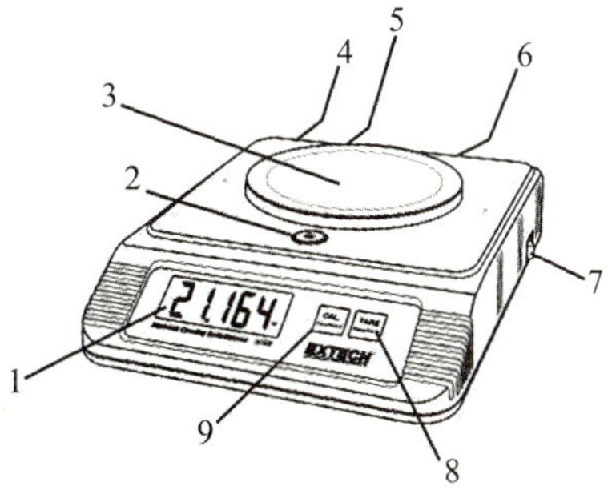

1—液晶显示屏；2—泡沫矫直机；3—秤盘；4—交流电源适配器插孔；5—接口插孔；
6—单位选择开关；7—电源开关；8—除皮按钮；9—校准按钮。

图 3.1.10　电子天平的结构示意图

① 电子天平的使用方法。

a）开机前，先观察天平水平仪水泡的位置，根据水泡位置，将电子天平调节水平。

b）接通电源预热半小时。

c）打开显示器开关，稍等片刻，显示 0.000 0 g；

d）去皮。将容器置于秤盘上，稳定后，按去皮键，显示器显示为零。

e）称量物体。将称重物体放到秤盘上，待显示器左下角“0”消失，这时显示是称重物体的净质量，若将容器拿开，天平将显示负值。

f）称量结束后，关闭显示器，切断电源。

② 电子天平使用的注意事项。

a）电子天平对环境要求较高，在使用时，会受到环境温度、气流、震动、电磁干扰等因素影响，因此要尽量避免或减少环境对电子天平的影响。

b）搬动过的电子天平必须重新校正水平。

c）在称量吸水性、挥发性或腐蚀性较强的物品时，最好采用密封的容器称量，尽量快速称量，注意不要将称重物体（特别是腐蚀性物品）洒落在秤盘或底板上。

d）称量结束后，将称重物体及时带离天平，并做好卫生。

（4）分析天平。

分析天平是实验室中最重要、最常用的精密称量设备，具有较高的灵敏度。分析天平可以分为机械类和电子类。其中，机械类根据其平衡原理，又可细分为普通分析天平、空气阻尼天平、半自动光电天平、全自动光电天平和单秤盘天平等。这些天平均利用杠杆原理，只是在结构上和使用方法上有所不同。结合实验室情况，这里仅介绍半机械加码电光天平。其结构示意图如图 3.1.11 所示。

图 3.1.11　半机械加码电光天平的结构示意图

① 分析天平的使用方法。

a）使用前，先检查。检查天平是否处于水平状态，天平盘是否清洁，横梁、吊耳、秤盘等是否安装正确，砝码是否齐全，砝码位置是否正确等。

b）天平调零。在天平处于空载情况下，缓慢旋转停动开关，开启天平，等指针摆动平稳后，将投影屏上的读数调整为零，即天平调为零。

c）称量物体。将称量物从天平左门放入左侧称量盘中，关闭天平左门，估计称量物的质量，采用先大后小、中间截取的办法增减砝码，直到天平两侧平衡。

d）关闭天平的右侧门，待天平稳定后，读取物体的质量。

② 使用分析天平的注意事项。

a）动作要轻缓。升降天平时，应该动作缓慢，防止圈码脱落。

b）称重物不能直接放在秤盘内，应根据称量物的性质，放置纸片、表面皿或称量瓶等，称重不能超过天平最大载重量。

c）在增减砝码、取放天平时，应先把天平梁托住，以防损坏刀口。

d）每次增减砝码或读数时，都应把天平的门关好。

e）避免称量物洒落在天平内，注意天平清洁。

f）称量完，将天平外套罩好，放回原处。

3）测量时间的工具

时间是物理实验中常需要测量的物理量，在国际制单位中，时间的基本单位是秒（s）。在实际应用中，时间的常用单位还有小时、分、毫秒、微秒和皮秒等。古代测量时间的工具有日晷、沙漏、滴漏等，现代有钟表、秒表等，根据表的工作原理又可以分为机械表和电子表。在实验室中常用的表是电子秒表。结合实验室的情况，这里仅介绍电子秒表。电子秒表的外观如图 3.1.12 所示。

图 3.1.12　电子秒表

国内电子秒表一般采用石英振荡器的振荡频率作为时间基准，由 7 位液晶数字显示时间，分别显示时、分、秒，时间可以准确到 0.01 秒，图 3.1.12 所示的时间是 0 时 1 分 2.22 秒。秒表的表头有两个柄头，用以控制秒表的走动和停止。在测量时间时，手握秒表，大拇指按一下柄头，稍微用力按下，秒表立即走动，随即放手，柄头自动弹回；当需要停止时，再按一下柄头，停止计时，读出表盘上的示数，即所需的测量时间。读完后，再按一下柄头，秒表归零。继续原动作，又可以开始计时。

另外，在实际的实验过程中，有很多情况是仪器自带计时装置。例如，测量金属的比热容实验，在降温过程中需要测量温度由 102 °C 降至 98 °C 的时间，仪器上自带测量时间装置，根据操作说明测量时间。

3.2　热学实验基础知识

热学的主要研究内容是热现象及其规律。它有两种描述方法，分别是热力学方法和统计物理方法。热力学是宏观理论，研究宏观量如压强、体积、温度、内能等之间的变化关系。统计物理学是微观理论，通过物理简化模型，运用统计方法研究如分子的平均速度、平均动能等微观量与宏观量之间的关系。热学是大学物理基础课程中必修的一部分重要内容。因此，热学实验也是大学物理实验中重要的一部分内容。通过热学实验，可以验证宏观量如压强、温度、体积等之间的关系，以及热能转换规律等。

人类对热的认知是从“火”开始的，在我国战国时期就创立了五行学说，把金、木、水、火、土称为五行，认为这五行是万事万物的根本。人类对热本质的认知是从 19 世纪开始的，包括热功转换、能量守恒、热力学第一定律、热力学第二定律以及第一类永动机和第二类永动机不能实现等一系列理论。关于热学的一个非常重要的应用，那就是热机，热机的出现推动了人类工业文明的快速发展，驱动了一次重大的工业革命，由人工时代进入了机器时代。热机的应用非常广泛，路上的小车、水里的轮船、天上的飞机、工厂里的机器都离不开热机。热机的出现不是一蹴而就的，第一台实用性热机的出现历经了近一个世纪。1695 年，一名法国人发明了第一台蒸汽机，但操作不便，也不安全。1705 年，有人又制造了一台新的蒸汽机，比上一台创新了不少，具有了一定的实用价值，但是由于采用的是水冷却气缸，能量损失较大，效率太低。大约又经历了半个世纪，在 1769 年，英国的一个技工瓦特对上一台热机进行了改进，增加了冷凝器，使机器运作由断断续续到连续工作，从而使蒸汽机的使用价值大大提高，导致了欧洲的工业革命。热机的发展历程，由最初的蒸汽机，发展到蒸汽轮机，再到内燃机，再到喷气发动机和火箭发动机。

3.2.1 热学的基本概念及定律

1）热力学系统

热力学系统是指由大量微观粒子组成的宏观物质系统。根据系统与外界的关系，可以分为孤立系统、封闭系统和开放系统。所谓的孤立系统，指系统与外界不发生任何相互作用，包括质量和能量之间的交换。封闭系统是指系统与外界只交换能量，不交换质量。开放系统是指系统与外界既可以能量交换，也有质量交换。

2）平衡状态

平衡状态是指在不受外界影响的条件下，宏观性质不随时间而改变的状态，即所有宏观物理量是个恒量，不随时间的变化而变化。

3）理想气体

理想气体是为了处理问题和研究的方便，抓住问题的主要因素，忽略问题的次要因素，忽略次要因素对实验结果影响（可以忽略不计），是简化的一种物理模型。所谓的理想气体，指把分子看作没有体积的具有质量的点，并且分子的运动是独立的，不考虑分子间的相互作用，且分子的碰撞都是弹性碰撞，即碰撞前后动量守恒和动能守恒。

4）热　容

热容是指一个系统温度升高 1 °C 吸收的热量，单位是 J/K。比热容是指将单位质量的物体温度升高 1 °C 吸收的热量。另外，还有等压热容和等体热容，分别是指在恒压条件下和等体条件下，温度升高 1 °C 物体吸收的热量。

5）热力学第零定律

热力学第零定律也称热平衡定律。其内容是若两个热力学系统分别与第三个系统处于热动平衡状态，则这两个系统也一定处于热动平衡状态。

6. 热力学第一定律

热力学第一定律也称能量守恒定律。从能量守恒角度来讲，改变理想气体内能有两种形式，分别是吸热和做功。换句话说，系统吸收的热量一部分转化为系统的内能，另一部分对外做功。这实际上就是热机的工作原理。

7）热力学第二定律

热力学第二定律指明，并不是所有的热力学过程都可以发生，热力学过程是有方向性的。热力学第二定律就是关于热力学发生过程的两种表述，分别是开尔文表述和克劳修斯表述。开尔文表述即不可能从单一热源吸收热量，使之完全转换为有用功而不产生其他影响。克劳修斯表述即热量不能自发地从低温物体传递到高温物体。值得注意的是，这两种表述看似是对两种不同过程的表述，但实际上是等效的。

8）热力学第三定律

热力学第三定律是指当系统趋近于温度的绝对零度时，系统等温可逆过程的熵变化趋近于零。热力学第三定律只能应用于稳定平衡状态，物质不能再被看作理想气体。

9）温度的表示

温度是表示物体冷热程度的物理量，常用摄氏度（°C）表示。温度还有另外一种表示，即热力学温度（K）。两者之间的换算关系为

$$T = 273.15 + t \tag{3.2.1}$$

式中，T 是热力学温标，单位是 K；t 是摄氏温标，单位是 °C。值得注意的是，物理公式中的温度，一般指热力学温度 T。

3.2.2 常用的热学测量仪

1）温度测量仪

温度是实验中常测的物理量。特别是近年来，新冠肺炎的出现，各公共场所、超市、小区等门口都设有温度测量仪，有的是手持式，有的是固定式。实验室中，常用的仪器有玻璃液体温度计、水银温度计、温度传感器、热电偶温度计、量热器等。下面对这些常用的测温计进行一一介绍。

（1）玻璃液体温度计。

玻璃液体温度计是以酒精或其他有机液体作为测温工作物质的一种温度计。这种温度计把测温工作物质封装在一个密封的玻璃柱中，一端成球泡形，上接一个内径均匀的毛细玻璃管。利用液体的热胀冷缩原理，根据温度与玻璃内液体升温膨胀的关系，在管壁上刻有相应的温度刻度。

当玻璃内液体受热时，毛细管中的液柱升高，从管壁上读出相应的温度值，即被测物体的温度。此种温度计的测量范围通常为 – 80 °C ~ + 300 °C。此种温度计的优点比较突出，如使用方便、结构简单，价格便宜，具有较高的精确度和稳定性。

（2）水银温度计。

水银温度计与玻璃液体温度计类似，里面密封的是液体水银，是一种银白色的液态金属。水银具有均匀的膨胀系数，不湿润玻璃，所以很适合制作测温仪器。水银温度计在家庭生活中非常常用，用来测量体温。特别是家有小孩和老人的家庭，水银温度计几乎是必备。在使用水银温度计时，应该注意以下事项：应轻拿轻放，以防破裂；水银属于有毒物质，如果断裂，水银洒出，应及时回收；使用前需确定被测物体的温度，避免被测物体的温度超过温度计的测量范围；读数时视线应当与刻度线垂直，以免出现读数误差；定期对温度计进行校正，以消除零点误差。

（3）数字式温度测量仪。

数字式温度测量仪是利用温度传感器，将温度的变化转化为电学量的变化，根据电学量变化与温度的关系，由测量的电学量推导出被测温度。下面以一种电流型集成温度传感器为例，具体认知数字式温度测量仪，其电路图如图 3.2.1 所示。电路中，温度传感器

升高或降低 1 °C，传感器输出的电流就相应地增加或减少 1 μA，输出电流与温度的变化关系为

$$I = kt + I_0 \tag{3.2.2}$$

式中，I 代表温度为 t °C 时电路中的电流；I_0 代表温度为 0 °C 时电路中的电流；t 代表待测物体的温度（°C）；k 是比例系数。因此，若电路中测得电路的电流，通过公式（3.2.2），就可以计算出待测物体的温度。

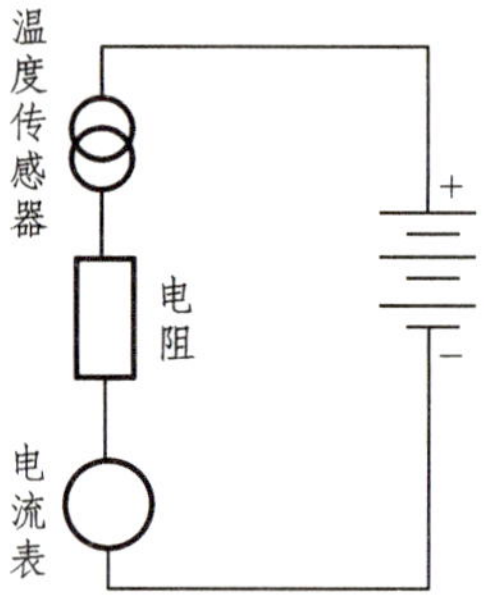

图 3.2.1　数字式温度测量仪电路图

（4）热电偶温度计。

热电偶温度计实际上是一个能量转换器，将热能转换成电势能的装置。其结构简单，就是将两根不同的金属丝做成一个回路，将两端焊接在一起，形成闭合回路。一端是热电偶的热端，置于待测介质的温度场中；另一端是冷端，也称为自由端，通常置于冰水混合物中。当冷、热两端存在温差时，回路中便产生温差电动势，若在冷、热两端接入一个电压表，便可测出温差电动势的大小。根据温差电动势的大小，从温差电动势与温度对照表可查得温差电动势对应的温度。例如，在测定金属比热容的实验中，就采用了热电偶温度计来测量金属在加热或者退热过程的温度。热电偶温度计的电路图如图 3.2.2 所示。

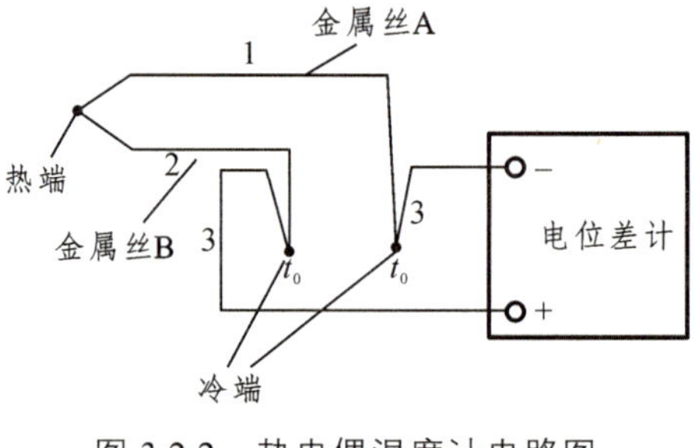

图 3.2.2　热电偶温度计电路图

2）压强测量仪

在热学实验中，需要进行大气压强、气体压强和微小拉力的测量。大气压强的测量通常使用水银气压计和数字气压计，气体压强和微小拉力的测量通常使用压力传感器。下面仅对水银气压计、数字气压计进行介绍。

（1）水银气压计。

根据实验室情况，重点介绍福廷式水银气压计。福廷式水银气压计的结构如图 3.2.3 所示。图中，水银杯内的水银与毛细管相连，调节“调节手柄”控制水银杯内水银液面的高度。毛细管内水银高度由主尺和游标尺读出。

图 3.2.3　福廷式水银气压计

（2）数字气压计。

数字气压计采用力敏传感器或硅阻力敏传感器，将压力信号转换成电信号，电信号经过放大，显示在液晶屏上。该设备能够精准测量外界大气压，具有体积小、重量轻、便于携带等优点，且广泛应用于气象、科研、军事、体育、航海和航空等领域。

3.3　电磁学实验基础知识

电磁的发展，使人类文明和科技进步发生了翻天覆地的变化。如今，电磁学理论，广泛应用于各个领域，如人类的生活生产、军事、航空、航天、科研等。没有电磁学的发展，就没有现代文明。试想一下，若没有电磁学的发展，没有手机、电视、各类电器等，人们的生活质量要倒退多少年。大学物理实验就是让同学们重温科学家的重大发现，在此过程中，希望它能成为一颗种子，在同学们心中慢慢发芽、长大，长成具有创新创造能力的一棵参天大树。

3.3.1　阅读材料——电磁的发展史

最早有关电的记载可追溯到公元前 6 世纪，希腊哲学家泰勒斯记载了木块摩擦琥珀能够吸引碎草等轻小物体，后来发现摩擦过的煤玉也具有吸引轻小物体的能力。早在中国的西汉末年，也有“玳瑁吸喏”的记载，以及晋朝时期记载了摩擦起电的放电现象：“今人梳头著髻时，有随梳解结有光者，亦有咤声”。

通过摩擦，吸引轻小物体的性质，类似于磁体。磁铁吸铁的特性早在我国春秋战国时期就有记载。《吕氏春秋》中记载“磁招铁，或引之也”。在我国古代，磁体也被广泛应用。

如秦始皇统一六国后，在修建阿房宫时，宫门用磁石做成，如果有人身穿盔甲，暗藏兵器，图谋不轨，就会被磁石门吸住。又如西汉有一个名叫栾大的人，他利用磁石同性相斥、异性相吸的特性，做了两个类似于棋子的东西，通过调整两个棋子的极性位置，有时两个棋子相互吸引，有时相互排斥。栾大称其为“斗棋”。他把这个新奇的玩意献给汉武帝，并当场演示。汉武帝惊奇不已，龙心大悦，封了栾大为“五利将军”。

关于磁石的应用，最为关注的是我国的四大发明之一——指南针。指南针的应用最早出现于战国时期。它是用天然磁石制成的，样子像一把汤勺，圆底，可以放在平滑的“地盘”上并保持平衡，且可以自由旋转。当它静止的时候，勺柄就会指向南方。古人称它为“司南”，这是世界上最早的指南仪器。《韩非子》中记载“先王立司南以端朝夕”。《鬼谷子》中也记载了郑国人采玉时带司南以确保不迷失方向。北宋时期，人们发明了磁化的铁针，制成指南针，并开始应用于航海。南宋时，指南针普遍应用于航海，同时传到阿拉伯。13世纪初，指南针传入欧洲。指南针在航海上的应用，导致了后来哥伦布发现美洲新大陆的航行和麦哲伦的环球航行。这大大加速了世界经济发展的进程。

对摩擦放电和磁的模糊认知，持续了近两千年。1600年，英国物理学家吉伯发现，除了琥珀和煤玉，还有相当多的物质具有摩擦吸引轻小物体的性质，但不像磁石那样具有指南北的性质。为了表明摩擦吸引与磁性的不同，吉伯制作了第一台验电器。用一根中心固定可转动的金属细棒，与摩擦过的琥珀靠近，金属细棒转动指向琥珀。

1660年，马德堡的盖利克发明了第一台摩擦起电机。用硫黄制成形如地球仪的可转动球体，用干燥的手掌摩擦转动球体，使之获得电。盖利克的摩擦起电机经过不断改进，在静电实验研究中起着重要的作用，直到19世纪霍耳茨和推普勒分别发明感应起电机后才被取代。

1729年，英国的格雷在研究电的传导时，发现了导体和绝缘体，指出金属是导体，丝绸是绝缘体，同时人体也是导体。格雷的发现引起了法国迪费的注意。1733年迪费发现绝缘体也可以摩擦起电，由此，给出了所有物体都可摩擦起电的结论。他把玻璃上产生的电荷称为“玻璃的”，把琥珀上产生的电荷称为“树脂的”。同时，他还发现了同种电荷相斥、异种电荷相吸的特性。

1745年，荷兰的穆申布鲁克发明了能保存电的设备——莱顿瓶。它的发明促进了电的进一步发展。差不多在同时期，美国的富兰克林做了许多有意义的工作，推动了人类对电更加丰富的认知。1747年，他提出电荷守恒定律，即电荷只能从一种物体传递给另外一种物体，总电量是保持不变的，既不会创造，也不会消失。他还首次定义了正电荷和负电荷，其名称一直沿用至今。1749年，他开始关注雷闪。1752年他做了一个非常危险的实验，在雷雨天，他将风筝放入云层，观察雷闪，证实了雷闪就是放电。他是幸运的，没有被电死。后来几个模仿者遭电击身亡。富兰克林还发现了导体的尖端更易放电的现象，为发明避雷针防止建筑物被雷击提供了理论依据。1745年，避雷针首次由狄维斯发明，这大概是电的第一个应用。

18世纪后期，人们对电荷相互作用开始了定量研究。1776年，普里斯特利发现导体内表面没有电荷。1769 年，鲁宾逊测定了两个电荷之间的相互作用力与距离的平方成反比。1785 年，库仑利用扭秤实验，测定了两个静止的点电荷之间的相互作用力与它们距离的平方成反比，与它们的电量的乘积成正比。这就是著名的库仑定律。

1811 年，泊松将势论应用于静电场，为静电学的发展提供了理论基础。18 世纪后期，电学的一个重大发明是意大利物理学家伏打发明的电池，之前发明的莱顿瓶只能提供短暂的电流。1780 年，意大利解剖学家伽伐尼意外发现了导电的金属接触蛙腿，蛙腿就会发生抽动。这一发现引起了伏打的兴趣。1792 年，伏打认为两种不同的金属插到某种溶液中，形成闭合回路，产生电流，电流是蛙腿抽动的敏感反应。这一思想，为他制造第一个化学电池提供了条件。将一系列的银片、锌片按同样顺序叠起来，浸泡于盐水，外包装用硬纸板组成柱体，这就是所谓的伏打电堆。此后，各类化学电源蓬勃发展起来。现在，我们广泛使用的铅酸电池、锂电池、钒电池等都属于化学电池。

1800 年，卡莱尔和尼科尔森用低压电流分解水，收集了两种气体，就是目前制备氧气和氢气的主要方法。1807 年，戴维利用庞大的电池组先后电解得到钾、钠、钙、镁等金属。1811 年他又用两千个电池组成的电池组制成电弧。19 世纪 50 年代，电弧成为灯塔、剧院等场所主要的电源，直到 70 年代爱迪生发明了白炽灯，才被逐渐代替。此外，伏打电池也促进了电镀的发展，电镀是 1839 年由西门子等人发明的。

虽然早在 1750 年富兰克林发现了钢针的电磁化特性，甚至更早的 1640 年，有人发现闪电会使磁针旋转，直到 19 世纪初，科学界还仍然将电和磁认为是两种独立的东西。唯独丹麦的自然哲学家奥斯特持不同观点，他受自然力统一的哲学思想的影响，认为电与磁之间有着某种联系。经过多年的研究，1820 年，他发现了电流的磁效应。即当导线内通有电流时，近旁的磁针就会发生偏转。电流磁效应的发现开拓了电磁学研究的新纪元。奥斯特这一重大发现，引起很多物理学家的注意。相继出现了安培的载流螺线管与磁铁等效性的实验，阿喇戈的钢铁的电磁化现象，毕奥和萨伐尔的长直载流导线对磁极作用力的实验，总结出著名的毕奥-萨伐尔定律。此外，安培设计了一系列电流相互作用的精巧实验。由这些实验分析出来的规律，是认识电生磁以及磁场与电流相互作用的基础。

电流磁效应的发现打开了电磁应用的新领域。1825 年，斯特金发明电磁铁。1833 年，高斯和韦伯发明了第一台电报机。1837 年，惠斯通和莫尔斯也分别发明了电报机，其中莫尔斯发明了一套电码，通过在移动的纸条上打点传递信息。1855 年，汤姆逊的水下电缆提速为 1866 年大西洋电缆铺设成功提供了条件。1854 年，法国布尔瑟提出用电来传送声音的设想，但未成功；后来，赖斯于 1861 年实验成功，但未引起重视。1861 年，贝尔发明了电话，作为收话机，仍被现代所用。电流磁效应发现不久，几种不同类型的检流计设计成功，为欧姆发现欧姆定律提供了条件。

1848 年，基尔霍夫从能量的角度，澄清了电位差、电动势、电场强度等概念，使欧姆理论与静电学协同起来。在此基础上，基尔霍夫提出了求解分支电流的方法。英国物理学家法拉第从事电磁现象的实验研究，对电磁学的发展作出极大的贡献，其中最重要的贡献是 1831 年发现电磁感应现象，总结出著名的法拉第电磁感应定律。楞次于 1834 年给出感应电流方向的描述，也被称为楞次定律。法拉第在电磁感应的基础上，发明了第一台发电机。此后，他发现了电解定律和磁光效应，解释了物质的顺磁性和抗磁性，他还详细研究了极化现象和静电感应现象，并首次验证了电荷守恒定律。法拉第对电磁研究贡献卓越，他还总结出电力和磁力的超距作用，不是通过空虚空间，而是通过电力线和磁力线来传递的，为提出“场”的概念打下了基础。电磁感应的发现为能源的开发和广泛利用开创了崭新的前景。

1866 年，西门子发明了自激发电机。19 世纪末，实现了远距离输电。电动机在生产和交通运输中得到广泛应用，极大地推动了工业的发展。

19 世纪 60 年代，卓越的英国物理学家麦克斯韦概括了库仑以来已有的全部电学知识，并建立了统一的理论。麦克斯韦认为，变化的磁场在其周围的空间激发涡旋电场；变化的电场引起媒质电位移的变化，电位移的变化与电流一样在周围的空间激发涡旋磁场。麦克斯韦明确地用数学公式把它们表示出来，从而得到了电磁场的普遍方程组——麦克斯韦方程组。麦克斯韦进而根据他的方程组，得出电磁作用以波的形式传播，电磁波在真空中的传播速度等于电量的电磁单位与静电单位的比值，其值与光在真空中传播的速度相同，由此麦克斯韦预言光也是一种电磁波。1887 年，赫兹利用电容器的振荡特性，发明了电磁波源和电磁波检测器，在实验上成功检测到电磁波，测定了电磁波的波速，并发现电磁波与光波一样，具有偏振、反射、折射和聚焦等性质。其实验为麦克斯韦的理论提供了佐证，使得麦克斯韦电磁理论逐渐被大家接受，也从此开辟了一个全新的领域——电磁波的应用和研究。

1895 年，实现了无线电信号的传送。后来有人将赫兹的振子改进为竖直天线，将发射器分为两个振耦线路，为扩大信号传递范围创造了条件。1901 年第一次建立了横跨大西洋的无线电联系。电子管的发明也极为重要，方便了电磁波的发射和接收，推动了无线电技术的发展，极大地改变了人类的生活。

1896 年洛伦兹提出的电子论，将麦克斯韦方程组应用到微观领域，并把物质的电磁性质归结为原子中电子的效应。这样不仅可以解释物质的极化、磁化、导电等现象以及物质对光的吸收、散射和色散现象，而且还成功地说明了关于光谱在磁场中分裂的正常塞曼效应。此外，洛伦兹还根据电子论导出关于运动介质中的光速公式，把麦克斯韦理论向前推进了一步。

在法拉第、麦克斯韦和洛伦兹的理论体系中，均假定有一种特殊媒质“以太”存在，只有在以太参照系中，麦克斯韦方程组和洛伦兹力公式才严格成立。这意味着电磁规律不符合相对性原理。这也导致了爱因斯坦创立狭义相对论提供了条件，他否定了以太参照系的存在，修改了惯性参照系之间的时空变换关系，使得麦克斯韦方程组和洛伦兹力公式在所有惯性参照系中都成立。狭义相对论的建立不仅发展了电磁理论，也推动了理论物理的发展。

3.3.2 电磁学中常用的元器件

1）常用的元器件

（1）电阻。

电阻是一个限流元件，电阻的阻值越大，对电路中电流的阻碍作用就越大。电阻在物理学中常用大写字母 R 表示，单位是欧姆，用符号 Ω 表示。实验室常用的电阻有定值电阻、可变电阻、电阻箱等。另外，电阻的伏安特性一般情况下是线性关系。伏安特性指在电阻的阻值一定时，电阻两端的电压和流经电阻的电流之间的关系，即服从欧姆定律，即 $U=IR$，如图 3.3.1 所示。

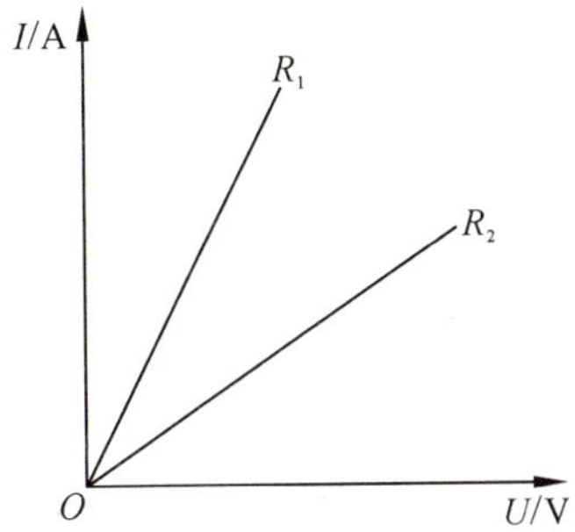

图 3.3.1 定值电阻的伏安特性曲线

① 定值电阻。

定值电阻的电阻值是固定不变的。电阻的主要参数有标称阻值，即电阻器上所标的电阻值，还有允许误差和额定功率（或额定电流）。例如某 RJ-2 型金属膜电阻，标称阻值为 370 Ω，允许误差为 ±1%，额定功率为 2 W。选用电阻时，不仅电阻值要符合要求，而且在使用时，不允许超过额定功率或者额定电流，否则会因过载而烧坏。电阻器的种类很多，根据其组成材料和结构进行分类，可以分为碳质电阻、碳膜电阻、金属膜电阻和金属氧化膜电阻、线绕电阻、水泥电阻等。

实验室常用的电阻是色环电阻，电阻的外表面涂有一定颜色的色环，色环表示电阻的标称电阻值。色环电阻根据色环的个数，分为三环电阻、四环电阻、五环电阻和六环电阻，通用电阻是四环电阻。下以四环电阻为例，介绍根据色环读电阻值的方法。图 3.3.2 所示的是四色环电阻，靠近端头的是第一色环，依次是第二、第三和第四色环。第一色环代表电阻值的十位，颜色为红色，查找电阻色环对照表 3.3.1，红色代表数值 2；第二色环代表电阻值的个位，颜色为紫色，查找表 3.3.1，紫色代表数值 7；第三色环代表电阻值 10 的幂数，颜色为橙色，查找表 3.3.1，橙色代表数值 3；第四色环表示误差，颜色为金色，金色代表数值 ±5%。将四环的数值组合在一起，就是电阻的阻值，即 $27\times10^3\,\Omega$，允许误差为 ±5%。

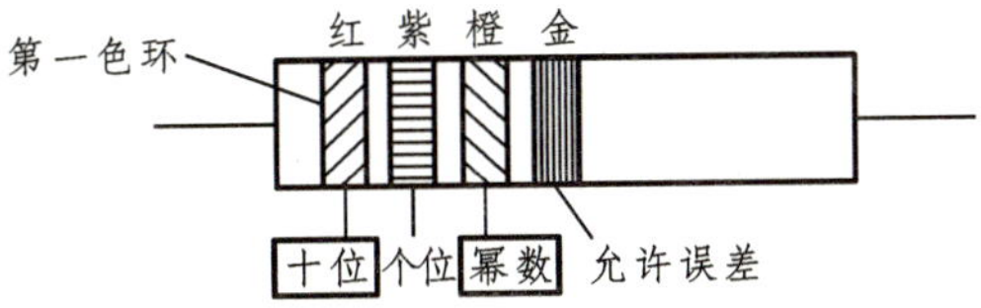

图 3.3.2 四色环电阻示意图

表 3.3.1 电阻色环对照表

颜色	数值	幂数	误差/%	温度关系/（×10/°C）
棕	1	1	±1	100
红	2	2	±2	50
橙	3	3	—	15
黄	4	4	—	25
绿	5	5	±0.5	
蓝	6	6	±0.25	10
紫	7	7	±0.1	5
灰	8	8	±0.05	
白	9	9	—	1
黑	0	0	—	—
金	—	-1	±5	—
银	—	-2	±10	—
无色			±20	

而三环电阻，第一色环是十位，第二色环是个位，第三色环代表 10 的幂数，误差没有色环，统一为 ±20%。五环电阻为精密电阻，前三环分别表示电阻的百位、十位和个位，最后一环表示误差；误差通常是金、银和棕三种颜色，金代表 5%，银代表 10%，棕代表 1%，若为无色，误差为 20%，偶尔也有以绿色表示误差，如果是绿色，误差为 0.5%。精密电阻通常用于军事、航天等领域。六环电阻前五色环与五环电阻表示方法一样，第六色环表示该电阻与温度的关系。

② 电阻箱。

电阻箱实际上是一个电阻可调的变阻箱，它由锰铜线绕成的标准电阻串联而成。在电阻箱的表盘上有多个旋钮，每个旋钮周围刻有 0～9 的刻度，在旋钮的上面还刻有 ×1,×10,×100,⋯等表示倍率。图 3.3.3 所示电阻箱的阻值 $R=0\times100\ 000+0\times10\ 000+4\times1\ 000+6\times100+8\times10+8\times1=4\ 688\ \Omega$。注意，图中左侧的两个黑色旋钮是电阻箱接入回路的接口，在接入电路时，由于电阻箱没有极性，所以这两个旋钮不分正负极。

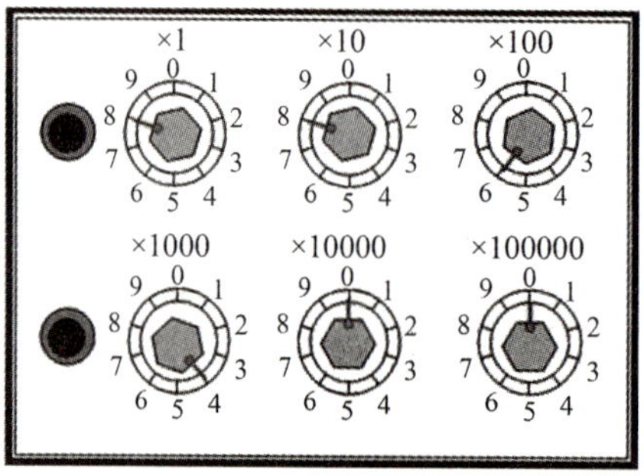

图 3.3.3 电阻箱示意图

对不同的电阻箱，其规格不同，所能表示的电阻范围也不同。如图 3.3.3 所示，该电阻箱可表示的最大电阻是 999 999 Ω。另外，电阻箱还有一个重要参数，就是额定功率。额定功率指电阻箱每个电阻的额定功率值，注意在使用的时候不能超过电阻箱的额定功率值。例如，一电阻箱的额定功率为 0.25W，若在用电阻为 100 Ω，则可以计算出最大可以允许的通导电流：

$$I=\sqrt{\frac{W}{R}}=\sqrt{\frac{0.25}{100}}=0.05\,(\mathrm{A}) \tag{3.3.1}$$

电阻箱也是有误差的，电阻箱根据误差大小分为若干个准确等级，如 0.02，0.05，0.1，0.2 等，其表示的是电阻值的相对误差，例如某一电阻箱的准确等级为 0.1，当电阻为 34 543 Ω时，其误差为 $34\,543\times0.1\%\approx35\ \Omega$。

③ 可变电阻。

可变电阻指电阻值可以调节的电阻，如滑线变阻器和电位器，还有一些功能性电阻如热敏电阻、光敏电阻和压敏电阻等，它们的阻值随某个因素的变化而变化。实验室常用的可变电阻，主要是滑线变阻器和电位器。

滑线变阻器是将电阻丝均匀密绕在一个绝缘陶瓷管上，有两个固定的接线端，还有一个可以在线圈上滑动的滑动端。在接线时，将滑线变阻器的固定端和滑动端接入回路，通过改变滑动端的位置，改变回路中输入电阻的阻值。滑线变阻器在电路中主要起到控制电流和调节电压的作用。

另外，在电路设计中，还有一种小型的滑线变阻器，即电位器。电位器的工作原理与滑线变阻器相同，唯一的不同是将滑动端利用一个可以转动的螺钉代替，通过转动螺钉，改变电阻的阻值。常用的电位器原理图如图 3.3.4 所示。在接入电路时，固定端如 A 端或者 C 端，一端悬空，另一端与 B 端接入电路中。

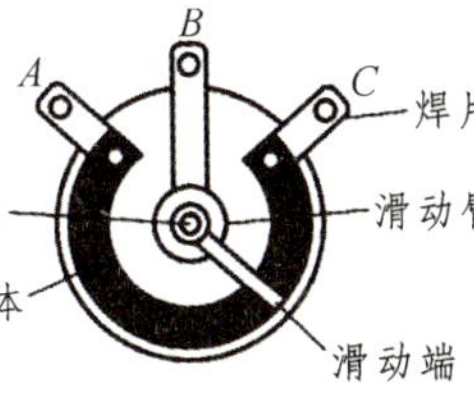

图 3.3.4　常用电位器原理图

（2）电容。

电容器是一个储能元件，用于储存电荷和电场能，是电路设计中常用的电器元件。它具有隔直流、通交流、阻止低频的特性。在直流电路中可以进行充放电。在交流电路中，用处很多，如滤波、耦合、谐振、旁路、定时、积分和微分等。电容器结构简单，由两块正负电极和夹在中间的绝缘介质组成，所以电容的类型取决于电极和绝缘介质。常用的电容有电解电容、纸介电容和瓷介电容等。其中，纸介电容和瓷介电容这两种电容器的引脚长度相同，两个引脚不分正负极，一般容量较小。电解电容的两个引脚分正负极，引脚长度不同，长脚接正极，短脚接负极，一般容量较大。电容器的主要参数是标称容量和额定电压。例如某 CJ10 纸介电容器的标称容量为 15 μF，额定直流工作电压 500 V。在使用时，电容器实际承受的电压不允许超过额定电压，否则，电容器的绝缘介质可能被击穿。

电容器两端加有电压时，它的极板上就会储存一定量的电荷。若储存的电荷量与电压之间是线性关系，则此电容器为线性电容，否则为非线性电容。在线性电容情况下，电容的特性方程为

$$q = CU$$

式中，C 为电容的容量值。通过公式可以推导出电容 C 的物理意义，C 表示单位电压储存的电荷，其值越大，单位电压储存的电荷量就越多，反之，就越少。因此，电容器的电容 C 是表示电容器储存电荷能力的值。其国际制单位为“法拉”，可以简称为“法”，利用符号表示为 F。实际中常用单位还包括毫法（mF）、微法（μF）、纳法（nF）或皮法（pF）。其换算关系为

$$1\ \text{F} = 10^3\ \text{mF} = 10^6\ \mu\text{F} = 10^9\ \text{nF} = 10^{12}\ \text{pF}$$

（3）电感器。

电感器与电容器类似，也是一个储能元件，是将电能转换为磁场能储存起来。它是电子电路中常用的元器件之一，主要用于交流电路中，在直流电路中近似为一根导线。电感在交流电路中主要起滤波、振荡、延迟、陷波等作用，简单地说就是通直流、阻交流。电感器一般由骨架、绕组、屏蔽罩、封装材料、磁心或铁心等组成。它可以分为小型电感器、可调电感器、阻流电感器、绕线型电感器、叠层型电感器、薄膜片式电感器和编织型电感器等。电感器一般是两个引脚的，不分正负极，但也有三个引脚的，若是三个引脚，就要区分各个引脚，在电路中，不能接反。三脚电感相当于一个小型的变压器，有初级和次级。

当电感通有电流时，其周围将产生磁场。若电感线圈共 N 匝，通过每匝线圈的磁通量为 Φ，磁链为 $\Psi = N \cdot \Phi$。若磁链与电流之间为线性关系，则该电感为线性电感，否则为非线性电感。对于线性电感，其特性方程为

$$\Psi = LI \tag{3.3.2}$$

式中，L 为电感器的电感，是一个与磁通、电流无关的常数，单位为“亨利”，简称“亨”，用大写字母 H 表示。电感单位除了“亨”，还有毫亨、微亨和纳亨。电感器的主要参数有电感值和额定电流。

（4）二极管。

二极管也是电子电路中常用的元器件之一，其工作原理是基于 PN 结的单向导电性，因此二极管是一个单向导电的元器件。PN 结是由两种不同的半导体材料接触时形成的。常用的半导体材料有硅、锗和砷等。纯净的半导体材料，也称本征半导体，其内部含有自由电子和空穴两种载流子，且数量相同，因此整个半导体呈现电中性。若在纯净的半导体材料中掺入某种元素，即称为杂质半导体。若在纯净半导体中掺杂三价元素，如硼、铝、镓等，此类杂质半导体，空穴比自由电子多，即空穴为多数载流子，自由电子为少数载流子，此类半导体称为空穴型半导体，简称 P 型半导体。若在本征半导体里面掺杂五价元素，如磷、砷、锑等，自由电子多于空穴，即自由电子为多数载流子，空穴为少数载流子，此类半导体为电子型半导体，简称 N 型半导体。

PN 结就是采用一定的工艺，使得杂质半导体一侧是 P 型，一侧是 N 型，则在两种类型半导体的交界面附近形成 PN 结，如图 3.3.5 所示。图中，“•”表示自由电子；“。”表示空穴；“⊕”表示失去一个电子的五价杂质形成的不能移动的正离子；“⊖”表示得到一个电子的三价杂质形成的不能移动的负离子。图中，由于 P 区的空穴浓度远高于 N 区，空

穴就会自动地由 P 区向 N 区扩散，并与 N 区的电子复合。由于 N 区的电子被空穴复合掉，使得 N 区显正电性；同样的，N 区的电子浓度远高于 P 区，N 区的电子会自动向 P 区扩散，与 P 区的空穴复合，由于 P 区的空穴被电子复合掉，使得 P 区显负电性。因而在交界面两侧形成了一个很薄的空间电荷区，也称为耗尽层，这个就是 PN 结。空间电荷区会产生一个内电场，阻挡多数载流子继续扩散，并推动少数载流子越过空间电荷区，即所谓的漂移。当交界面附件的空间电荷区中的正、负离子数量不再变化，也就是多数载流子的扩散运动与少数载流子的漂移运动达到平衡状态时，空间电荷区的宽度就稳定下来了。

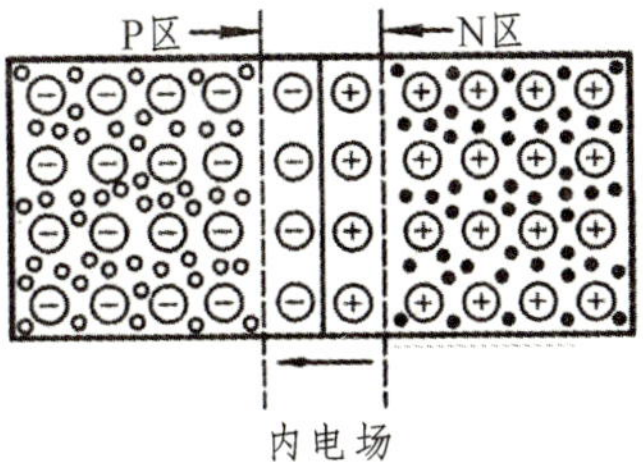

图 3.3.5　PN 结原理图

当 PN 结外接电路时，P 区接电源的正极，N 区接电源的负极，也可称之为正向偏置。如图 3.3.6（a）所示。此时，外加电压产生的外电场，与 PN 结产生的内电场，方向相反，在外电场作用下，PN 结宽度变窄，多数载流子的扩散运动不断进行，形成较大正向电流，PN 结处于导通状态。反之，若加反向电压，如图 3.3.6（b）所示，反向电压使得 PN 结宽度变宽，阻止了多数载流子的扩散，仅有少数载流子的漂移形成数值较小的反向电流，可以近似认为 PN 结不导电，处于介质状态。因此 PN 结具有单向导电性。

所谓的二极管是由一个 PN 结加电极引线和管壳构成的，因此二极管具有单向导电性。由于二极管的两端性质不同，二极管有正负极之分。二极管的 P 区是阳极，引脚较长；二极管的 N 区是阴极，引脚较短。由上述可知，若阳极接正，阴极接负，二极管正向偏置，处于导通状态，反之，处于截止状态。

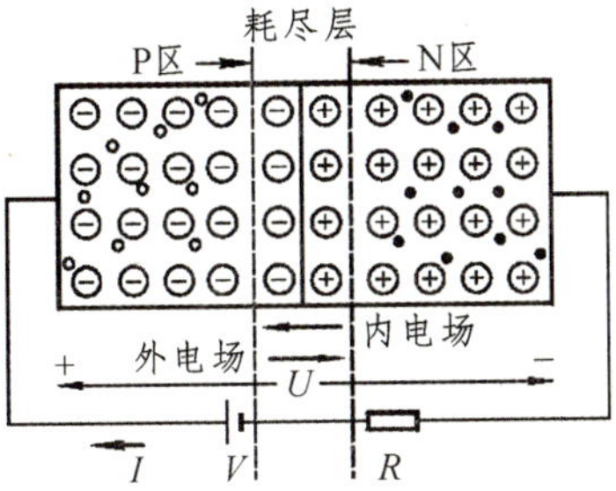

（a）加正向电压

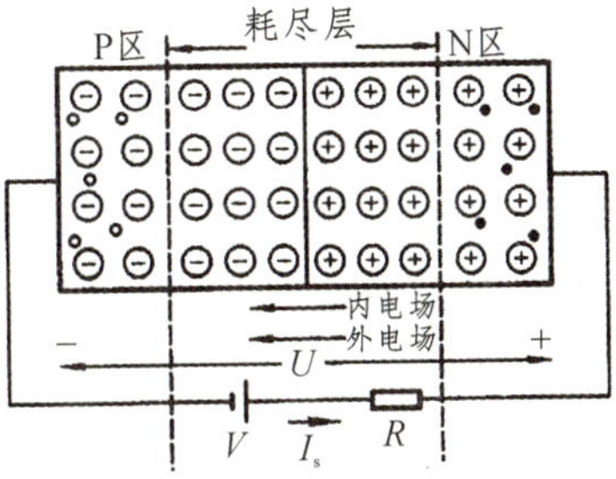

（b）加反向电压

图 3.3.6　PN 结接入电路的示意图

二极管的伏安特性可以通过实验测出，如图 3.3.7 所示。伏安特性包括正向特性和反向特性两部分。对于正向特性，当正向电压较小时，还不足以使二极管导通，正向电流很小，此段称为“死区”；当正向电压达到某一数值时，正向导通电流开始明显增大，这个电压值称为导通电压。二极管主要有两种，分别是硅二极管和锗二极管，两个二极管的导通电压不同，分别是 0.5 V 和 0.1 V。二极管正向导通后，电流上升较快，二极管两端的压降变化很小。对于反向特性，随着反向电压的增大，反向电流几乎保持不变，且数值很小。当反向电压增加到一定数值时，反向电流急剧增大，此状态称为“反向击穿”，此时的电压称为“反向击穿电压”。注意，反向击穿会使 PN 结损坏，使用时应尽量避免。

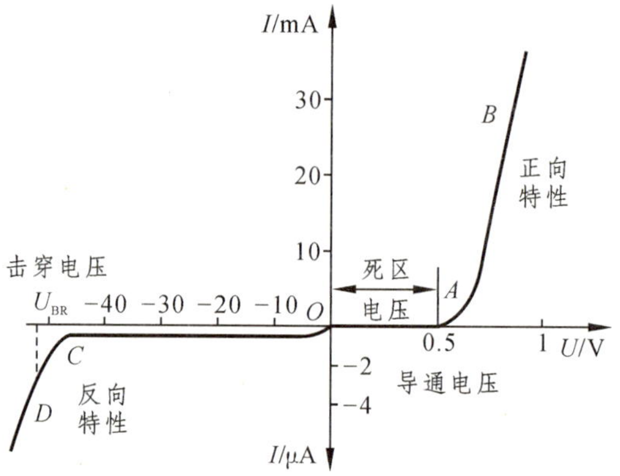

图 3.3.7　二极管的伏安特性

二极管的主要参数有最大正向电流、最大反向工作电压、反向电流和最高工作频率等。注意在使用二极管时，不要超过规定的最大值，否则二极管因电流过大、过热而导致损坏，或者反向击穿等。

在选用二极管时，应根据用途选择类型。例如，整流电路应选择整流二极管，开关电路应选择开关二极管，检波电路应选择小信号二极管等。另外，常用的二极管还有稳压二极管、发光二极管和光电二极管等。图 3.3.8 给出了几种二极管的图形符号表示。

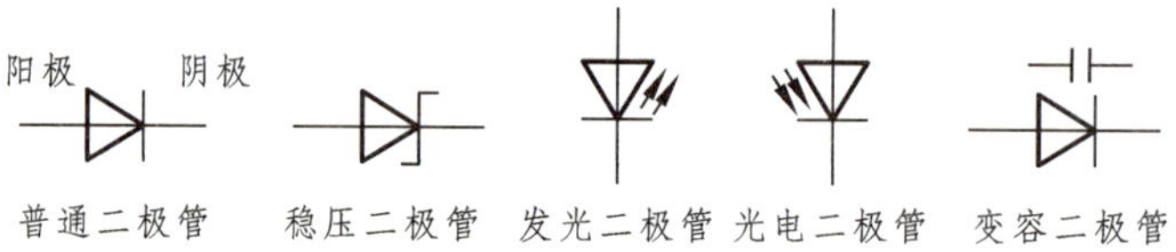

图 3.3.8　几种二极管的图形符号表示

（5）三极管。

三极管是电子电路中常用的电器元件之一，也称双极晶体管，简称晶体管，具有电流放大、开关控制等作用。晶体管有两种类型，分别是 NPN 型和 PNP 型。三极管结构和图形符号如图 3.3.9 所示，包括 3 个掺杂区，分别是发射区、基区和集电区，还包括 2 个 PN 结。其中，发射区和基区间的 PN 结为发射结，集电区和基区间的 PN 结为集电结。发射区、基区和集电区引出的 3 个电极分别是发射极（E）、基极（B）和集电极（C），流经这 3 个电极的电流分别为 I_E，I_B，I_C。

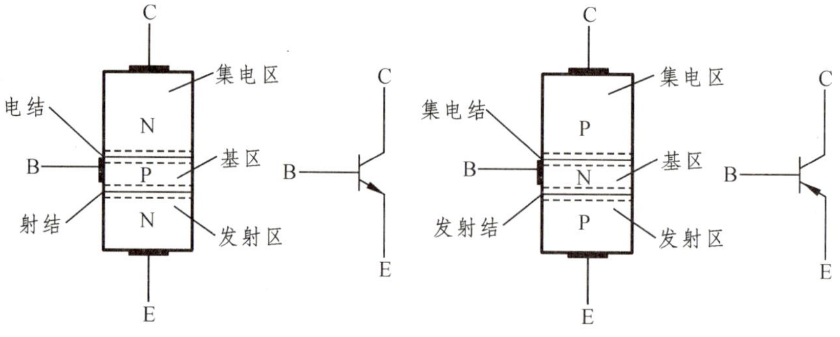

（a）NPN 型　　（b）PNP 型

图 3.3.9　两种类型三极管的结构和图形符号

将三极管接入电路中，如图 3.3.10 所示。根据三极管的工作原理，三个电流之间的关系式为

$$I_E = I_C + I_B \tag{3.3.3}$$

由于三极管的制备工艺，发射区杂质浓度很高；基区很薄，且杂质浓度低；集电结的面积比发射结的面积大，且集电区杂质浓度较发射区低。在三极管接入电路后，就会出现 I_C 远大于 I_B，I_C 和 I_B 之间存在比例关系，其比例系数 β，就是电流的放大倍数。当基极电路的外加电压或者电阻稍微改变，引起 I_B 的微小变化时，I_C 将会发生较大变化，这就是晶体管的电流放大作用。

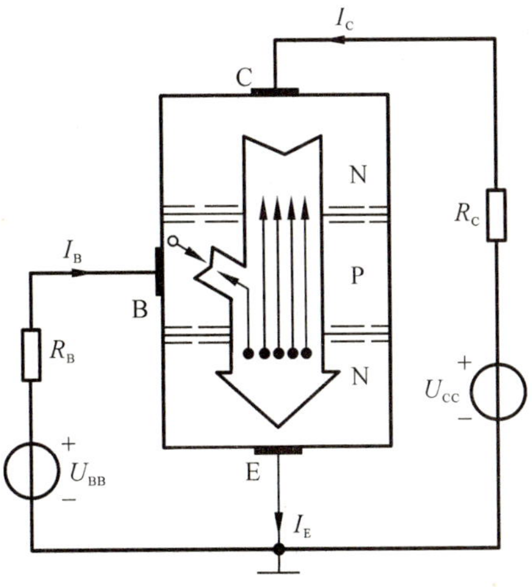

图 3.3.10　共发射极电路示意图

晶体管的伏安特性，包括输入和输出的特性曲线。晶体管的输入端是基极，基极电流为 I_B，基极和发射极之间的电压为 U_{BE}；输出端为集电极，集电极电流为 I_C，集电极和发射极之间的电压为 U_{CE}。晶体管的输入和输出特性曲线如图 3.3.11 所示。

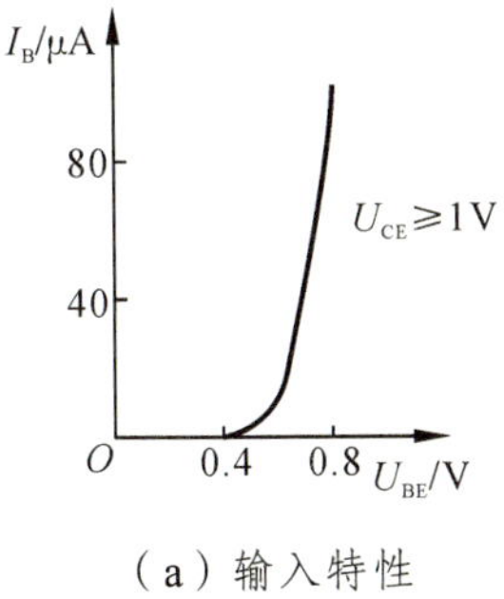

（a）输入特性

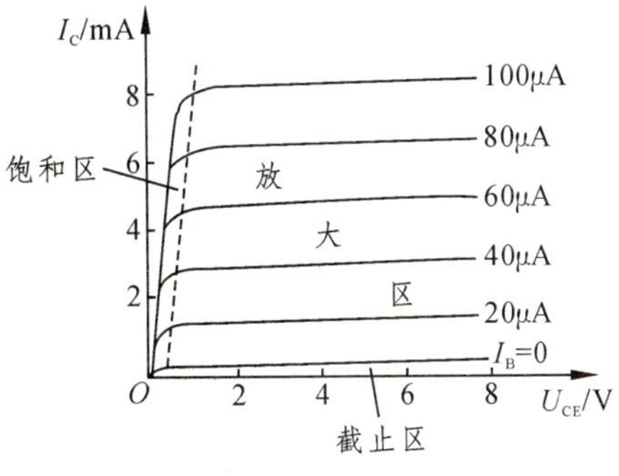

（b）输出特性

图 3.3.11　晶体管的输入和输出特性曲线

三极管的主要参数有电流放大系数、穿透电流、集电极最大允许电流、集电极最大允许耗散功率、集电极和发射极之间反向击穿电压等。注意，在使用时，都不应超过元件的最大极限值，例如当晶体管的集电极电流超过集电极最大允许电流时，晶体管的电流放大倍数将会明显下降；当晶体管的集电极功率损耗大于最大允许值时，将会导致晶体管过热而损坏；当集电极和发射极的电压超过最大允许电压时，集电结将被反向击穿。

三极管元器件有 3 个引脚，分别是集电极、基极和发射极，在接入电路时，不能错接或者乱接。

2）常用的仪器和仪表

（1）电源。

实验室常用的电源有直流电源和交流电源。

① 直流电源。

直流电源用符号 DC 表示，实验室常用的直流电源有电池和直流稳压电流源。电池属于化学能源，分为干电池和蓄电池。干电池具有一定的使用寿命，当其化学物质消耗完后，电源的电动势下降，内阻升高，使用寿命结束。蓄电池是一种可以充电反复使用的直流电池。蓄电池的优点是使用时间长，可以反复使用。其缺点是体积大，质量重，易污染，维护难等。因此，实验室常用的是直流稳压电源。

直流稳压电源是可以提供稳定电压的装置，广泛应用于教学和科研中。直流稳压电源类型很多，但使用都是大同小异，且使用简单。先接好电源线，按下开关按钮，LED 灯亮，在显示板上，显示电压值和电流值。实验室常用的稳压电源，可调电压范围为 0 ~ 30 V，可调电流范围为 0 ~ 5 A。在直流电源的下面，有红色接口、绿色接口和黑色接口，经常使用的是红色和黑色接口，红色接“+”极，黑色接“－”极。接好线后，可通过调节按钮将功率调到所需的电压值。注意，使用时切忌电源两端短接，同时不要超过电源的额定输出功率。

② 交流电源。

实验室常用的交流电源由市电提供，符号为“AC”。交流电有两种，分别是单相交流电、三相交流电。单相交流电的电压为 220 V，频率为 50 Hz，分为火线（相线）和零线，主要用于照明和小型电器；三相交流电源的电压为 380 V，频率为 50 Hz，由三条相线组成，主要用于为各类机器提供动力电源。实验室常用的是单相交流可调电压器，可获得 0 ~ 270 V 的连续可调交流电压，以供某些仪器使用。使用该调压器时，应注意接线前断开电源开关，严格按“输入”“输出”接线，待线接好检查无误后，再接通电源。使用前，先将调压器调为“0 V”，从 0 V 开始逐渐增大。使用过程中，切记不能接触调压器的输入和输出端端子。使用完毕后，先切断电源开关，再拆去线路，严禁带电操作，以免触电，危及生命。

（2）电表。

实验室常用的电表绝大多数都是磁电式，下面介绍三种常用的电表。

① 灵敏电流计。

灵敏电流计是用来检测电路中是否有电流的仪器，又称为检流计。一般灵敏电流计的指针指向零点，处于刻度中央的位置。当接入电路时，如果指针发生偏转，就说明电路中有电流。灵敏电流计常用于电桥和电位差计的电路中。在使用时，把接线柱接入检流电路，首先将灵敏电流计调零，然后按下开关按钮，检流电路是否有电流。

② 直流电压表。

直流电压表是用来测量直流电路中两点之间的电压。根据电压的测量范围，可以分为毫伏表、伏特表等。电压表是将表头串联一个降压电阻构成的。其主要规格指标有量程和内阻。量程是指指针偏转满刻度时的电压值，即最大的允许测量值。内阻就是电表两端的电阻，同一电压表量程不同内阻也不同。但是不同量程的电压表，其单位伏特的内阻值是相同的，一般都是 200 Ω/V。

③ 直流电流表。

直流电流表是用来测量直流电路中的电流值。根据测量电流的范围，可以分为安培表、毫安表、微安表等。电流表结构简单，由表头并联一个分流电阻组成。其主要规格指标有量程和内阻。量程是指针偏转满刻度时所指的电流值，即允许的最大电流测量值。直流电流表的内阻，安培表一般在 0.1 Ω以下，毫安表一般是 100 ~ 200 Ω，微安表为 1 000 ~ 2 000 Ω。内阻越小，量程越大。

使用电表时的注意事项：

① 直流电流表应串联在电路中，电流由“+”级流入，由“-”级流出；直流电压表应并联在电路中，“+”接高电位，“-”接低电位。

② 使用电表前，需先检验电表的指针是否归零，否则，使用前需先调零。

③ 在选用电表时，还应根据被测电流和电压的大小，选择合适的量程。如果量程太大，指针偏转较小，误差较大；如果量程太小，则过大的电流或电压会使得电表损坏。如果不知道测量值的范围，应先选用大量程的电表，然后根据指针的偏转情况改换合适的量程。

④ 读数时，视线应该垂直于电表的表盘，以免产生视觉误差。

⑤ 电表都有仪器误差。电表的仪器误差一般采用准确度等级表示，根据误差的大小，一般分为七个等级，即 0.1，0.2，0.5，1.0，1.5，2.5，5.0。电表的准确度等级可在说明书中查找。由电表的准确度等级计算误差：

$$\text{仪器误差}=\text{量程}\times\text{电表等级}(\%) \tag{3.3.4}$$

【例 3.3.1】 用量程为 15 V 的伏特表，表上指针示数为 6.78 V，电表准确度等级为 0.5 级，则误差为多少？读数结果如何表示？

解 误差：$\Delta V_{仪}=\text{量程}\times\text{电表等级}(\%)=15\times 0.5\%\approx 0.08\ \text{V}$。

读数结果：$V=(6.78\pm 0.08)\ \text{V}$。

（3）数字万用表。

数字万用表是电子电路中常用的仪表。它用途很广，可以测量交直流的电压和电流、电阻、电容、二极管、三极管的电流放大倍数等，另外还可以用于检测电路是否开路、短路。常用的万用表面板功能结构图如图 3.3.12 所示。

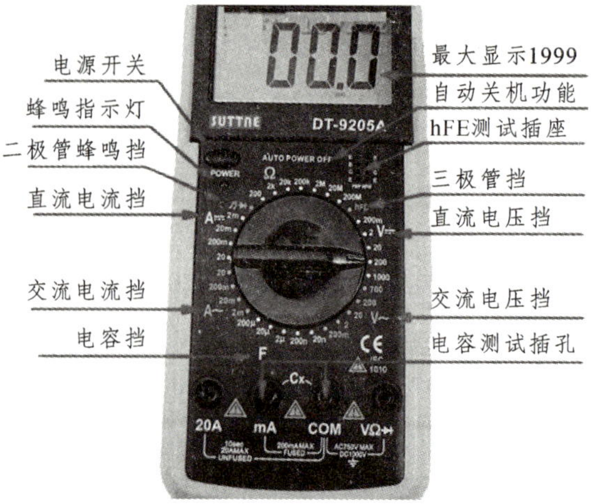

图 3.3.12　万用表面板功能结构图

万用表的使用方法：

① 测电阻。

测量电阻前，将选择开关旋到Ω挡上，根据被测电阻大小的估计值，选择合适的量程，先将两根表笔短接，显示屏显示应该为“0”。然后将两支表笔接在电阻的两端，显示器上显示的读数即电阻的阻值。在测电阻时，需注意以下三点：每次更换量程，欧姆挡都需要重新调一次零；测量电阻时，被测电阻不能处于带电状态；测电阻时，双手不能触及电阻的两端。

② 测电流。

测量电流前，先检查表笔的插孔，确保万用表的黑表笔插在 COM 插孔中，红表笔插在 mA 或 20 A 的插孔中，具体哪个插孔，应该根据测量电流的大小，若不知道大小，可以先插入 20 A 插孔中，若读数很小，近似为零，再选择插入 mA 的插孔中。然后，根据测量电流是直流还是交流，确定选择“A⎓”还是“A～”，其中“A⎓”表示直流，“A～”表示交流。选择好挡位后，将万用表串联在电路中，万用表屏幕上显示的数字就是待测的电流值。注意，测电流时，一定要将万用表串联在电路中，否则，万用表会因电流过大而损坏。

③ 测电压。

万用表测电压与测电流类似，但也有区别。例如测电压时，黑表笔插入 COM 插孔中，红表笔插入电压/欧姆插孔中；万用表需并联在电路中。

④ 测二极管。

把选择开关转到二极管挡上，黑表笔插入 COM 插孔中，红表笔插入电压/欧姆插孔中。将两个表笔接入二极管，左右颠倒测两次。若二极管正常，两次结果，一次显示“1”或者无显示；一次显示近似为“0”的数字。此数字即二极管的正向压降。若显示数字，此时二极管是正接，即红表笔接二极管的阳极，黑表笔接二极管的阴极。

⑤ 测三极管。

首先根据型号判断三极管的材料和类型，国产三极管的型号标记为 3XXX，其中 3AXX 是 PNP 型锗管；3BXX 是 NPN 型锗管；3CXX 为 PNP 型硅管；3DXX 为 NPN 型硅管。然后，判断三极管的 3 个引脚。准确判断可查看手册。测量三极管的电流放大倍数，认清三极管的 3 个引脚后，对应插入万用表的三极管的插孔中，如果三极管正常，应显示 20 ~ 200 的数值，此即三极管的电流放大倍数。

注意，使用万用表时，若万用表的电池电量即将耗尽，液晶显示器左上角显示电池符号，说明此时的电池电量低。若继续测量，测量值误差较大。有的万用表没有自动关机功能，使用过后务必关闭电源，以节省电池的电量。

（4）示波器。

在模拟电路和数字电路中，示波器是进行电压和定时测量的重要工具，是电路测试、验证和设计中最常用的仪器。示波器应用广泛，凡是可以转化为电压信号的电学量（如电流、电功率、阻抗等）和非电学量（如温度、压力、位移、速度、光强、磁场等）都可以用示波器来进行观察和测量。

示波器由阴极射线示波管、扫描信号发生器、X 轴电压放大系统，Y 轴电压放大系统和电源五部分组成。以 DS2202A 型数字示波器为例，图 3.3.13 给出了示波器面板功能结构图。面板主要由显示屏、键控区和探头连接区组成。

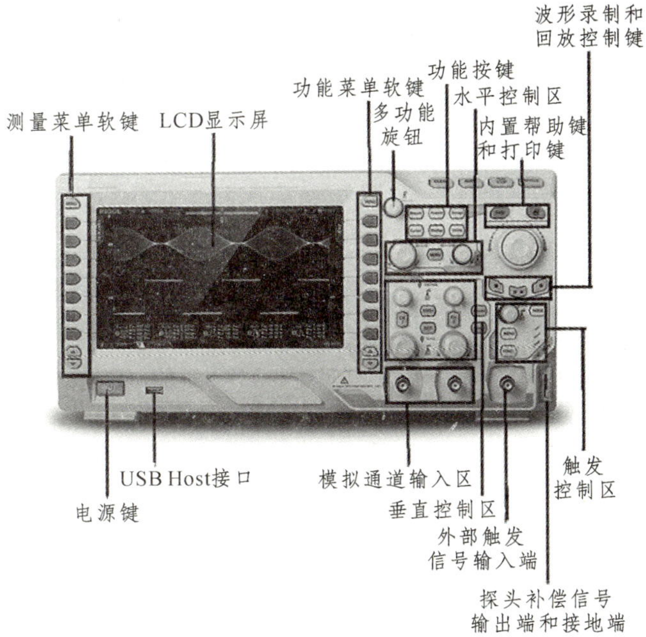

图 3.3.13　示波器面板功能结构图

示波器显示屏是用来显示波形和波形数据的。波形类型很多，常见的有方波、正弦波、锯齿波等，在显示器的下面显示一些信息，如峰峰值、平均值、频率、周期、垂直方向上每格代表的电压值以及水平方向上每格代表的周期值等信息。

在显示屏的右侧，有一排菜单键，由 F0，F1，…，F6 构成，分别对应显示屏右侧显示的参数选项，可以对参数选项进行设置，F0 是消隐键，F6 是翻页键。

菜单功能区按钮，有自动设置功能键、屏幕捕捉功能键、存储功能键、辅助功能键、采样系统键、显示系统功能键、自动测量功能键、光标测量功能键。其中，自动设置功能键和自动测量功能键是常用的功能。如果要测量一个未知信号，快速测量该信号的频率、周期和峰峰值等，将探头的探针接到电路的测试点上，按下“AUTO”自动设置功能键，示波器对测试信号进行快速自动设置，屏幕上就会立马显示适中的信号波形和参数，此功能可以省去复杂的手动设置，对于初学者非常方便。而按下自动测量功能键“MEASURE”后，屏幕上显示自动测量，按 F6 进入测量设定，按 F1 键，选定 CH1，再旋转多功能旋钮，选定需要测量的项目，红色箭头指向就代表选中，选中后，回到测量界面就可以进行测量了。

在触发区域，触发的作用是获得稳定显示的一个周期性信号，从快速复杂的信号中抓取想要观测的片段。示波器的触发模式有三种，分别是自动模式、正常模式、单次模式。在自动模式下，示波器首先按照触发条件进行触发，当超过设定的时间还没有触发时，示波器会强制触发，显示信号。当对信号不清楚时，可以选用“自动触发”。正常模式是指只有当满足触发条件时，示波器才开始扫描。如果没有触发，就不进行扫描，屏幕上就没显示。单次模式也称为单序列触发。这种模式与正常模式类似，只有满足触发条件时才开始扫描。不同之处是这种扫描一旦完成，示波器的扫描系统就会进入一种休眠状态，即后面再有满足触发条件信号，也不再进行扫描，必须通过手动方法，才能进行下一次触发。单次触发模式常用于捕捉单次或多次出现，但不具有周期性的信号。在实际使用过程中，触发模式的选择，应依据观测信号的特性和需要观测的内容做出判断。

水平控制区就是调整信号在水平方向的尺寸，通过调整水平控制按钮，可以改变 X 轴方向上的时间/每格，若缩小时间/每格，就相当于把信号沿着 X 轴方向放大。若放大时间/每格，就相当于把信号沿着 X 轴方向缩小。

垂直控制区就是调整信号在垂直方向的尺寸，调节垂直控制按钮，可以改变 Y 轴方向上的伏特/格。若缩小伏特/每格，就相当于把信号沿着 Y 轴方向放大。若放大伏特/每格，就相当于把信号沿着 Y 轴方向缩小。另外，还有一个对波形垂直偏移的控制，这个控制改变波形大小，是将整个波形或上或下地移动。

示波器的使用步骤总结如下：

① 接上示波器的电源线；

② 将测试探头的衰减开关打到10×挡，探头测试线接入通道 1 或者通道 2 的信号输入插座，顺时针转动插头座，锁紧插口；

③ 打开示波器的电源开关，等几秒钟显示器进入工作界面；

④ 进入工作界面后，选择探头测试线接入的通道，即 CH1 或者 CHE2，选择后，对应的灯点亮，表示当前通道进入工作状态；

⑤ 将测试探头和地线连接在基准信号的输入端，检测能否正常显示基准方波；

⑥ 按下“AUTO”自动设置键，经过几秒钟，显示器上会得到一个稳定的方波波形；

⑦ 如果方波波形失真，使用一字槽螺丝刀微调探头的调节螺钉，边调边观察，直到显示正常的波形为止；

⑧ 基准波形调节正常后，将探头从基准信号输出端取下，接入待测的电路中，再重复步骤⑥，就可以在显示屏上显示待测信号的波形。

3.4 光学实验基础知识

光学是物理学中一门基础学科，又是当前科学研究中最活跃的学科之一。物理光学的内容主要包括光的基本性质、光的干涉、衍射、光的吸收、色散、散射以及晶体光学等内容。为了方便同学们更好地了解光学的发展和应用，下面介绍光学的发展史和在光学应用中贡献卓越的科学家。

3.4.1 阅读材料

1）光学发展史

人类对光学的研究最早可以追溯到 2000 多年前。早在春秋战国时期，《墨经》记载："景：光之人煦若射，下者之人也高，高者之人也下。足蔽下光，故成景于上；首蔽上光，故成景于下……"，即熟知的小孔成像实验。宋代，沈括在《梦溪笔谈》中描写了窗外飞鸢和塔的影子成像于室内纸屏上的实验："若鸢飞空中，其影随鸢而移，或中间为窗隙所束，则影与鸢遂相违，鸢东则影西，鸢西则影东，又如窗隙中楼塔之影，中间为窗所束，亦皆倒垂"，进一步用物动影移，说明了因光线"为窗隙所束"而形成的倒像。在古希腊，公元前 3 世纪，柏拉图学派在讲光的直线传播时，提到了反射角等于折射角。在此后的一段时间里，光学发展缓慢。直到 17 世纪发生了转折，1608 年荷兰的李普塞发明了第一架望远镜。1611 年开普勒发表了《折光学》，提出了照度定律，设计了几种新型的望远镜，还指出入射角和折射角近似成正比。1621 年，菲涅尔在一篇论文中提出了入射角的余割和折射角的余割之比为常数。1630 年，笛卡尔用正弦函数表达了折射定律，精确的折射定律就此诞生。1657 年，费马指出光在介质中传播所走路程取极值的原理，并根据原理推导出反射定律和折射定律。17 世纪光学的发展为几何光学奠定了基础。

在 17 世纪之前，以光的直线传播为主要观念。但从 17 世纪开始，有人发现光的直线传播不完全正确。意大利人格里马第首次观察到光的衍射现象，接着，胡克也观察到衍射现象，并且与波意耳独立地观察到薄膜干涉条纹，这就是光的波动理论的萌芽。

17 世纪下半叶，牛顿和惠更斯对光学贡献突出，为光学的发展推进了一大步。1672 年，牛顿完成了著名的三棱镜色散实验，并发现了牛顿圈。1704 年，牛顿提出了光的微粒流理论，并以此解释了光的反射和折射定律。然而在解释牛顿圈和光的衍射时，出现了问题。惠更斯不同意光的微粒说，他认为光是在"以太"中传播的波。运用他的波动理论，不仅可以成功地解释反射和折射定律，还能成功解释方解石的双折射现象和光的衍射现象，并提出了著名的惠更斯原理。但是他没有把波动过程的特性给予足够的说明，例如光的周期、波长等。

综上所述，这一时期，以牛顿为代表的微粒说占统治地位，由于相继发现干涉、衍射和偏振等光的波动特征，以惠更斯为代表的波动说也初步提出。因此，这段时期是几何光学向波动光学过渡的时期，也是人们对光的认识逐步深化的时期。

光的理论在 18 世纪进展较小，一直停顿在牛顿的微粒说中。1801 年，英国物理学家托马斯·杨最先用干涉原理完美解释了薄膜干涉，并采用双缝演示了光的干涉现象，即著名的杨氏双缝干涉实验，同时第一次成功地测定了光的波长。1815 年，菲涅尔用杨氏干涉原理补充了惠更斯原理，形成了著名的惠更斯-菲涅尔原理。利用这个原理，可以完美地解释光在均匀各向同性介质中的直线传播，以及遇到障碍物时所发生的衍射现象，它是波动学说中的一个重要原理。

1808 年，马吕斯发现了光在两种介质表面上反射时的偏振现象，随后菲涅尔对光的偏振现象和偏转光的干涉进行了研究，并应用杨氏提出的“光波与弦波相似，也是一种横波的理论”，进一步完善了这一观点，并导出了菲涅尔公式。

此时，对于光的认知看似圆满，但是仍然把光的波动看作是“绝对以太”中的机械弹性波动。对于“绝对以太”究竟是什么物质，尽管人们赋予了它很多附加的性质，但是仍难以自圆其说，这也暴露了光的弹性波理论也存在一些问题。

1845 年，法拉第发现了光的振动面，在强磁场中的旋转，揭示了光学现象和电磁现象内在的联系。1856 年，韦伯做了电学实验，发现电荷的电磁单位和静电单位的比值等于光在真空中的传播速度。而这些发现启发人们在研究光学时，必须与其他物理现象联系起来考虑。

1865 年，麦克斯韦在理论研究中指出，电场和磁场的改变不会局限在空间的某一部分，而是以光的传播的速度传播，这说明光是一种电磁波。这一理论在 1888 年赫兹的电磁实验中被证实。赫兹直接用频率和波长，测定了电磁波的传播速度，发现其恰好等于光速，至此，光的电磁理论被确立。至于“以太”，在爱因斯坦的相对论中，被证明不存在。

到了 19 世纪末 20 世纪初，光学的研究发展到光的发生以及光与物质的作用。利用电磁理论不能解释光与物质相互作用的某些现象，例如黑体辐射和光电效应等。1900 年，普朗克提出了量子假说，认为各种频率的电磁波像微粒一样，能量是一份一份地向外传播，成功地解释了黑体辐射，提出了普朗克常数，普朗克的量子假说开启了量子光学的大门。1905 年，爱因斯坦发展了普朗克的量子假说，把量子理论贯穿整个辐射和吸收过程，提出了杰出的光量子理论，并完美地解释了光电效应，并被后来的许多实验证实，例如康普顿效应。

至此，由光的干涉、衍射、偏振等现象证明了光的波动性，同时，又由黑体辐射、光电效应、康普顿散射等证明了光的量子性，即粒子性。1924 年，德布罗意创立了物质波学说，他设想每种物质都不仅具有粒子性，还具有波动性，给出了德布罗意公式。这一假说被戴维逊和革末的电子束衍射实验证实。随后，1925 年，波恩提出了波粒二象性。

从 20 世纪 60 年代起，新技术不断出现，新理论不断发展，光学已经发展为几何光学、波动光学和量子光学。光学的应用十分广泛，特别是近十几年来迅猛发展，光的干涉应用于精密测量，衍射光栅是重要的分光仪器，光谱应用于分析物质的微观结构，如原子结构、分子结构等，另外，将数学、信息论与光的衍射结合起来，发展了一门新的学科——傅里叶光学，广泛应用于信息处理、像质评价、光学计算等技术中。特别是激光的发明，在光学发展中具有革命性的意义。由于激光具有强度大、单色性好、方向性强等特性，广泛应用于材料加工、精密测量、通信、测距、全息检测、医疗、农业、军事、核技术、能源等领域，展示了其光辉的应用前景。

2）中国的光学之父——王大珩

王大珩是我国现代国防光学技术及光学工程的开拓者和奠基人。1936 年，他毕业于清华大学物理系，1938 年赴英国留学，攻读光学专业硕士，1948 年回国，从此，王大珩为中国的光学事业奉献了一生。

王大珩是我国两院院士，1999 年荣获“两弹一星功勋奖章”。20 世纪 50 年代，王大珩创办了中国科学院仪器馆，后其发展成为长春光学精密机械研究所。该研究所早期研制出我国第一锅光学玻璃、第一台电子显微镜、第一台激光器，至此，长春光学精密机械研究所成为国际知名光学应用和光学工程的研究开发基地。1986 年，王大珩与王淦昌、陈芳允、杨嘉墀联名，提出发展高技术的建议（“863”计划）。还与王淦昌联名倡议，促成了激光核聚变重大装备的建设。1992 年，王大珩与其他五位学部委员倡议并促成中国工程院的成立。总的来说，王大珩对我国国防研制现代化各种大型光学观测设备做出了突出贡献，助推了我国光学事业及计量科学的发展。

3）中国激光女神——侯静

第二次世界大战时期，尼古拉·特斯拉有个伟大的构想——死光武器。他构想，该武器可以发射一种粒子束，此粒子束直径非常微小，但蕴含的能量极大，可以在不损坏坦克和装甲车的情况下，让坦克和装甲车里面的士兵瞬间毙命。利用它，还可以将距离地面几百公里的飞机瞬间击毁等。

在尼古拉·特斯拉的构想下，美、俄等一些发达国家开始研制激光武器。1978 年，美国成功研制出近距离激光武器，但是远距离激光武器难以攻克。中国在激光研究方面起步较晚，加之西方国家对中国的技术封锁，中国激光武器技术相当落后。就是在这样的背景下，我国一位女性科学家，不畏艰险，攻坚克难，带领团队率先突破了远距离激光武器的难题，打破了美国保持 4 年的纪录，被美国称为“比核弹还恐怖的女人”，她就是侯静。

侯静出生于 1971 年，本科毕业于国防科技大学应用物理专业，后来硕博连读，师从姜汉文院士。毕业后，她不为企业高薪所动，一心当一名普通教师，专心科研，为国育才。2007 年，侯静出国深造，五年后回国并提出了“光谱可控的高功率超连续谱光源”的项目方案，很快被批准。从此，她与她的小伙伴们开启了激光的研究之路。

当时国家的科学技术并不发达，同时又面临着西方国家对我国技术信息的封锁，能查到的相关文献和信息少之又少，加之资金和实验设施的不足，使得她们团队举步维艰。但是她们不抱怨，不气馁，夜以继日地钻研，决心要为祖国研制出高功率、全光纤维的激光武器，弥补祖国在这一方面技术上的空缺。功夫不负有心人，经过十四年的刻苦钻研，她们取得了巨大的成果，实现了从零到一的突破。成果打破了以美国为首的西方国家的技术封锁，使我国在研制高功率激光武器方面拥有了自主的知识产权，一举跃进世界前列。不仅如此，侯静还研发了两种新型金属光子晶体纤维。

同学们知道激光武器的厉害吗？近距离激光武器，可以击落近距离的飞机和导弹，是重要近距离防御武器。远距离激光武器作用更大，可以反卫星，反洲际弹道导弹，是现代最先进的防御武器。对于激光武器的理解，同学们可能联想到科幻动作片，影片中的角色可以发射各种颜色的激光攻击敌人，例如日本动画片奥特曼。其实激光是肉眼看不见的，只能看到激光武器打击后的效果。2010 年 7 月，雷神公司发布了一段激光武器击落无人机的短视频，视频中，一架无人机在空中飞行，几秒后，突然着火，瞬间变为火球坠入大海。这段真实的视频就像小说里面的场景，有些震撼和诡异，这足以让人们感受到激光武器的威力。

4）“中国天眼”首席科学家——南仁东

提到望远镜，同学们应该知道世界最大单口径、灵敏度最高的射电望远镜就诞生在我国，它就是 2020 年 1 月 11 日通过国家验收并正式开放运行的具有“中国天眼”之称的 500 米口径球面射电望远镜。它的科学目标是探索宇宙起源和演化；观测脉冲星，研究极端状态下的物质结构和物理规律；获得天体超精细结构；探测星际分子，研究恒星形成与演化、星系核心黑洞一级探索太空生命起源；搜寻外星文明等。

提到“中国天眼”，不得不提“中国天眼”首席科学家、总工程师南仁东先生。他一生的梦想就是“踏踏实实地做点事情（这是出自南仁东先生的话）”。若中国有了“天眼”，象征着中国在通信、雷达、电子、深空探测、地空联络、数据处理、精密仪器、大型机械、激光制导等方面都将升级换代，它会促使我国在军事、国防、工业和商业上迅猛发展。因此，美国知道 FAST 计划后，为了卡住发展“天眼”的脖子，美国的阿雷西博望远镜不再对中国开放，并屡次拒绝南仁东先生入境美国，还谣传大型射电望远镜已经过时。

在这样艰难的情况下，南仁东毫不气馁，他抓住一切机会参加各国大大小小的会议，逢人就讲大射电。为了寻求项目合作单位，他走南闯北，自掏路费，与科研院所“挨家挨户”地谈。功夫不负有心人，在南仁东反复的努力和争取下，2006 年，FAST 项目国际评估大会召开，评估结果可行。但国际上并不提供支持，这意味着中国人必须靠自己的力量完成建设。南仁东说：“那就中国人自己做！”经过几年的可行性研究，2011 年 3 月正式开工建设。

“天眼”工程是一个复杂的工程，涉及的专业领域很多，首次修建，工程量之大，遇到的问题、难题可想而知。南仁东先生作为“总工程师”，行行都要懂。为了懂行，他如饥似渴地学习各个领域的知识，以常人难以想象的意志，练就了自己行行都懂。南仁东先生做事认真，一丝不苟。在施工中，对每一张图纸都要仔细审核、反复计算。有一次，建设一个水窖，施工方送来设计图纸，他迅速标出几处错误，要求返稿修改，施工方顿时惊讶，一个搞天文的科学家怎么还懂土建？！南仁东先生在生活上很随和，但遇到工作不认真的人，却丝毫不留情面，该批评的就批评。几乎参与 FAST 项目工作的同事都有被南仁东先生“问到过”的经历，有一位同事说：“这让我们不敢有半点懒惰和马虎。”就是南仁东的这股执着和干劲，历经近十年，“中国天眼”终于建成。FAST 的完工，让中国在天文领域领先世界 20 年以上。但遗憾的是南仁东病倒了，于 2017 年 9 月 15 日深夜，与世长辞。

南仁东先生有着一颗坚定、顽强的心，为了理想，一心投入，一直战斗到生命的最后。他为祖国、为世界做出的贡献不可估量，他探索未知、创新开拓的精神永远值得我们弘扬和传承。中国科学研究院国家天文台为了纪念南仁东先生，将一颗编号为 79694 的小行星命名为“南仁东星”，以示缅怀和纪念。

3.4.2　常用的光学仪器

在光学实验中，常用的光学仪器有光具组、测微目镜、望远镜、分光计、干涉仪、摄谱仪等。需要了解这些仪器的构造、正常使用状态，掌握调节光学仪器的方法，注意使用过程中的操作要求和注意事项，最终具备较好的操作技能。光学仪器一般比较精密，在使用前，必须将仪器按要求调节好。光学仪器的调节，包含非常丰富的物理知识，必须在了解仪器性能和特点的基础上建立清晰的物理图像，才能选择有效而准确的调节方法，根据观察到的现象检验和判断仪器是否工作正常。调节仪器时，可能需要反复调节，这需要耐心，若粗心大意，有可能会导致精密仪器性能下降甚至损坏。

构成光学仪器的主要元件有透镜、反射镜、棱镜、光栅和光阑等，这些光学元件按照不同的组合方式，可以构成不同的光学系统。例如，助视仪器有放大镜、显微镜和望远镜，投影仪器有放映机、投影仪、照相机，光学仪器有棱镜分光系统、光栅分光系统。下面介绍一些常用的光学仪器和光学实验中常用的光源。

1）透　镜

透镜是组成显微镜光学系统最基本的光学元件，显微镜系统里面的物镜、目镜和聚光镜等均由单个或多个透镜组成。透镜依据外形，可以分为凸透镜和凹凸镜两大类。凸透镜的特征是中间厚、边缘薄，根据透镜两面的形状，可分为双凸、平凸、凹凸三种。凹透镜的特征是中间薄、边缘厚，根据透镜两面的形状，可以分为双凹、平凹、凸凹三种。

凸透镜具有会聚光线的作用，所以也叫“会聚透镜”。凸透镜可用于放大镜、老花眼及远视的人戴的眼镜、摄影机、电影放映机、显微镜、望远镜。凹透镜对光有发散作用，也称为“发散透镜”，主要用于矫正近视眼。

2）目　镜

目镜是显微镜的主要组成部分，其主要作用是将物镜放大后的实像再次放大，在明视距离处形成一个清晰的虚像。目镜有两部分组成，位于上端的透镜称为目透镜，起放大作用；下端的透镜称为会聚透镜，使映像亮度均匀。在上下透镜的中间，或者下端透镜的下端，设有一个光栏，主要用于安装测微计、十字玻璃和指针等附件。常用的目镜的放大倍数有5×、10×、15×等。

3）物　镜

物镜是显微镜最重要的光学部件，其主要作用就是成像。物镜是由若干个透镜组合而成的透镜组。组合使用的目的是克服单个透镜成像的缺陷，提高物镜的光学质量。因此，显微镜的成像质量主要取决于物镜的质量，它是决定显微镜的分辨率和成像清晰程度的主要部件，是衡量一台显微镜的质量的首要指标。物镜的结构复杂，制作精密，通过多个透镜组合而成，各镜片间彼此相隔一定的距离，以减少像差。每组透镜都由不同材料、不同参数的透镜胶合而成。

4）显微镜

显微镜是人类最伟大的发明之一，它的出现，使得人类观察到了肉眼看不到的东西，拓宽了人类的视野，为探知微小个体提供了方便。显微镜是由一个透镜或几个透镜组合构成的一种光学仪器，是人类进入微观世界的标志。显微镜主要起到放大作用，可分为光学显微镜和电子显微镜。光学显微镜广泛应用于普通物理实验，由光学部分、照明部分和机械部分组成，其中光学部分由目镜和物镜组成。电子显微镜是将电子流作为光源，使物体成像的一种显微镜。它的结构与光学显微镜相似，但它比光学显微镜具有更大的放大倍数和更高的分辨率，可对样品进行结构、结构与功能关系的深入研究，常用于生物、医药等科学研究中。图 3.4.1 是光学显微镜的光路图。待观测的物体 *PQ* 置于物镜的焦平面之外，且距焦平面很近的地方，在物镜的另外一侧形成一个倒立的实像 $P'Q'$，且落在目镜焦平面之内靠近焦平面的地方，经目镜放大后，在明视距离处形成放大的倒立的虚像 $P''Q''$。

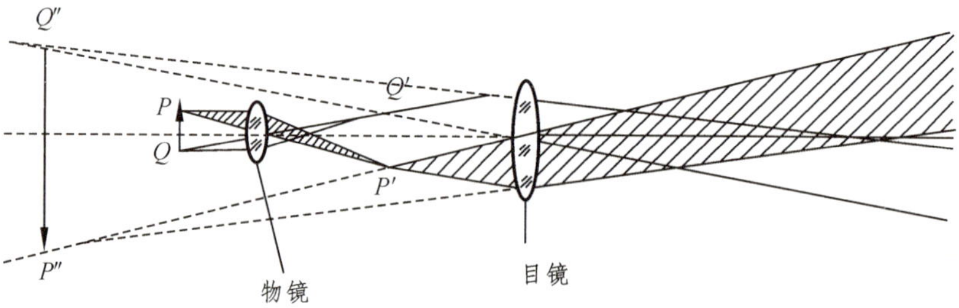

图 3.4.1　光学显微镜的光路图

5）望远镜

望远镜是用于观察远距离物体的一种目视光学仪器，能把远距离小张角的物体按一定的倍率放大，使原本肉眼看不清的物体清晰可辨。因此，望远镜是天文和地面观察中不可缺少的工具。在普通实验中，常用的望远镜是光学望远镜，另外还有天文望远镜，应用于天体探测。图 3.4.2 是开普勒望远镜的光路图。远处的物体 *PQ* 发出的光，经物镜会聚，会聚到物镜的焦平面上，形成倒立缩小的实像 $P'Q'$，物镜与目镜的焦平面重合，会在无限远处形成一个放大倒立的虚像，用眼睛通过目镜观察，就可以看到一个放大的倒立的虚像 $P''Q''$。

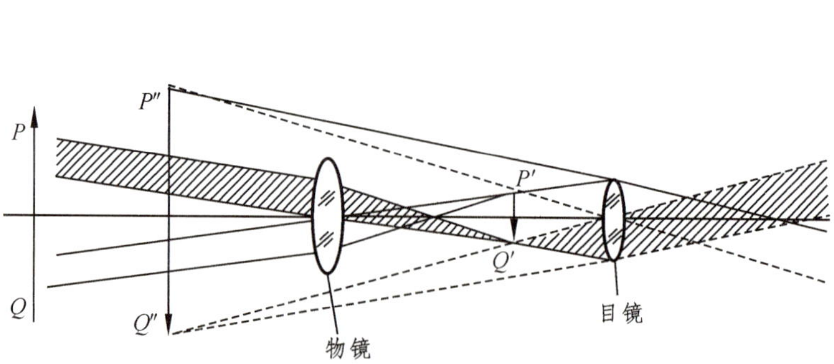

图 3.4.2　开普勒望远镜的光路图

6）棱　镜

棱镜是由两两相交的平面围成的透明物体，用于分光和光束色散，是常用的光学仪器。棱镜按照其用途可以分为若干种。例如，在光谱仪器中，把复合光分解为光谱的棱镜，称为“色散棱镜”，较常用的如等边三棱镜；在潜望镜、双目望远镜仪器中，用于改变光线方向，调整成像位置的棱镜，称为“全反射棱镜”，一般采用的如直角棱镜。等边棱镜的光路图如图 3.4.3 所示。其发生色散的原理是由于不同波长的光线其折射率不同造成的。

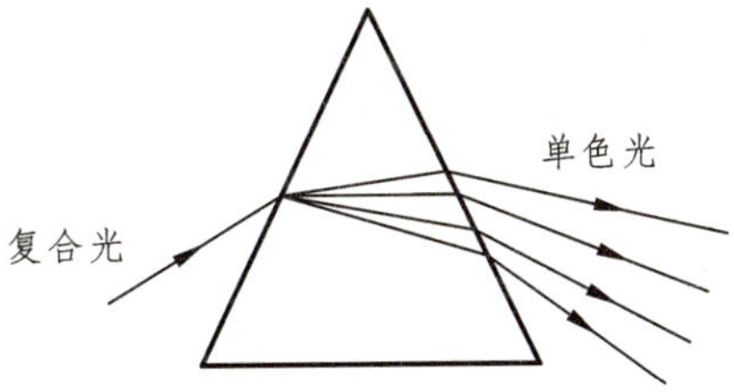

图 3.4.3　等边棱镜的光路图

7）光　栅

光栅也称为衍射光栅，是用于使光发生色散的光学元件，是光栅摄谱仪的核心部件。一般，常用的光栅是在玻璃片上刻出大量的平行的等宽、等距的刻痕制成的。刻痕不透光，两条刻痕之间的光滑部分可以透光，相当于狭缝。精致的光栅，在一厘米宽度内刻有几千条甚至上万条刻痕，这种利用透射光衍射的光栅称为透射光栅。还有利用两刻痕间的反射光反射的光栅，如在镀有金属层的表面上刻有许多平行刻痕，两刻痕间的光滑金属面可以反射光，这种光栅称为反射光栅。光栅发生色散的原理是不同波长的光有不同的衍射角。因此，当复合光通过光栅时，不同波长的光出现在不同的位置，按波长大小顺序排列的光束，称为光谱。对于光栅的光谱，就是由单缝衍射和多缝干涉共同作用的结果。图 3.4.4 给出了光栅衍射的光路图。

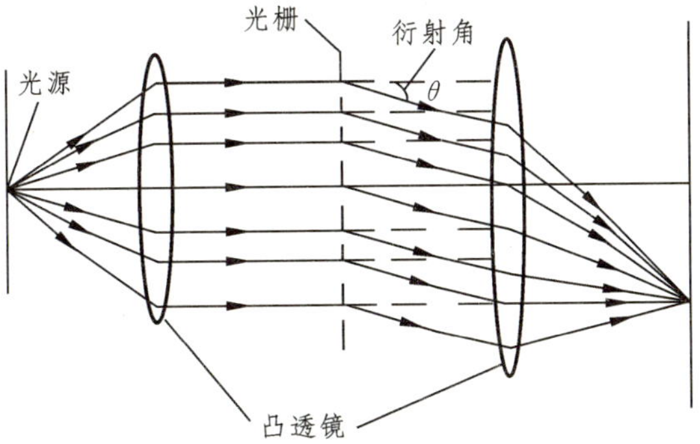

图 3.4.4　光栅衍射的光路图

8）分光计

在激光没有得到应用之前，人们为了获得波长较为单一的光源，采用了分光计对复合光波进行分光。分光计的分光原理是利用各种光波的折射率或者衍射角随波长的不同而不同，经过分光计后，形成按波长分布的光谱，进而获得近似波长相等的单色光。分光计的结构图如图 3.4.5 所示。

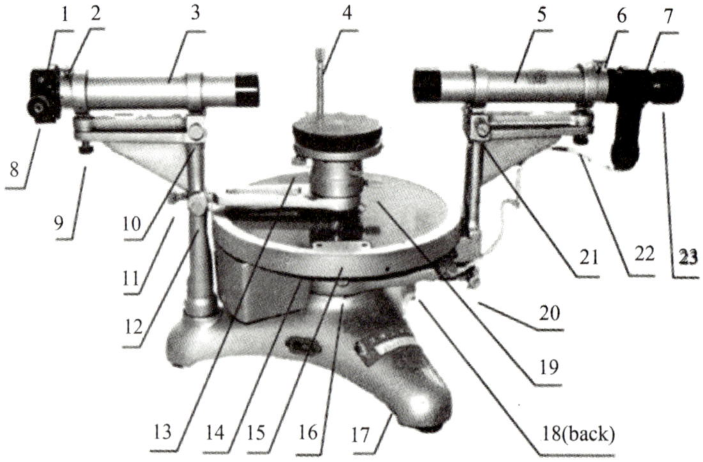

1—狭缝装置；2—狭缝装置锁紧螺钉；3—平行光管；4—元件夹；5—望远镜；6—目镜锁紧螺钉；7—阿贝式自准直目镜；8—狭缝宽度调节旋钮；9—平行光管光轴高低调节螺钉；10—平行光管光轴水平调节螺钉；11—游标盘止动螺钉；12—游标盘微调螺钉；13—载物台调平螺钉（3 只）；14—度盘；15—游标盘；16—度盘止动螺钉；17—底座；18—望远镜止动螺钉；19—载物台止动螺钉；20—望远镜微调螺钉；21—望远镜光轴水平调节螺钉；22—望远镜光轴高低调节螺钉；23—目镜视度调节手轮。

图 3.4.5　分光计的结构图

分光计主要由底座、平行光管、望远镜、载物台、读数圆盘五部分组成。分光计是一种常用的光学仪器，也是一种精密的测角器，在几何光学中应用广泛。在光学实验中，加上棱镜、光栅、偏振片等光学元件，可以做很多实验。例如除观测光谱、测量光谱的波长以外，利用光的反射原理测量棱镜的角度；利用光的折射原理测量棱镜的最小偏向角、折射率、色散率等；利用光栅衍射测量光的角色散率；利用偏振片做光的偏振实验，等等。

分光计的结构简单，但调节较为复杂。关于分光计的调节和使用，将在具体的实验中做详细地介绍。

第 4 章 基础性实验

4.1 测量圆柱体体积

游标卡尺是测量长度的常用工具之一，本实验通过游标卡尺测量某圆柱的直径和高度，从而计算圆柱体的体积。通过此实验过程，训练学生掌握游标卡尺的使用、读数方法、数据处理及误差分析方法等。

阅读材料：

“不积跬步，无以至千里。”这句话出自战国末期儒家代表人物荀子的《劝学》。跬是战国后期社会中，土地面积测量的最小单位，规定单脚迈出一次为跬，双脚相继迈出为步，即“举足为跬，倍跬为步”。还有“布指知寸”“布手知尺”，就是以手指的宽度为寸，张开大拇指和中指（或小指）的长度为尺，主要用来测量布匹。

“不积跬步，无以至千里；不积小流，无以成江海”，通过对比告诉我们，如果不一步一步地积累，就无法到达千里之远，不积累细小的流水，就没有办法汇成江河大海。所以，如果我们不一点一点地积累知识，也不会将学问变得博大精深。

【实验目的】

1. 掌握游标卡尺的使用方法和读数方法。
2. 掌握数据的处理方法。
3. 掌握误差分析方法。

【实验仪器】

游标卡尺（注明分度、生产厂家），橡胶圆柱。

【实验原理】

1）游标卡尺的构造

游标卡尺由主尺、深度尺、内测量爪、外测量爪、游尺等组成，适用于测量产品的长度、宽度、厚度、深度及内外直径等。游标卡尺的构造图参见图 3.1.2。

2）游标卡尺的使用

游标卡尺的读数由尺身和游标两部分组成，当尺框上的活动测量爪与尺身上的固定测量爪贴合时，尺框上游标的“0”刻线（简称游标零线）与尺身的“0”刻线对齐，此时测量爪之间的距离为零。测量时，需要尺框向右移动到某一位置，这时活动测量爪与固定测量爪之间的距离，就是被测物体的尺寸。

3）游标卡尺的读数

（1）先读整数。看游标零线的左边，尺身上最靠近的一条刻线的数值，读出被测尺寸的整数部分（每刻线的数值是 1 mm）。

（2）再读小数。看游标零线的右边，数出游标第几条刻线与尺身的数值刻线对齐，读出被测尺寸的小数部分（如游标精度数值是 0.1 mm，即每刻线的数值是 0.1 mm，小数值为游标精度数值乘以其对齐刻线的顺序数）。

（3）得出被测尺寸。把上面两次读数的整数部分和小数部分相加，就是卡尺的所测尺寸。

4）圆柱体体积的计算

利用游标卡尺读出圆柱体的横截面的半径 D 和高度 H，代入公式（4.1.1）即可计算出圆柱体的体积。

$$V=\frac{1}{4}\pi D^2 H \tag{4.1.1}$$

【实验步骤】

1. 记录游标卡尺的精确度、型号以及生产厂家等信息。
2. 将固定螺钉松开，滑动游标尺，看游标卡尺是否能在主尺上灵活滑动，如果卡死，此游标卡尺不能使用。
3. 将游标卡尺测量爪并拢，观察主尺的零线和游标尺的零线是否对齐，如果没有对齐，要记录下此数值，即修正值，以便在最后的测量结果中减去此修正值。
4. 将被测物体卡在两测量爪之间进行测量，注意读数前，一定要将固定螺钉拧紧。
5. 分别测量圆柱体的 D 和 H，记录读数值。
6. 重复测量 5 次，记录 5 组数据。

【课前预习】

1. 什么是误差？误差分类有几种？各类误差的消除方法是什么？
2. 什么是不确定度？如何计算不确定度？
3. 如何用不确定度表示测量结果？

【数据记录】

表 4.1.1　测量圆柱体读数值记录表

测量次数	1	2	3	4	5
D/mm					
H/mm					

【数据处理】

1. 根据表中测得的数据，计算各物理量的平均值、标准偏差、不确定度。

2. 用公式 $V = \frac{1}{4}\pi D^2 H$ 计算体积。

3. 用不确定度表示测量结果。

【思考题】

1. 说一说生活中你见到的测量长度的器具。

2. 如何测量不规则物体的体积？

【实验心得】（不少于 100 字）

4.2 三线摆测物体的转动惯量

转动惯量是刚体转动惯性的量度，它的大小与物体的质量及其分布和转轴的位置有关。对质量分布均匀、形状规则的物体，通过外形尺寸和质量的测量，就可以算出其绕定轴的转动惯量，而质量分布不均匀、形状不规则的物体，则要由实验测得转动惯量。本实验利用三线摆测出圆盘和圆环对中心轴的转动惯量并与理论值进行比较。

阅读材料：

中国古代劳动人民通过对转动物体的研究，发明了许多机械用于生产和生活中，如提水的辘轳、作战器械滑车、投石弹用的抛石机、纺纱用的纺车等，这些机械的发明和应用，极大地促进了社会文明的发展和进步，充分反映了我国劳动人民的聪明智慧。

【实验目的】

1. 了解三线摆实验原理，学会用三线摆测物体的转动惯量。

2. 掌握秒表、游标卡尺、电子秤、水准器等测量工具的使用方法。

3. 加深对转动惯量概念的理解。

【实验仪器】

三线摆仪，秒表，游标卡尺，钢直尺，水准器，待测圆环。

【实验原理】

三线摆由上、下两个匀质圆盘用 3 条等长的摆线连接组成，摆盘（下盘）由 3 条摆线悬挂于启动盘（上盘）之下，上、下盘摆线系点分别构成等边三角形，两圆盘圆心位于同一竖直轴上，圆心到系点的距离称为圆盘的受力半径。轻扭启动盘，在摆线扭力的作用下，摆盘可绕其中心竖轴作小幅扭摆运动。由于三线摆系统摆动周期与摆盘转动惯量有关，所以把一定质量的待测样品放到摆盘上后，系统转动惯量发生变化，摆动周期相应发生变化。根据三线摆几何尺寸、机械能守恒定律、刚体定轴转动定律可以推导出三线摆扭摆运动为简谐振动。

设摆盘的质量为 m_0、上下盘的间距为 H、上下盘的受力半径为分别 r 与 R、摆盘的扭摆角为 θ（$\theta \leqslant 5°$），摆盘的转动惯量为 J_0，由三线摆动力学分析，可得其运动方程：

$$\frac{d^2\theta}{dt}+\frac{m_0 gRr\theta}{HJ_0}=0 \tag{4.2.1}$$

由此可知，摆盘的扭摆运动为简谐振动。

振动角频率为

$$\omega_0=\sqrt{\frac{m_0 gRr}{HJ_0}} \tag{4.2.2}$$

振动周期为

$$T_0=\frac{2\pi}{\omega_0} \tag{4.2.3}$$

由式（4.2.2）~式（4.2.3）可得，摆盘相对于中心竖轴的转动惯量：

$$J_0=\frac{m_0 gRrT_0^2}{4\pi^2 H} \tag{4.2.4}$$

若在摆盘上同心叠放上质量为 m 的圆环后，测出盘环系统的扭摆周期 T，则此时盘环系统的转动惯量为

$$J_{总}=J_0+J=\frac{(m_0+m)gRrT^2}{4\pi^2 H} \tag{4.2.5}$$

由此可得，圆环的转动惯量公式：

$$J=J_{总}-J_0=\frac{gRr}{4\pi^2 H}[(m_0+m)T^2-m_0T_0^2] \tag{4.2.6}$$

圆盘和圆环转动惯量的理论公式：

$$J_0'=\frac{1}{2}m_0R_0^2 \tag{4.2.7}$$

$$J=\frac{1}{2}m(R_2^2-R_1^2) \tag{4.2.8}$$

式中，R_0, R_1, R_2 分别为圆盘半径和圆环的内、外半径。

【实验步骤】

1. 用水准器调三线摆仪的底座水平及下盘水平。

2. 使下盘静止，然后朝同一方向轻转上盘，使下盘作小幅扭摆运动。控制摆角不超过 5°。

3. 待下盘扭摆稳定后，用秒表测出连续摆动 50 个周期的时间，重复 5 次，然后算出周期 T_0 的平均值。

4. 将圆环同心地放置于圆盘上，重复步骤 2、3，测出周期 T 的平均值。

5. 用钢直尺在不同位置测量上、下盘之间的垂直距离（ H ）5 次；用游标卡尺测量上圆盘和下悬盘相邻悬线接点之间的距离 a 和 b ，利用公式 $\bar{r}=\frac{\sqrt{3}}{3}\bar{a}$ 计算上圆盘和下悬盘的半径 r 与 R ，然后利用式（4.2.4）计算圆盘的转动惯量。

6. 用游标卡尺沿不同方向测量圆环内、外径各 5 次，计算 R_1, R_2 的平均值。

7. 记录圆盘、圆环的质量 m_0 ， m 及本地的重力加速度 g。

8. 利用式（4.2.7）和式（4.2.8）计算摆盘和圆环的转动惯量理论值。

9. 估算误差和相对误差。

【注意事项】

1. 调摆盘水平时，固定好调节悬线长度的螺母，防止悬线滑落。
2. 圆盘（或盘环）要在静止状态下开始启动，以防止在扭摆时出现晃动。
3. 圆盘（或盘环）启动后可连续测完 5 个 50 周期，不必每次重新启动。
4. 注意游标卡尺的零点修正、秒表与米尺的最小分度值及估读。
5. 圆盘扭摆的角度 $\theta\leqslant5^\circ$ 。

【课前预习】

1. 刚体定轴转动惯量理论上是如何计算的？
2. 什么是刚体定轴转动定律？
3. 如何判断物体作简谐振动？

【数据记录】

1. 下盘质量 m_0 = ______kg；圆环质量 m = ______kg； g = __________m/s²。

2. 几何尺寸测量：钢直尺最小分度值______mm；游标卡尺最小分度值_______mm；零点修正值________mm。

3. 周期测量：秒表最小分度值_____s；零点修正值_____s。

表 4.2.1　H，a，b 测量记录表

项目	上下盘距离 H /cm	上盘孔间距 a /mm		下盘孔间距 b /mm	
次数	H	a	$\bar{r}=\frac{\sqrt{3}}{3}\bar{a}$	b	$\bar{R}=\frac{\sqrt{3}}{3}\bar{b}$
1					
2					
3					
4					
5					
平均					

表 4.2.2　测量下悬盘和圆环半径的数据记录表

测量次数	1	2	3	4	5	平均
下盘直径 $2R_0$/mm						
圆环内径 $2R_1$/mm						
圆环外径 $2R_2$/mm						

表 4.2.3　周期测量记录表

次数	下悬盘的转动周期/s		下悬盘加圆环后的转动周期/s	
	$50T_0$	T_0	$50T$	T
1				
2				
3				
4				
5				
平均				

【数据处理】

1. 计算圆盘、圆环转动惯量的实验值 $\overline{J}_0$，$\overline{J}$。
2. 计算圆盘、圆环转动惯量的理论值 J_0'，J'。
3. 计算实验值与理论值的相对误差。

【思考题】

1. 三线摆的振幅受空气阻尼会逐渐变小，它的周期也会随时间变化吗？
2. 增加圆环后，三线摆的周期会如何变化，为什么？

【实验心得】（不少于 100 字）

4.3　固体和液体的密度测定

密度是物质本身的一种属性。物体的密度是实验室常见的测量物理量。通过测量物体的密度，可以判定物质的种类，还可以判定物体的纯度。

阅读材料：

阿基米德是古希腊伟大的科学家，一生有许多重要的科学发现，他发现和确立的浮力定律奠定了流体静力学的基础。关于浮力定律的发现，有一个故事。当时的国王希耶隆二世制造了一顶金王冠，但是，他总是怀疑金匠偷了他的金，在王冠中掺了银。于是，他请来阿基米德鉴定，条件是不许弄坏王冠。当时，人们并不知道不同的物质有不同的比重，阿基米德冥思苦想了好多天，也没有好的办法。有一天，他去洗澡，刚躺进盛满温水的浴盆时，水便漫溢出来，同时感觉身体微微上浮。于是他忽然想到，相同重量的物体，如果体积不同，则排出的水量也不同。他赶忙跑回家把王冠放到盛满水的盆中，量出溢出的水，又把同样重量的纯金放到盛满水的盆中，但溢出的水比刚才溢出的少，于是，他得出金匠在王冠中掺了银。

【实验目的】

1. 熟悉物理天平的构造原理以及天平的调整和使用方法。
2. 掌握测定固体和液体密度的两种方法（静力“称衡法”和比重瓶法）。

【实验仪器】

物理天平，线绳，烧杯，蒸馏水，比重瓶，温度计，待测物体。

【实验原理】

若一个物体的质量为 m，体积为 V，则其密度为

$$\rho=\frac{m}{V} \tag{4.3.1}$$

可见，通过测定 m 和 V 可求出 ρ。m 可用物理天平称量，物体体积 V 的测量，应根据实际情况选择合适的测量方法。对于固体和液体的密度测量，具体方法介绍如下。

1）液体静力“称衡法”

（1）对于沉于水中的固体密度的测定。

先用物理天平称量物体在空气中的质量 m_1，然后将物体浸入水中，称出其在水中的质量 m_2，如图 4.3.1 所示，则物体在水中受到的浮力为

$$F=(m_1-m_2)g \tag{4.3.2}$$

根据阿基米德原理，浸没在液体中的物体所受浮力的大小等于该物体所排出液体的重量。因此，可以推导出

$$F=\rho_0 gV \tag{4.3.3}$$

式中，ρ_0 为液体的密度（本实验中采用的液体为蒸馏水）；V 是排出液体的体积，亦即物体的体积。由式（4.3.2）~式（4.3.3）可得

$$V=\frac{m_1-m_2}{\rho_0} \tag{4.3.4}$$

由此可得

$$\rho=\frac{m_1}{m_1-m_2}\cdot\rho_0 \tag{4.3.5}$$

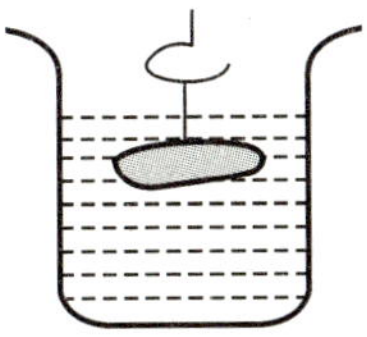

图 4.3.1　液体中测物体质量的示意图

（2）浮于液体中的固体密度测定。

待测物体的密度比液体小时，可采用加“助沉物”的办法，如图 4.3.2 和图 4.3.3 所示。图 4.3.2 给出了“助沉物”在液体中，待测物在空气中，称量时砝码质量为 m_1。图 4.3.3 给出了待测物体和“助沉物”都浸入液体中，称量的砝码质量为 m_2，因此物体所受浮力为 $F=(m_1-m_2)g$。若物体在空气中称量时的砝码质量为 m，则物体密度为

$$\rho=\frac{m}{m_1-m_2}\cdot\rho_0 \tag{4.3.6}$$

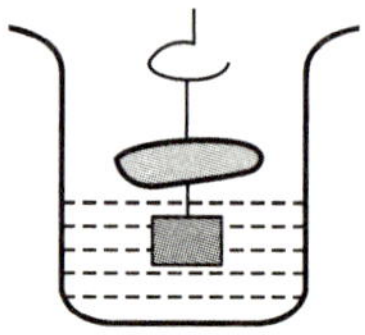

图 4.3.2 “助沉物”在液体中、待测物在空气中时的称量示意图

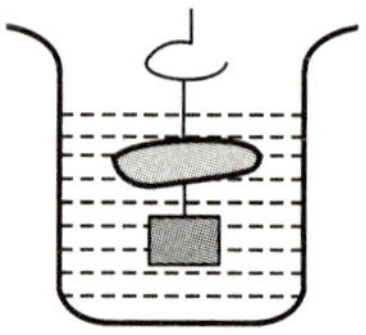

图 4.3.3 “助沉物”和待测物都在液体中时的称量示意图

2）比重瓶法

（1）液体密度的测量。

对液体密度的测定，可用流体静力“称衡法”，也可用“比重瓶法”。在一定温度的条件下，比重瓶的容积是一定的。如将液体注入比重瓶中，将毛玻璃塞由上而下自由塞上，多余的液体将从毛玻璃塞的中心毛细管中溢出，瓶中液体的体积将保持一定。

比重瓶的体积可通过注入蒸馏水，由天平称其质量算出。设空比重瓶的质量为 m_1，充满蒸馏水时的质量为 m_2，则 $m_2=m_1+\rho V$，因此，可以推导出

$$V=\frac{m_2-m_1}{\rho} \tag{4.3.7}$$

如果将待测密度为 ρ' 的液体（如酒精）注入此比重瓶，再称量得出被测液体和比重瓶的总质量为 m_3，则 $\rho'=(m_3-m_1)/V$。将公式（4.3.7）代入可得

$$\rho'=\rho\frac{m_3-m_1}{m_2-m_1} \tag{4.3.8}$$

（2）粒状固体密度的测定。

对于不规则的颗粒状固体，不可能用流体静力“称衡法”来逐一称其质量。因此，可采用“比重瓶法”。实验时，比重瓶内注满蒸馏水，用天平称出瓶和水的质量 m_1，称出粒状固体的质量为 m_2，称出投入粒状固体后装满水的比重瓶的总质量为 m_3，则颗粒状固体排出来的比重瓶内水的质量是 $m=m_1+m_2-m_3$，而排出水的体积就是质量为固体颗粒的体积，所以待测粒状固体的密度为

$$\rho=\frac{m_2}{m_1+m_2-m_3}\cdot\rho_0 \tag{4.3.9}$$

当然，所测粒状固体不能溶于水，其大小应保证能投入比重瓶内。

【实验步骤】

1. 调试物理天平。

（1）调节水平：调节天平底座下面 2 个螺钉，使水准器中的气泡位于圆圈线的中央位置。

（2）调节零点：天平空载时，将游动砝码移到左端点，与 0 刻度线对齐，两端秤盘悬挂在刀口上，松开制动旋钮，观察天平是否平衡，当左右摆幅近似相等时，可认为平衡。如不平衡，锁紧制动旋钮，调节横梁两端平衡螺母，直到天平平衡为止。

2. 用流体静力“称衡法”测物体的密度。

（1）测金属块的密度。

① 用细线拴住金属块，置于天平的左面挂钩上测出其在空气中的质量 m_1；

② 将金属块浸没在水中，称其质量 m_2；

③ 代入公式（4.3.5），计算金属块的密度，记录实验室内水的温度。

（2）测塑料块的密度。

① 测量塑料块在空气中的质量 m；

② 用细线在塑料块的下面悬挂一个“助沉物”，测量塑料块在空气中而“助沉物”在液体中的质量 m_1；

③ 将塑料块和“助沉物”一起浸入水中，测量质量 m_2；

④ 代入公式（4.3.6）计算塑料块的密度。

3. 采用比重瓶法测定物体的密度。

（1）测定液体的密度。

① 采用天平称量比重瓶没有装入东西时的质量 m_1；

② 采用吸管将蒸馏水充满比重瓶，称其质量 m_2；

③ 倒出比重瓶中的蒸馏水、烘干，然后再将被测液体注入比重瓶，称量比重瓶和液体的质量 m_3；

④ 代入公式（4.3.8）计算液体的密度。

（2）测定颗粒状固体物质铅的密度。

① 将纯水注满比重瓶后，盖上塞子，擦去溢出的水，再用天平称出瓶和水的总质量 m_1；

② 采用天平称量固体颗粒铅的质量 m_2；

③ 将颗粒铅投入比重瓶内，擦去溢出的水，称出瓶、水和颗粒铅的总质量 m_3；

④ 代入公式（4.3.9）计算颗粒铅的密度。

4. 重复步骤 2 和 3，重复测 3 次。

【注意事项】

1. 调节天平平衡时，要轻轻旋动螺钉和旋钮。

2. 选择砝码由大到小，逐个试用。

3. 天平负载量不得超过最大称量值。

4. 除调节天平观察横梁是否平衡外，其余时间内天平横梁保持制动状态。

5. 砝码只能用镊子夹取，不能用手直接拿，从秤盘上取下后立即放入砝码盒。

6. 高温物体和有腐蚀性物体禁止放到秤盘称量。

【数据记录】

表 4.3.1　流体静力“称衡法”测金属块密度记录表

金属块质量 m_1/g		放入水中后质量 m_2/g	m_1-m_2/g	金属块密度/（g/m^3）$\rho=\dfrac{m_1}{m_1-m_2}\cdot\rho_0$
第 1 次				
第 2 次				
第 3 次				
平均值				

表 4.3.2　流体静力“称衡法”测塑料块密度记录表

塑料块质量 m/g		仅助沉物入水质量 m_1/g	助沉物和塑料块都入水质量 m_2/g	m_2-m_1/g	塑料块密度/（g/m^3）$\rho=\dfrac{m}{m_1-m_2}\cdot\rho_0$
第 1 次					
第 2 次					
第 3 次					
平均值					

表 4.3.3　比重瓶测定液体的密度记录表

比重瓶没有装入东西时的质量 m_1/g		充满蒸馏水时比重瓶质量 m_2/g	被测液体注入比重瓶时质量 m_3/g	m_2-m_1/g	m_3-m_1/g	被测液体密度/（g/m^3）$\rho'=\rho\dfrac{m_3-m_1}{m_2-m_1}$
第 1 次						
第 2 次						
第 3 次						
平均值						

表 4.3.4　比重瓶测定颗粒铅的密度记录表

纯水注满比重瓶后 m_1/g		固体颗粒铅的质量 m_2/g	颗粒铅投入有水的比重瓶时质量 m_3/g	$m_1+m_2-m_3$/g	固体颗粒铅密度/（g/m^3）$\rho=\frac{m_2}{m_1+m_2-m_3}\cdot\rho_0$
第 1 次					
第 2 次					
第 3 次					
平均值					

【数据处理】

1. 用流体静力"称衡法"测物体密度：

（1）根据表 4.3.1，计算金属块密度，并进行误差分析。

（2）根据表 4.3.2，计算塑料块密度，并进行误差分析。

2. 采用比重瓶测量酒精和颗粒铅的密度：

（1）根据表 4.3.3，计算酒精的密度，并进行误差分析。

（2）根据表 4.3.4，计算颗粒铅密度，并进行误差分析。

【思考题】

1. "曹冲称象"运用的是什么物理原理？

2. 如何用实验的方法测出气体的密度？将设计思路简要地写下来。

【实验心得】（不少于 100 字）

4.4　单摆测重力加速度

重力加速度是近地面物体因受地球引力作用，忽略空气阻力，物体从高空中自由落体的加速度即重力加速度。重力加速度值的大小与物体所处地球纬度、海拔高度和地质结构有关。重力加速度的测量对于研究地质结构和地下勘探具有重要的实用价值。在地面空气中测重力加速度，影响因素主要是空气阻力。本次实验通过测量单摆周期，计算当地的重力加速度。

阅读材料：

约 2300 年前，古希腊的大哲学家亚里士多德认为，重量大的物体比重量小的物体受到的地球吸引力大，两者从同一高度释放，重量大的物体先落地。

但是，被人们称作"近代科学之父"的伽利略却认为："如果让重量相同的两个物体同时从同一高度落下的话，它们应该是同时落地的。如果把这两个物体捆在一起。再让它和这两个物体相同的另一个物体同时从同一高度落下的话，也会同时落地。也就是说，重量增加了两倍之后，物体降落的速度不变。所以，重量大的物体比重量小的物体先落地的观点是错误的。"

伽利略的观点是正确的。亚里士多德举例说让羽毛和石头同时从同一高度落下，石头会先落地。但事实是不是因为物体轻重的问题，而是因为空气阻力。不论是什么物体，它们的重力加速度都是相同的，只是在空气中有空气阻力和摩擦力，在力的综合作用下，呈现的运动轨迹不同。

1971 年，阿波罗 15 号登上月球，在月球证明了伽利略的这个观点。我们都知道月球上没有空气，它是个真空状态。在月球上，阿波罗 15 号的宇航员们把一根羽毛和一把锤子同时从同一高度扔下来，发现羽毛和锤子真的是同时落到了月球地面上。

【实验目的】

1. 练习使用直尺和秒表测单摆的摆长和周期。
2. 通过测量，计算当地的重力加速度。
3. 考查单摆的系统误差对测重力加速度的影响。

【实验仪器】

单摆（细绳、小球、固定装置），手机秒表，游标卡尺，钢卷尺。

【实验原理】

单摆运动如图 4.4.1 所示，为了使单摆的运动近似简谐振动，最大摆角 $\theta \leqslant 5°$。

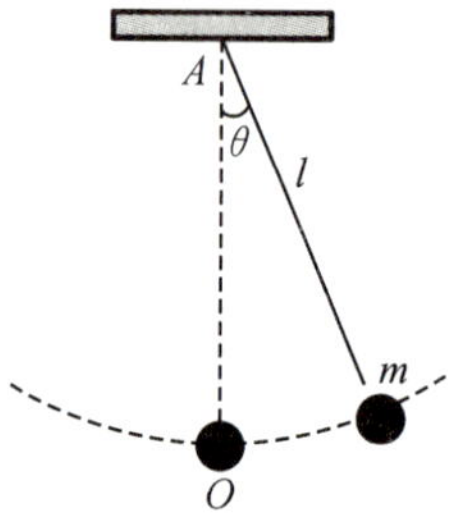

图 4.4.1　单摆运动示意图

单摆的小摆角振动近似为简谐振动，当摆线与竖直方向成 θ 角时，忽略空气阻力，摆球所受的合外力沿着圆弧切线反向的分力为 $mg\sin\theta$。取逆时针方向为角位移 θ 的正方向，则力可写为 $F_\tau = -mg\sin\theta$。当角位移 θ 很小时，上式可以近似写为 $F_\tau = -mg\theta$。由牛顿第二定律得

$$F_\tau = ma_\tau = ml\frac{\mathrm{d}^2\theta}{\mathrm{d}t^2} = -mg\theta \qquad (4.4.1)$$

整理可得

$$\frac{\mathrm{d}^2\theta}{\mathrm{d}t^2} + \omega^2\theta = 0 \qquad (4.4.2)$$

其中 $\omega^2 = \dfrac{g}{l}$。

求解式（4.4.2）的二阶微分方程，得单摆的运动方程为

$$\theta = \theta_m \cos(\omega t + \varphi) \qquad (4.4.3)$$

则单摆的周期为

$$T=\frac{2\pi}{\omega}=2\pi\sqrt{\frac{l}{g}} \tag{4.4.4}$$

由单摆的动力学分析，可得重力加速度的表达式为

$$g=4\pi^2\frac{l}{T^2}$$

因此，由钢尺测出单摆的摆长，由电子秒表测出单摆的周期，代入式（4.4.4），即可得到重力加速度。

【实验步骤】

1. 先用游标卡尺测量小球的直径 d，用米尺测得线的长度 L，摆的长度就是 $l=L+d/2$，分别测 6 次。

2. 将单摆拉开一个小于 5°的小角度，然后用秒表测量单摆的周期。为了减少误差，用秒表测出单摆经过 50 个周期的时间，进而计算周期 $T=t/50\,\mathrm{s}$。重复测量 6 次。

【注意事项】

1. 一定是角度摆动，摆角不能大于 5°。

2. 防止单摆变成锥摆。

【数据记录】

表 4.4.1　摆球直径测量记录表

次数	1	2	3	4	5	6	d 平均值	球半径
摆球直径 d/mm								

表 4.4.2　摆线长度测量记录表

次数	1	2	3	4	5	6	L 平均值
摆线长度 L/mm							

表 4.4.3　单摆摆长测量记录表

次数	1	2	3	4	5	6	l 平均值
单摆的摆长 $l=L+d/2$ /mm							

表 4.4.4　单摆 50 次全振动时间测量记录表

次数	1	2	3	4	5	6	振动周期 T
50 次全振动的时间/s							

【数据处理】

1. 计算重力加速度。

2. 计算重力加速度的不确定度。

【思考题】

1. 如果在真空中做这个实验，得到的 g 值相比本次实验得到的数值是大还是小？为什么？

2. 为什么单摆摆角 $\theta \leqslant 5°$？

【实验心得】(不少于 100 字)

4.5 杨氏模量的测量

杨氏模量是工程材料的重要参数，由英国物理学家托马斯·杨于 1807 年提出。它是描述材料刚性特征的物理量。杨氏模量越大，材料越不易发生变形，杨氏模量可以用动态法测量，也可以用静态法测量。本实验采用静态法。用金属丝的伸长与外力的关系来测量杨氏模量。静态法的关键是要准确测出被测物体的微小变形量。杨氏模量是重要的物理量，它是选定构件材料的依据之一，是工程技术常用参量，它的测定对研究金属材料、光纤材料、半导体、纳米材料、聚合物、陶瓷、橡胶等各种材料的力学性质有着重要意义，还可用于机械零部件设计、生物力学、地质等领域。

阅读材料：

金属的弹性和弹性变形是随冶炼技术的发展而提高的。古代中国人在铸造弹性刀剑上曾创造了世界之最。宋代沈括曾记述过与他同时代的人所珍藏的几把宝剑，它们不仅削铁如泥，而且“用力屈之如钩，纵之铿然有声、复直如弦”。其中一剑“可以屈置盒中，纵之复直”(《梦溪笔谈·异事》)。如此屈伸自如的宝剑，犹如今日以弹簧钢制成的卷尺。其实，类似的宝剑一直可以追溯到三国时期，当时魏文帝曹丕的“灵宝”剑能“舒屈无方”。其后，西晋刘琨在其诗中描述百炼钢的弹性变形，说“何意百炼钢，化为绕指柔”(《文选》卷二五)。宋代以后，类似刀剑仍在不断制造，且成为中国传统的冶炼工艺之一。凡此种种，都是古代中国人应用金属的弹性及弹性变形的例证。

至于利用弹性变形的弓箭，中国有更悠久的历史。距今 30 000 年左右，旧石器文化遗址中出土的石镞，就是使用弓箭的证明。西周后期，弓的弹性变形被载入诗歌之中。《诗·小雅·角弓》写道：“骍骍〔xin 辛〕角弓，翩其反矣。”大意是：装调好的角弓，总是以反其作用力的方向弹回。

古代人不仅知道弹性变形，而且“弹力”一词也使用甚早。唐代段成式在记述某人踢球时所用的“弹力五斗”(《酉阳杂俎·前集·诡习》)，就是最好的见证。先秦时期，测定弓弩的弹力是宫廷作坊规定的制度之一。《考工记·弓人》记述弓箭制造技术中指出要“量其力”。这表明当时已有测量弓弩弹力的器具与方法。许多典籍中也留下了测量数据的记载。比如，《左传·定公八年》载“颜高之弓六钧”，《管子·轻重甲》载“十钧之弩”，等等。令人惊讶的是，在居延汉简中，内载弓弩弹力数值者多达 94 处，其计量单位不仅准确到石、钧（“石”“钧”，为古代重量单位，三十斤为钧，四钧为石），有的甚至精确到斤、两。更值得一提的是，这些测量数值居然和现代力学中用以表示材料刚度（即材料抵抗变形的能力）的大小惊人的一致。由此可知，古代中国人早就开始测量材料的刚度了。

【实验目的】

1. 学会金属拉伸法测量杨氏模量（静态法）。
2. 掌握用光杠杆镜尺法测量微小长度变化的原理（放大法）。
3. 学会用逐差法处理实验数据。

【实验仪器】

杨氏模量测定仪（包括拉伸仪、光杠杆、望远镜、标尺），水准器，钢卷尺，螺旋测微器，钢直尺。

【实验原理】

1）胡克定律和杨氏模量

实际固体并不是大小和形状不变的刚体，而是在外力作用下将发生形变，如果外力卸去后，相应的形变消失，这种形变称为弹性形变。如果外力卸去后仍有残余形变，这种形变称为塑性形变。固体的形变是由结构决定的。

当对长为 L、截面积为 S 的细长材料沿轴向方向施加作用力 F 进行拉伸，并使其伸长 ΔL 时，可得应力 $\sigma = F/S$ 与应变 $\varepsilon = \Delta L/L$ 之间的关系曲线，如图 4.5.1 所示。材料不同，曲线也不同，但由图 4.5.1 可知，曲线的初始部分可近似看作一直线，即该部分应变与应力呈线性关系。在此阶段，如果卸去外力则形变消失，此阶段为材料的弹性形变阶段。该直线的斜率即应力与应变的比值，称为材料的杨氏模量，以 Y 表示，即

$$\sigma = Y\varepsilon \tag{4.5.1}$$

该规律称为胡克定律。在国际单位制中，杨氏模量 Y 的单位为 Pa 或 N/m^2，与外力 F、物体的长度 L 和截面积 S 无关，取决于固体材料本身的性质，能反映物体抵抗应变的能力，是工程材料一个重要力学性能指标。图 4.5.1 中，曲线越过拐点后，应力和应变不再是线性关系，胡克定律不再适用，材料进入塑性形变阶段，直至材料断裂。

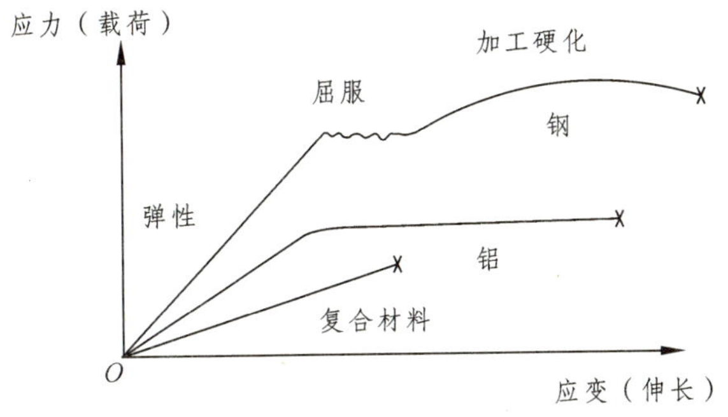

图 4.5.1　材料的应力和应变曲线

若金属丝直径为 d，则其截面积 $S=\pi d^2/4$，代入式（4.5.1）可得

$$Y=\frac{4FL}{\pi d^2\Delta L} \tag{4.5.2}$$

由式（4.5.2）可知，只要测出外力 F、金属丝长度 L 和直径 d 以及金属丝受力 F 后的伸长量 ΔL，就可以计算出该金属丝的杨氏模量 Y。实际上，F，L，d 都较容易测量。但对一般金属丝来说，伸长量 ΔL 一般很小，用一般工具无法测量准确。所以，测量杨氏模量 Y 的关键是准确测量伸长量 ΔL。

2）光杠杆镜尺法测量微小长度的变化

在式（4.5.2）中，在外力 F 的拉伸下，钢丝的伸长量 ΔL 是一微小量，用一般的长度测量仪器无法测量。测量微小长度变化的方法很多，在本实验中采用光杠杆镜尺法（见图4.5.2）。

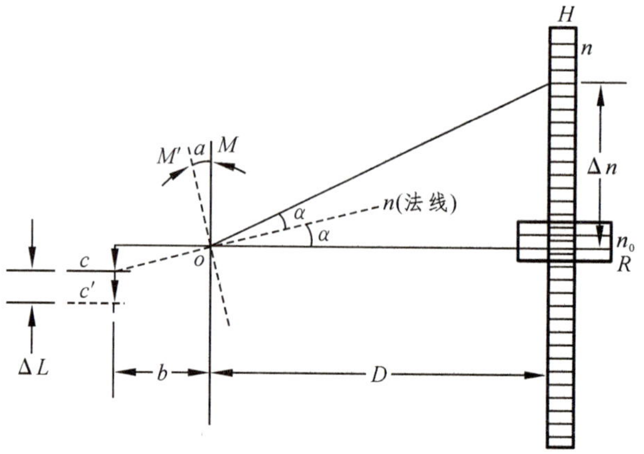

图 4.5.2　光杠杆镜尺法测微小长度示意图

初始时，平面镜处于垂直状态。标尺通过平面镜反射后，在望远镜中成像，则望远镜可以通过平面镜观察到标尺的像，望远镜中十字线处在标尺上 n_0 刻度处。当钢丝下降 ΔL 时，平面镜将转动 α 角。则望远镜中标尺的像也发生移动，十字线降落在标尺的刻度为 n_i 处。由于平面镜转动 α 角，进入望远镜的光线旋转 2α 角。从图 4.5.2 中看出，望远镜中标尺刻度的变化 $\Delta n=n_i-n_0$。

因为 α 角很小，由图（4.5.2）中几何关系得

$$\alpha\approx\tan\alpha=\frac{\Delta L}{b} \tag{4.5.3}$$

$$2\alpha\approx\tan 2\alpha=\frac{\Delta n}{D} \tag{4.5.4}$$

又由式（4.5.3）、式（4.5.4）有

$$\Delta L=\frac{b}{2D}\Delta n \tag{4.5.5}$$

由式（4.5.2）、式（4.5.5）有

$$Y=\frac{8FLD}{\pi d^2 b\Delta n} \tag{4.5.6}$$

【实验步骤】

1. 调节杨氏模量测定仪底角螺钉，使工作台水平，要使夹头处于无障碍状态。

2. 放上光杠杆，T形架的两前足置于平台上的沟槽内，后足置于方框夹头的平面上。微调工作台使T形架的三足尖处于同一水平面上，并使反射镜面铅直。

3. 望远镜标尺架距离光杠杆反射平面镜 1.2 ~ 1.5 m。调节望远镜光轴与反射镜中心等高。调节对象为望远镜筒。

4. 初步找标尺的像，从望远镜筒外侧观察反射平面镜，看镜中是否有标尺的像。如果没有，则左右移动支架，同时观察平面镜，直到从中找到标尺的像。

5. 调节望远镜找标尺的像，先调节望远镜目镜，得到清晰的十字叉丝；再调节调焦手轮，使标尺成像在十字叉丝平面上。

6. 调节平面镜垂直于望远镜主光轴。

7. 记录望远镜中标尺的初始读数 n_0（不一定要零），再在钢丝下端挂 1.00 kg 砝码，记录望远镜中标尺读数 n_1，以后依次加 1.00 kg，并分别记录望远镜中标尺读数，直到 5 块砝码加完为止，这是增量过程中的读数。然后每次减少 1.00 kg 砝码，并记下减重时望远镜中标尺的读数。数据记录表格见后面数据记录部分。

8. 取下所有砝码，用卷尺测量平面镜与标尺之间的距离 D，钢丝长度 L，测量光杠杆常数 b（把光杠杆在纸上按一下，留下三点的痕迹，连成一个等腰三角形。作其底边上的高，即可测出 b）。

9. 用螺旋测微器测量钢丝直径 6 次。可以在钢丝的不同部位和不同的径向测量。因为钢丝直径不均匀，截面积也不是理想的圆。

【注意事项】

1. 加减砝码时一定要轻拿轻放，切勿压断钢丝。

2. 使用千分尺时，只能用齿轮旋转。

3. 用钢卷尺测量标尺到平面镜的垂直距离时，尺面要放平。

4. 杨氏模量仪的主支架已固定，不要调节主支架。

5. 测量钢丝长度时，要加上一个修正值 $\Delta L_{修}$，为夹头内不能直接测量的一段钢丝长度。

6. 若望远镜中观察不到竖尺的像。应先从望远镜筒外侧，沿轴线方向望去，能看到平面镜中竖尺的像。若看不到时，可调节望远镜的位置或方向，或平面反射镜的角度，直到找到竖尺的像为止。然后从望远镜中找到竖尺的像。

7. 叉丝成像不清楚。这是望远镜目镜调焦不合适的缘故，可慢慢调节望远镜目镜，使叉丝像变清晰。

8. 实验中，加减砝码时，对应的数值重复性不好或规律性不好。

（1）金属丝夹头未夹紧，金属丝滑动。

（2）杨氏模量仪支柱不垂直，使金属丝端的方框形夹头与平台孔壁接触摩擦太大。

（3）加减砝码时，动作不够平稳，导致光杠杆足尖发生移动。

（4）可能是金属丝直径太细，加砝码时已超出弹性范围。

【课前预习】

1. 弹性形变是__________________；塑性形变是__________________；本实验测量范围是____形变。

2. 杨氏模量是指____。

3. 测金属丝微小伸长量的方法是____。

【数据记录】

标尺最小分度：1 mm；千分尺最小分度：0.01 mm；钢卷尺最小分度：1 mm；钢直尺最小分度：1 mm。

表 4.5.1　外力 mg 与标尺读数 n_i

序号 i	0	1	2	3	4	5
m/kg	0.000	1.00	2.00	3.00	4.00	5.00
加砝码 n_+						
减砝码 n_-						
$\overline{n}$						

表 4.5.2　$\overline{n}$ 的逐差法处理

序号 i	0	1	2	3	$\Delta\overline{n}$ /cm
Δn_i /cm					
$\left\|\Delta n_i - \Delta\overline{n}\right\|$ /cm					

表 4.5.3　钢丝的直径 d

次数	1	2	3	4	5	6	$\overline{d}$ /mm
d_i /mm							
$\left\|d_i - \overline{d}\right\|$ /mm							

【数据处理】

1. 计算金属丝的杨氏模量。

2. 分析金属丝的杨氏模量的误差。

【思考题】

1. 根据 Y 的不确定度公式，分析哪个量的测量对测量结果影响最大？

2. 可否用作图法求钢丝的杨氏模量，如何作图？

3. 怎样提高光杠杆的灵敏度？灵敏度是否越高越好？

4. $\dfrac{\Delta n}{\Delta L} = \dfrac{2D}{b}$ 称为光杠杆的放大倍数，算算你的实验结果的放大倍数。

【实验心得】（不少于 100 字）

4.6 牛顿第二定律的实验验证

1662 年，伽利略·伽利雷指出："以任何速度运动着的物体，只要除去加速或减速的外因，此速度就可以保持不变。"勒内·笛卡尔也认为，在没有外加作用时，粒子或者匀速运动，或者静止。艾萨克·牛顿把这一假定作为牛顿第一运动定律，并将伽利略的思想进一步推广到有作用力的场合，提出了牛顿第二运动定律。在 1687 年出版的牛顿的《自然哲学的数学原理》绪论部分的运动中提出了牛顿第二运动定律。牛顿第二运动定律定量地说明了物体运动状态的变化和对它作用的力之间的关系，它和牛顿第一运动定律、牛顿第三运动定律共同组成了牛顿运动定律，是力学中重要的定律。牛顿第二运动定律（下称"牛顿第二定律"）实验验证是物理中的一个很基础、很必要的验证性实验，涉及检验一个物理定律或规律的基本途径和方法。

【实验目的】

1. 熟悉气垫导轨的构造，掌握正确的使用方法。
2. 学会用光电计时系统测量物体的速度和加速度。
3. 验证牛顿第二定律。

【实验仪器】

气垫导轨，气源，通用电脑计数器，游标卡尺，物理天平等。

【实验原理】

如图 4.6.1 所示，把滑块和砝码相连挂在滑轮上，由砝码盘、滑块、砝码和滑轮组成一系统。设滑块（包括挡光片、弹射器等附件）的质量为 m_1，砝码盘与砝码的质量为 m_2，令 $m = m_1 + m_2$，略去阻力和滑轮质量，设细线的张力为 F_1。

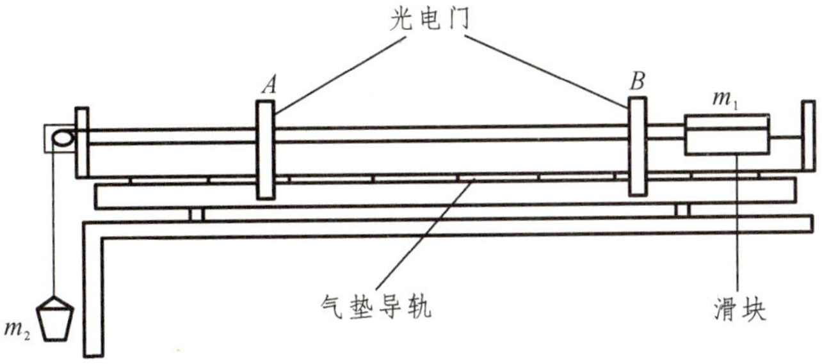

图 4.6.1　气垫导轨验证牛顿第二定律示意图

根据牛顿第二定律，分别对 m_1，m_2 进行受力分析可得

$$m_2 g - F_1 = m_2 a$$

$$F_1 = m_1 a$$

则由 m_1，m_2 及滑轮组成的系统牛顿第二定律的表达式为

$$F = m_2 g = (m_1 + m_2)a \tag{4.6.1}$$

1. 验证 $m = m_1 + m_2$ 一定时，a 与 m_2 成正比。

2. 验证 $F = m_2 g$ 一定时，a 与 $m_1 + m_2$ 成反比。

在导轨上相距 S 的两处放置两光电门 A 和 B，测出此系统在砝码重力作用下滑块通过两光电门距离的速度 V_1 和 V_2，则系统的加速度 a 为

$$a = \frac{V_2^2 - V_1^2}{2S} \tag{4.6.2}$$

在滑块上放置双挡光片，同时利用计时器测出经 A，B 两光电门的时间间隔，则系统的加速度 a 为

$$a = \frac{1}{2S}(V_2^2 - V_1^2) = \frac{\Delta d^2}{2S}\left(\frac{1}{\Delta t_2^2} - \frac{1}{\Delta t_1^2}\right) \tag{4.6.3}$$

式中，Δd 为遮光片两个挡光沿的宽度。在此测量中，实际上测定的是滑块上遮光片（宽 Δd）经过某一段时间的平均速度，但由于 Δd 较窄，所以在 Δd 范围内，滑块的速度变化比较小，故可把平均速度看成是滑块上遮光片经过两光电门的瞬时速度。同样，如果 Δt 越小（相应的遮光片宽度 Δd 也越窄），则平均速度越能准确地反映滑块在该时刻运动的瞬时速度。

【实验步骤】

1）观察匀速直线运动

（1）首先检查计时装置是否正常。将计时装置与光电门连接好，要注意套管插头和插孔要正确插入。将两光电门按在导轨上，双挡光片第一次挡光开始计时，第二次挡光停止计时，就说明光电计时装置能正常工作。

（2）给导轨通气，并检查气流是否均匀。

（3）选择合适的挡光片放在滑块上，再把滑块置于导轨上。

（4）调节导轨底座调平螺丝，使其水平。只要导轨水平，滑块在导轨上的运动就是匀速运动。只要是匀速运动，对于同一个挡光片而言，滑块经过两光电门的时间就相等，即 $\Delta t_1 = \Delta t_2$。

2）验证牛顿第二定律

（1）保证系统的总质量不变时，验证加速度与外力的关系。

第一步，调整气垫导轨，让质量为 m_1 的滑块放在气垫导轨上作匀速运动。将两个光电门置于相距 L 的位置上。

第二步，将砝码盘通过轻质细线经过滑轮与滑块相连，在滑块上放入砝码，用天平测得系统的总质量 m，测量滑块经过两光电门的加速度 a_1。

第三步，从滑块上取下质量为 Δm 的砝码，加入砝码盘中，测出加速度 a_2。

第四步，从滑块上依次取下质量为 Δm 的砝码，放入砝码盘中，分别测出 a_3，a_4，…，a_n。

第五步，用作图法处理数据，验证加速度与外力之间的线性关系。

（2）保持外力不变（即砝码盘与砝码的总质量不变），改变滑块质量，研究系统质量与加速度的关系。

第一步，调节两光电门之间的距离至合适位置。

第二步，令砝码的质量 m_2 不变，改变滑块的质量 m_1，在滑块上每次增加 Δm 砝码，测出对应加速度 a。

第三步，多次改变滑块的质量，分别测量对应 a，用作图法处理数据，验证加速度与质量之间的反比关系。

【课前预习】

1. 利用气垫的目的是____________________________________。

2. 从理论上讲，在质量一定的情况下，加速度和力之间成什么关系：__________；在外力一定的情况下，加速度和质量成什么关系：__________。

3. 实验中，光电门的用途是____________________________；挡光片的用途是____________________________________。

【数据记录】

1. 保持系统总质量 m 不变，测量加速度 a 与外力 F 之间的关系。总质量 m =(　　)g 。

表 4.6.1　质量一定时，加速度与力的关系

测量次数	1	2	3	4	5	6
砝码盘的重力 mg						
加速度 a						

2. 保持力（砝码盘的重力）不变，测量加速度 a 与质量之间的关系。

表 4.6.2　F 一定时，加速度与质量的关系

测量次数	1	2	3	4	5	6
滑块和砝码的质量 $m_1+\Delta m$						
加速度 a						

【数据处理】

1. 根据表 4.6.1 相关数据，利用作图法，获得加速度与力之间的关系曲线，验证在质量一定的情况下，加速度与力成正比。

2. 根据表 4.6.2 相关数据，利用作图法，获得加速度与质量之间的关系曲线，验证在力一定的情况下，加速度与质量成反比。

【思考题】

1. 对于 F-a 图，如果直线不过原点，试分析其原因。

2. 牛顿第二定律在惯性系下成立，在非惯性系是否成立？为什么？

【实验心得】（不少于 100 字）

4.7 液体黏滞系数的测定

不同液体具有不同程度的黏滞性。当液体流动时，平行于流动方向的各层流体速度都不相同，即存在着相对滑动，于是在各层之间有摩擦力产生，这一摩擦力称为黏滞力。它的方向平行于接触面，其大小与速度梯度及接触面积成正比。黏度系数（简称黏度）η，是描述液体内摩擦力性质的一个重要物理量。黏度η表征液体反抗形变的能力，只有在液体内存在相对运动时才表现出来。黏滞系数除了因材料而异，还对温度比较敏感。液体的黏滞系数随着温度升高而减少，气体则反之，大体上按正比于温度的规律增长。

液体的黏滞性测量是非常重要的。例如，现代医学发现，许多心血管疾病都与血液黏度的变化有关，血液黏度的增大会使流入人体器官和组织的血流量减少，血液流速减缓，使人体处于供血和供氧不足的状态，这可能引起多种心脑血管疾病和其他诸多身体不适症状。因此，测量血液黏度的大小是检查人体血液健康的重要标志之一。又如，石油在封闭管道中长距离输送时，其输运特性与黏滞性密切相关，因而在设计管道时必须考虑如何监测被输石油的黏度。

测量液体黏度有多种方法，本实验采用的是落球法。落球法是一种绝对测量法，如果一小球在黏滞液体中铅直下落，由于附着于球面的液层与周围其他液层之间存在着相对运动，因此小球受到黏滞阻力，它的大小与小球下落的速度有关。当小球作匀速运动时，测出小球下落的速度，就可以计算出液体的黏度。

【实验目的】

1. 掌握用激光光电传感器测量时间和物体运动速度的实验方法。
2. 利用斯托克斯公式，采用落球法测量油的黏滞系数。
3. 观测落球法测量液体黏滞系数的实验条件是否满足，必要时进行修正。

【实验仪器】

落球法黏滞系数测定仪，小钢球，蓖麻油，米尺，千分尺，游标卡尺，液体密度计，电子分析天平，激光光电计时仪，温度计，比重瓶等。（若实验室给出钢球材料密度，可不必用电子分析天平）

【实验原理】

1. 当金属小球在黏性液体中下落时，它受到三个铅直方向的力：小球的重力 mg（m 为小球质量）、液体作用于小球的浮力 ρgV（V 是小球体积，ρ 是液体密度）和黏滞阻力 f（其方向与小球运动方向相反）。如果液体无限深广，在小球下落速度v较小的情况下，有

$$f = 6\pi\eta rv \tag{4.7.1}$$

式（4.7.1）称为斯托克斯公式。其中r是小球的半径；η称为液体的黏度，其单位是$\mathrm{Pa\cdot s}$。

小球开始下落时，由于速度尚小，所以阻力也不大；但随着下落速度的增大，阻力也随之增大。最后，三个力达到平衡，即

$$mg = \rho gV + 6\pi\eta rv \tag{4.7.2}$$

于是，小球作匀速直线运动，由式（4.7.2）可得

$$\eta=\frac{(m-\rho V)g}{6\pi rv} \tag{4.7.3}$$

令小球的直径为 d，将 $m=\frac{\pi}{6}d^3\rho'$，$v=\frac{l}{t}$，$r=\frac{d}{2}$代入式（4.7.3），得

$$\eta=\frac{(\rho'-\rho)gd^2t}{18l} \tag{4.7.4}$$

式中 ρ' 为小球材料的密度，l 为小球匀速下落的距离，t 为小球下落 l 距离所用的时间。

2. 实验时，待测液体必须盛于容器中（见图 4.7.1），故不能满足无限深广的条件，实验证明，若小球沿筒的中心轴线下降，须修正式（4.7.4）。修正如下：

$$\eta=\frac{(\rho'-\rho)gd^2t}{18l}\frac{1}{\left(1+2.4\frac{d}{D}\right)\left(1+1.6\frac{d}{H}\right)} \tag{4.7.5}$$

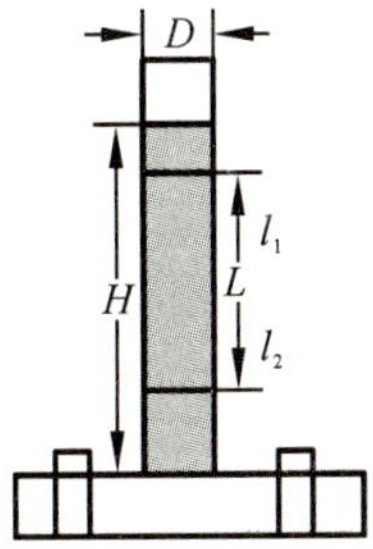

图 4.7.1　待测液体量筒的示意图

式中 D 为容器内径，H 为液柱高度。

3. 实验时小球下落速度若较大，例如气温及油温较高，钢珠从油中下落时，可能出现湍流情况，使式（4.7.1）不再成立，此时要作另一个修正（详见本节附录 2）。

4. 实验装置示意图如图 4.7.2 所示。

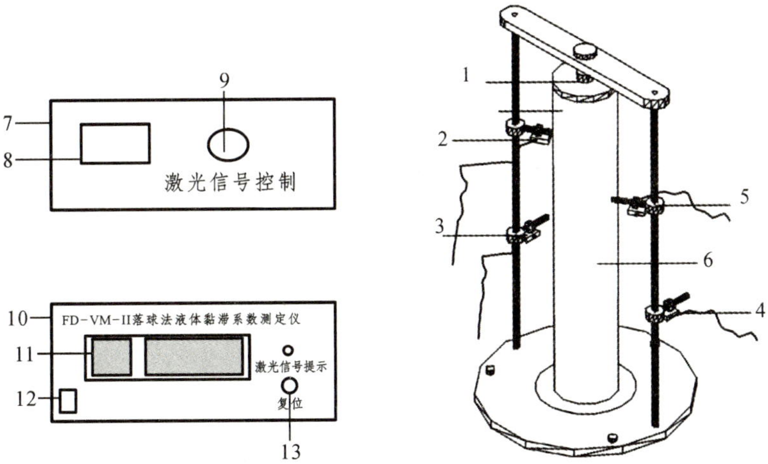

1—导管；2—激光发射器 A；3—激光发射器 B；4—激光接收器 A；5—激光接收器 B；6—量筒；
7—主机后面板；8—电源插座；9—激光信号控制；10—主机前面板；
11—计时器；12—电源开关；13—计时器复位端。

图 4.7.2　FD-VM-Ⅱ落球法液体黏滞系数测定仪结构图

【实验步骤】

1. 调整黏滞系数测定仪：

（1）调整底盘水平，在仪器横梁中间部位放重锤部件，调节底盘旋钮，使重锤对准底盘的中心圆点。

（2）将实验架上的上、下两个激光器接通电源，可看见其发出红光。调节上、下两个激光器，使其红色激光束平行地对准锤线。

（3）收回重锤部件，将盛有待测液体的量筒放置到实验架底盘中央，并在实验中保持位置不变。

（4）在实验架上放上钢球导管。小球用乙醚、酒精混合液清洗干净，并用滤纸吸干残液，备用。

（5）将小球放入铜质球导管内，看其是否能阻挡光线，若不能，则适当调整激光器位置。

2. 用温度计测量油温，在全部小球下落完后再测量一次油温，取平均值作为实际油温。

3. 用电子分析天平测量 10 ~ 20 颗小球的质量 m，用比重瓶法测其体积，计算小球的密度 ρ'。用液体密度计测量蓖麻油的密度 ρ，用游标卡尺测量量筒的内径 D，用钢尺测量油柱深度 H。

4. 用秒表测量下落小球的匀速运动速度：

（1）测量上、下两个激光束之间的距离。

（2）用千分尺测量小球直径，将小球放入导管，当小球落下，阻挡上面的红色激光束时，光线受阻，此时用秒表开始计时，到小球下落到阻挡下面的红色激光束时，计时停止，读出下落时间，重复测量 6 次以上。最后计算蓖麻油的黏度。

5. 用激光光电门与电子计时仪器代替电子秒表，测量液体的黏度（注意：激光束必须通过玻璃圆筒中心轴），将测量结果与公认值进行比较。

【数据记录】

本实验待测液体是蓖麻油。用激光光电传感器测量全程和半程时间。

油温 θ = ______°C，小球密度 ρ' = ________kg/m^3，油的密度 ρ = ________kg/m^3，量筒内径 D = ________cm；全程距离 S_2 = ________cm；近似半程距离 S_1 = _________cm。

表 4.7.1　小球下落平均速度数据

小球直径 d /mm	半程时间 t_1/s	全程时间 t_2/s	半程速度 v_1 / cm·s^{-1}	全程速度 v_2 / cm·s^{-1}

【数据处理】

考虑到实验并非在无限深广的情况下进行，须对测量结果进行修正，即速度 v 应修正为：$v = v_0(1+2.4d/D)(1+3.3d/2H)$。

本实验中的 H = 53.40 cm，将 d，D，H 代入式（4.7.5），计算得 η = 1.33 Pa·s，两者相差 2.8%，此结果已达到实验准确度要求。

说明：由于液体黏滞与温度关系密切，所以温度必须测量准确，否则测量结果与公认值查出结果有一定差别。

【思考题】

1. 如何判断小球在作匀速运动？
2. 如果遇到待测液体的 η 值较小，而钢珠直径较大，这时为何须用式（4.7.5）计算？
3. 用激光光电开关测量小球下落时间的方法测量液体黏滞系数有何优点？

【附录 1】

表 4.7.2　蓖麻油的动力黏度系数

温度/ °C	0	10.00	15.00	20.00	25.00	30.00	35.00	40.00
黏度 η/P	53.00	24.18	15.14	9.50	6.21	4.51	3.12	2.31

注：1 P(Poise) = 1(dgn · s)/cm^2 = 0.1 Pa · s。

【附录 2】

为了判断是否出现湍流，可利用流体力学中一个重要参数——雷诺数 $R_e=\dfrac{\rho dv}{\eta'}$ 来判断。当 R_e 不很小时，式（4.7.1）应予修正，但在实际应用落球法时，小球的运动不会处于高雷诺数状态，一般 R_e 值小于 10，故黏滞阻力 F 可近似用下式表示：

$$F=6\pi\eta' vr\left(1+\frac{3}{16}R_e-\frac{19}{1\,080}R_e^2\right) \tag{4.7.6}$$

式中，η' 表示考虑到此种修正后的黏度。因此，在各力平衡时，并考虑液体边界影响，可得

$$\eta'=\frac{(\rho'-\rho)gd^2t}{18l}\cdot\frac{1}{\left(1+2.4\dfrac{d}{D}\right)\left(1+3.3\dfrac{d}{2H}\right)}\cdot\frac{1}{\left(1+\dfrac{3}{16}R_e-\dfrac{19}{1\,080}R_e^2\right)}$$

$$=\eta\left(1+\frac{3}{16}R_e-\frac{19}{1\,080}R_e^2\right)^{-1}$$

式中，η 即式（4.7.5）求得的值，上式又可写为

$$\eta'=\eta\left[1+\frac{A}{\eta'}-\frac{1}{2}\left(\frac{A}{\eta'}\right)^2\right]^{-1} \tag{4.7.7}$$

式中，$A=\dfrac{3}{16}\rho dv$。

式（4.7.7）的实际算法如下：先将式（4.7.5）算出的 η 值作为方括弧中第二、三项的 η' 代入，于是求出 η_1；再将 η_1 代入上述第二、三项中，求得 η_2；依次进行。因为此两项为修正项，所以用这种方法逐步逼近可得到最后结果 η。一般在测得数据后，可先算出 A 和 η，然后根据 $\dfrac{A}{\eta}$ 的大小来分析。如 $\dfrac{A}{\eta}$ 在 0.5%以下（即 R_e 很小），就不再求 η'；如 $\dfrac{A}{\eta}$ 在 0.5% ~ 10%，可以只作一级修正，即不考虑 $\dfrac{1}{2}\left(\dfrac{A}{\eta'}\right)^2$ 项；而 $\dfrac{A}{\eta}$ 在 10%以上，则应完整地计算式（4.7.7）。

【实验心得】（不少于 100 字）

4.8 液体表面张力系数的测定

凡作用于液体表面，使液体表面积缩小的力，称为液体表面张力。它产生的原因是液体与气体接触的表面存在一个薄层，叫作表面层，表面层里的分子比液体内部稀疏，分子间的距离比液体内部大一些，分子间的相互作用表现为引力。就像要把弹簧拉开些，弹簧反而表现出收缩的趋势。液体表面张力系数与液体性质、杂质情况、温度等因素有关，与表面积和表面张力无关。

液体的许多现象与表面张力有关，如毛细现象、湿润现象、泡沫的形成等，工业生产中的浮选技术、动植物体内液体的运动、土壤中水的运动等也都与液体的表面张力有关。此外，在船舶制造、水力学、化工化学中都有它的应用。因此，研究液体的表面张力可为工农业生产、生活及科学研究中有关液体分子的分布和表面的结构提供有用的线索。

【实验目的】

1. 用砝码对硅压阻力敏传感器进行定标，计算该传感器的灵敏度，学习该传感器的定标方法。

2. 观察拉脱法测液体表面张力的物理过程和物理现象，并用物理学基本概念和定律进行分析和研究，加深对物理规律的认识。

3. 测量纯水和其他液体的表面张力系数。

4. 测量液体的浓度与表面张力系数的关系（如酒精不同浓度时的表面张力系数）。

【实验仪器】

液体表面张力系数测定仪主机（见图 4.8.1），数字电压表，实验调节装置，镊子，砝码。

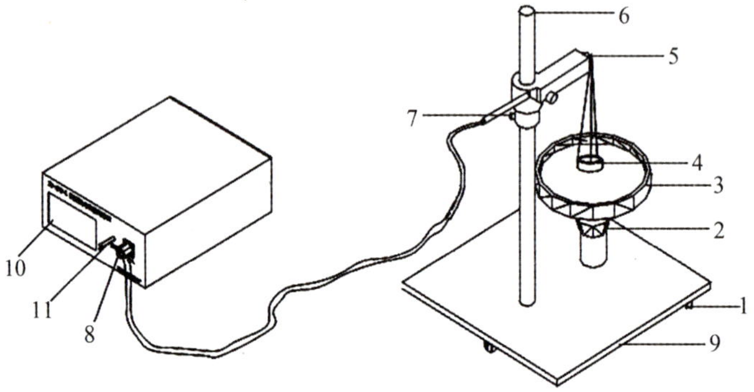

1—调节螺丝；2—升降螺丝；3—玻璃器皿；4—吊环；5—力敏传感器；6—支架；
7—固定螺丝；8—航空插头；9—底座；10—数字电压表；11—调零旋钮。

图 4.8.1　液体表面张力系数测定仪示意图

【实验原理】

一个金属环固定在传感器上，将该环浸没于液体中，并渐渐拉起圆环，当它从液面拉脱瞬间传感器受到的拉力差值 f 为

$$f = \pi(D_1 + D_2)\alpha \tag{4.8.1}$$

式中，D_1，D_2分别为圆环外径和内径，α为液体表面张力系数。液体表面张力系数为

$$\alpha = f / [\pi(D_1 + D_2)] \tag{4.8.2}$$

实验中，液体表面张力可以由下式得到：

$$f = (U_1 - U_2) / B \tag{4.8.3}$$

式中，B为力敏传感器灵敏度，单位 V/N；U_1，U_2分别为即将拉断水柱时数字电压表的读数、拉断时数字电压表的读数。

【实验步骤】

1. 开机预热。

2. 清洗玻璃器皿和吊环。

3. 在玻璃器皿内放入被测液体并安放在升降台上。（玻璃盛器底部可用双面胶与升降台面贴紧固定）

4. 将砝码盘挂在力敏传感器的钩上。

5. 若整机已预热 15 min 以上，可对力敏传感器定标，在加砝码前应首先对仪器调零，安放砝码时应尽量轻。

6. 换吊环前应先测定吊环的内外直径，然后挂上吊环，在测定液体表面张力系数过程中，可观察到液体产生的浮力与张力的情况与现象，以顺时针转动升降台大螺帽时液体液面上升，当环下沿部分均浸入液体中时，改为以逆时针转动该螺帽，这时液面往下降（或者说相对吊环往上提拉），观察环浸入液体中及从液体中拉起时的物理过程和现象。特别应注意，吊环即将拉断水柱前一瞬间数字电压表读数值为U_1，拉断时瞬间数字电压表读数为U_2。记下这两个数值。

【注意事项】

1. 吊环须严格处理干净。可用 NaOH 溶液洗净油污或杂质后，用清洁水冲洗干净，并用热吹风烘干。

2. 吊环水平须调节好，注意：偏差 1°，测量结果引入误差为 0.5%；偏差 2°，则误差为 1.6%。

3. 力敏传感器开机需预热 15 min。

4. 在旋转升降台时，动作要缓慢，尽量使液体的波动要小。

5. 工作室不宜风力较大，以免吊环摆动致使零点波动，所测系数不正确。

6. 若液体为纯净水，在使用过程中防止灰尘和油污及其他杂质污染。特别注意手指不要接触被测液体。

7. 使用力敏传感器时用力不宜大于 0.098 N。过大的拉力会导致传感器容易损坏。

8. 实验结束须将吊环用清洁纸擦干，用清洁纸包好，放入干燥缸内。

【数据记录及处理】

1）硅压阻力敏传感器定标

力敏传感器上分别加各种质量砝码，测出相应的电压输出值，实验结果填入表 4.8.1 中。

表 4.8.1　力敏传感器定标

物体质量 m/g	0.500	1.000	1.500	2.000	2.500	3.000	3.500
输出电压 U/mV							

经最小二乘法拟合，得仪器的灵敏度 $B = 2.938 \times 10^3$ mV/N，拟合的线性相关系数 r = ________。当地重力加速度 g = ______m/s²。

2）水和其他液体表面张力系数的测量

用游标卡尺测量金属圆环的外径 D_1 和内径 D_2，调节上升架，记录环在即将拉断水柱时数字电压表读数 U_1，拉断时数字电压表的读数 U_2，结果填入表 4.8.2 ~ 表 4.8.4 中。

表 4.8.2　纯水的表面张力系数测量（水的温度 t = ______°C）

测量次数	U_1/mV	U_2/mV	ΔU /mV	$f/\times 10^{-3}$ N	$\alpha/\times 10^{-3}$ N/m
1					
2					
3					
4					
5					
6					

由表 4.8.2 计算，此温度下水的表面张力系数为________N/m。经查表，在 t = ______°C 时水的表面张力系数为______________N/m，相对误差为_________%。

表 4.8.3　乙醇的表面张力系数测量（乙醇的温度 t = ______°C）

测量次数	U_1/mV	U_2/mV	ΔU /mV	$f/\times 10^{-3}$ N	$\alpha/\times 10^{-3}$ N/m
1					
2					
3					
4					
5					
6					

由表 4.8.3 计算，此温度下乙醇的表面张力系数为______N/m。经查表，在 t = _____°C 时乙醇的表面张力系数为__________N/m，相对误差为_______%。

表 4.8.4 甘油（丙三醇）的表面张力系数测量（甘油的温度 $t=$ ______ °C）

测量次数	U_1/mV	U_2/mV	ΔU /mV	f /×10^{-3} N	α /×10^{-3} N/m
1					
2					
3					
4					
5					
6					

由表 4.8.4 计算，此温度下甘油的表面张力系数为______N/m。经查表，在 $t=$ _____°C 时甘油的表面张力系数为________________N/m，相对误差为____________%。

【思考题】

1. 实验前，为什么要清洁吊环？

2. 当吊环下沿部分均浸入液体中后，旋转大螺帽使得液面往下降，数字电压表的示数如何变化？

3. 表 4.8.2 的 ΔU 包含被圆环所提起的液体重量对力敏传感器作用力所产生的电压输出部分，如果不考虑所提起的液体重量影响，该如何做呢？

4. 测定液体表面张力系数时为什么要预热？

5. 液体表面张力系数的测定实验中，铝合金吊环有一定高度，为什么测定液体表面张力时吊环浸入液体不宜太深？

【实验心得】（不少于 100 字）

4.9 金属比热容的测定

根据牛顿冷却定律，用冷却法测定金属的比热容是热学中常用方法之一。若已知标准样品在不同温度的比热容，通过作冷却曲线可测量各种金属在不同温度时的比热容。

【实验目的】

1. 掌握用铜-康铜热电偶测量物体温度的方法。

2. 掌握冷却法测量金属比热容的工作原理。

【实验仪器】

热源（采用 75 W 电烙铁改制而成，利用底盘支撑固定并可上下移动），实验样品（直径 5 mm，长 30 mm 的小圆柱，其底部钻一深孔便于安放热电偶，而热电偶的冷端则安放在冰水混合物内），铜-康铜热电偶，热电偶支架，防风容器，三位半数字电压表，冰水混合物等。

【实验原理】

本实验以铜为标准样品，测定铁、铝样品在 100 °C 或 200 °C 时的比热容。单位质量的物质，其温度升高 1K 或者 1 °C 所需的热量叫作该物质的比热容。其值随温度的变化而变化。将质量为 M_1 的金属样品加热后，放到较低温度的介质中，例如室温的空气，样品将会逐渐冷却。其单位时间的热量损失（ $\Delta Q/\Delta t$ ）与温度下降的速率成正比，于是得到下述关系式：

$$\frac{\Delta Q}{\Delta t}=C_1M_1\frac{\Delta\theta_1}{\Delta t} \tag{4.9.1}$$

式中，C_1 为该金属样品在温度 θ_1 时的比热容，$\frac{\Delta\theta_1}{\Delta t}$ 为金属样品在 θ_1 时的温度下降速率。根据冷却定律，有

$$\frac{\Delta Q}{\Delta t}=a_1s_1(\theta_1-\theta_0)^m \tag{4.9.2}$$

式中，a_1 为热交换系数，s_1 为该样品外表面的面积，m 为常数，θ_1 为金属样品的温度，θ_0 为周围介质的温度。由式（4.9.1）和式（4.9.2），可得

$$C_1M_1\frac{\Delta\theta_1}{\Delta t}=a_1s_1(\theta_1-\theta_0)^m \tag{4.9.3}$$

同理，对质量为 M_2、比热容为 C_2 的另一种金属样品，可有同样的表达式：

$$C_2M_2\frac{\Delta\theta_2}{\Delta t}=a_2s_2(\theta_2-\theta_0)^m \tag{4.9.4}$$

联立式（4.9.3）和式（4.9.4），可得

$$\frac{C_2M_2\dfrac{\Delta\theta_2}{\Delta t}}{C_1M_1\dfrac{\Delta\theta_1}{\Delta t}}=\frac{a_2s_2(\theta_2-\theta_0)^m}{a_1s_1(\theta_1-\theta_0)^m} \tag{4.9.5}$$

整理可得

$$C_2=C_1\frac{M_1\dfrac{\Delta\theta_1}{\Delta t}a_2s_2(\theta_2-\theta_0)^m}{M_2\dfrac{\Delta\theta_2}{\Delta t}a_1s_1(\theta_1-\theta_0)^m} \tag{4.9.6}$$

如果两样品的形状尺寸都相同，即 $s_1=s_2$，两样品的表面状况也相同（如涂层、色泽等），且周围介质（空气）的性质不变，则有 $a_1=a_2$。周围介质温度不变（即室温 θ_0 恒定而样品又处于相同温度 $\theta_1=\theta_2=\theta$ ）时，式（4.9.6）可以简化为

$$C_2=C_1\frac{M_1\left(\dfrac{\Delta\theta}{\Delta t}\right)_1}{M_2\left(\dfrac{\Delta\theta}{\Delta t}\right)_2} \tag{4.9.7}$$

如果已知质量为 M_1 的标准金属样品比热容为 C_1，待测样品的质量为 M_2，两样品在温度 θ 时的冷却速率之比，根据式（4.9.7）可以计算出待测金属材料的比热容 C_2。几种金属材料的比热容见表 4.9.1。

表 4.9.1　几种金属材料的比热容

比热容	C_{Fe}（cal/（g·°C））	C_{Al}（cal/（g·°C））	C_{Cu}（cal/（g·°C））
100 °C	0.110	0.230	0.094 0

实验装置示意图如图 4.9.1 所示。

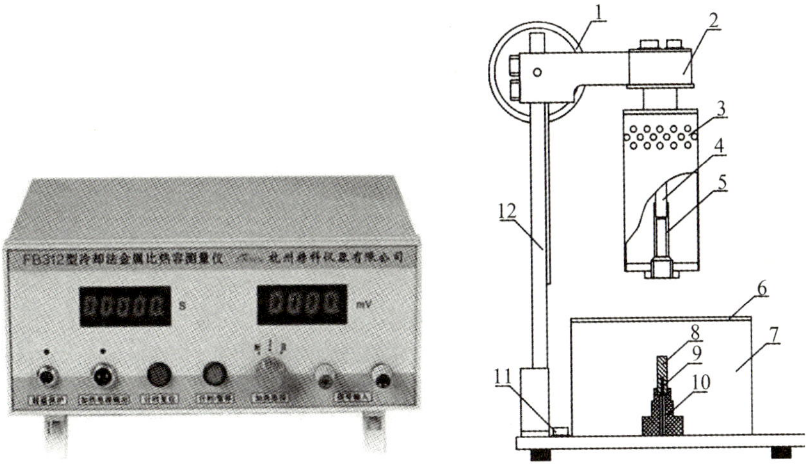

1—升降调节手轮；2—接线盒；3—防护罩；4—加热元件；5—铜管；6—容器盖；7—防风容器；8—待测金属棒；9—热电偶；10—基座；11—热电偶信号输出插座；12—升降齿杆。

图 4.9.1　实验装置示意图

【实验步骤】

1. 用铜-康铜热电偶测量温度。热电偶的热电势，经温漂极小的放大器放大后输入三位半数字电压表，数字电压表的满量程为 20 mV，读出电压表的示数电压值，然后查表，将电压值换算成温度。

2. 选取长度、直径、表面光洁度尽可能相同的三种金属样品铜、铁、铝，用物理天平或电子天平秤出它们的质量 M_{Cu}, M_{Fe}, M_{Al}。再根据 $M_{Cu} > M_{Fe} > M_{Al}$ 这一特点，把它们区别开来。

3. 热电偶热端的铜导线与数字电压表的正端相连，热电偶冷端铜导线与数字电压表的负端相连。当数字电压示数达到某一数值，其对应指示的温度为 200 °C 时，切断电源移去电炉，待测样品继续安放在与外界基本隔绝的金属圆筒内自然冷却（筒口须盖上盖子）。当温度降到接近 102 °C 时开始记录，待测样品由 102 °C 下降到 98 °C 所需要时间 Δt_0。按铁、铜、铝的次序，分别测量其温度下降速度，每一个样品重复测量 5 次。因为各样品的温度下降范围相同（$\Delta\theta = 102\ °C - 98\ °C = 4\ °C$），所以式（4.9.7）可以简化为

$$C_2 = C_1 \frac{M_1(\Delta t)_2}{M_2(\Delta t)_1} \tag{4.9.8}$$

【注意事项】

1. 仪器红色指示灯亮，表示连接线未连好或加热温度过高（>200 °C）已自动保护。

2. 测量降温时间时，按“计时”或“暂停”按钮应动作迅速、准确，以减小人为的计时误差。

【实验记录】

待测样品质量：M_{Cu} = ________g，M_{Fe} = ________g，M_{Al} = ________g。

热电偶冷端温度：θ_0 = ___________°C。

样品由 102 °C 下降到 98 °C 所需时间（单位：s）填入表 4.9.2 中。

表 4.9.2　样品由 102 °C 下降到 98 °C 所需时间

时间	第 1 次	第 2 次	第 3 次	第 4 次	第 5 次	平均值 $\overline{\Delta t}$
t_{Fe}						
t_{Cu}						
t_{Al}						

【数据处理】

1. 计算铁、铜、铝比热容。

2. 参考标准值，进行误差分析。

【实验心得】（不少于 100 字）

【附录】

国产的康铜丝，各厂生产成分配方和工艺略有不同，因而制成的铜-康铜热电偶在 100 °C 温度时（参考温度 0 °C），测量的温差电势有 4.10 mV、4.25 mV 等几种，用户使用时须自己定标。以下为铜-康铜热电偶分度表，仅供参考。

铜-康铜热电偶分度表（参考温度为 0 °C）　　分度号：CK

温度/°C	0	1	2	3	4	5	6	7	8	9	10	温度/°C
	热电动势/mV											
0	0.000	0.039	0.078	0.117	0.156	0.195	0.234	0.273	0.312	0.351	0.391	0
10	0.391	0.430	0.470	0.510	0.549	0.589	0.629	0.669	0.709	0.749	0.789	10
20	0.789	0.830	0.870	0.911	0.951	0.992	1.032	1.073	1.114	1.155	1.196	20
30	1.196	1.237	1.279	1.320	1.361	1.403	1.444	1.486	1.528	1.569	1.611	30
40	1.611	1.653	1.695	1.738	1.780	1.822	1.865	1.907	1.950	1.992	2.035	40
50	2.035	2.078	2.121	2.164	2.207	2.250	2.294	2.337	2.380	2.424	2.467	50
60	2.467	2.511	2.555	2.599	2.643	2.687	2.731	2.775	2.819	2.864	2.908	60
70	2.908	2.953	2.997	3.042	3.087	3.131	3.176	3.221	3.266	3.312	3.357	70
80	3.357	3.402	3.447	3.493	3.538	3.584	3.630	3.676	3.721	3.767	3.813	80
90	3.813	3.859	3.906	3.952	3.998	4.044	4.091	4.137	4.184	4.231	4.277	90

续表

温度/°C	0	1	2	3	4	5	6	7	8	9	10	温度/°C
	热电动势/mV											
100	4.277	4.324	4.371	4.418	4.465	4.512	4.559	4.607	4.654	4.701	4.749	100
110	4.749	4.796	4.844	4.891	4.939	4.987	5.035	5.083	5.131	5.179	5.227	110
120	5.227	5.275	5.324	5.372	5.420	5.469	5.517	5.566	5.615	5.663	5.712	120
130	5.712	5.761	5.810	5.859	5.908	5.957	6.007	6.056	6.105	6.155	6.204	130
140	6.204	6.254	6.303	6.353	6.403	6.452	6.502	6.552	6.602	6.652	6.702	140
150	6.702	6.753	6.803	6.853	6.903	6.954	7.004	7.055	7.106	7.156	7.207	150
160	7.207	7.258	7.309	7.360	7.411	7.462	7.513	7.564	7.615	7.666	7.718	160
170	7.718	7.769	7.821	7.872	7.924	7.975	8.027	8.079	8.131	8.183	8.235	170
180	8.235	8.287	8.339	8.391	8.443	8.495	8.548	8.600	8.652	8.705	8.757	180
190	8.757	8.810	8.863	8.915	8.968	9.021	9.074	9.127	9.180	9.233	9.286	190
200	9.286	9.339	9.392	9.446	9.499	9.553	9.606	9.659	9.713	9.767	9.830	200

来源：引自国家计量局，《中华人民共和国国家计量检定规程汇编：温度（一）》，中国计量出版社 1987 年版。

4.10　金属导热系数的测量

导热系数是表征物质热传导性质的物理量。热传导是除对流、辐射以外的另外一种热交换方式。导热系数与构成物质的材料、微观结构、温度、压力及杂质等有关。测量材料的导热系数，在工程热力学、材料科学、能源、环保、军事、航天等各个领域都有广泛应用。测量材料的导热系数有稳态法和瞬态法。本实验采用稳态法测量非良导体的导热系数。

【实验目的】

1. 掌握稳态法测量金属的导热系数。
2. 了解物体散热速率和传热速率的关系。
3. 理解温差热电偶特性。

【实验仪器】

导热系数测定仪，杜瓦瓶，游标卡尺。

【实验原理】

根据傅立叶导热方程式：

$$\frac{\Delta Q}{\Delta t}=\lambda S\frac{T_1-T_2}{h} \tag{4.10.1}$$

式中，h 表示两个垂直于热传导方向的平行平面的间距；T_1，T_2 分别为上、下两平面的温度；S 为平面的面积；在 Δt 时间内通过 S 的热量为 ΔQ；λ 为该物质的热导率，单位 W/(m·K)，其物理意义是在稳定传热条件下，单位厚度的材料两侧表面温差为 1 度时，在一定时间内，通过单位面积传递的热量。λ 是物体导热能力的大小的物理量。

实验中，导热系数测定仪结构示意图如图 4.10.1 所示。由图可知，待测材料 B 上表面的温度 T_1 等于恒温加热盘 C 的底盘温度，待测材料 B 下表面的温度 T_2 等于散热铝盘 A 的上表面温度。在实验时，在稳定导热条件下，即 T_1 和 T_2 温度稳定的条件下，可以认为待测样品 B 的导热系数和散热铝盘向周围环境的散热速率相等。因此，可以利用散热铝盘的散热速率 $\frac{\mathrm{d}Q_{散}}{\mathrm{d}t}$ 表示待测样品 B 的传热系数 $\frac{\mathrm{d}Q}{\mathrm{d}t}$ 。

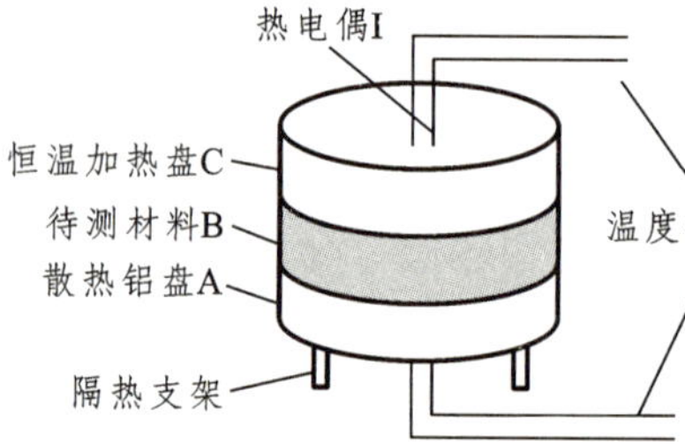

图 4.10.1　导热系数测定仪结构示意图

对于散热铝盘 A，在稳态传热时，其散热的外表面面积为 $\pi R_A^2 + 2\pi R_A h_A$ 。当移走恒温加热盘 C 后，其散射外表面面积为 $2\pi R_A^2 + 2\pi R_A h_A$ 。由于物体的散热速率与它的散热面积成正比，因此

$$\frac{\Delta Q}{\Delta t} = \frac{(\pi R_A^2 + 2\pi R_A h_A)}{(2\pi R_A^2 + 2\pi R_A h_A)} \cdot \frac{\mathrm{d}Q_{散}}{\mathrm{d}t} = \frac{R_A + 2h_A}{2R_A + 2h_A} \cdot \frac{\mathrm{d}Q_{散}}{\mathrm{d}t} \tag{4.10.2}$$

对于温度均匀分布的物体，又由比热容的定义，得

$$\frac{\mathrm{d}Q_{散}}{\mathrm{d}t} = mc\frac{\mathrm{d}T}{\mathrm{d}t} \tag{4.10.3}$$

若是散热铝盘 A，则上式可以改写为

$$\frac{\mathrm{d}Q_{散}}{\mathrm{d}t} = m_{铝}c_{铝}\frac{\mathrm{d}T}{\mathrm{d}t} \tag{4.10.4}$$

式中，$m_{铝}$ 和 $c_{铝}$ 分别指散热铝盘的质量和比热容。由式（4.10.1）、（4.10.2）、（4.10.4），可得该物质的热导率 λ:

$$\lambda = m_{铝}c_{铝}\frac{\Delta T}{\Delta t}\frac{(R_A + 2h_A)h_B}{(2R_A + 2h_A)(T_1 - T_2)} \cdot \frac{1}{\pi R_B^2} \tag{4.10.5}$$

式中，$m_{铝}, h_B, R_B, h_A, R_A, T_1, T_2$ 都可以通过实验直接测出，$c_{铝} = 0.904\ \mathrm{J/(g \cdot ^\circ C)}$ 为已知常数。因此，只要测得 $\frac{\Delta T}{\Delta t}$，利用式（4.10.5）即可求得导热系数。

【实验步骤】

1. 将两块树脂圆环套在金属圆筒两端，并在金属圆筒两端涂上导热硅胶，然后置于加热盘 C 和散热盘 A 之间，调节散热盘 A 下方的三颗螺丝，使金属圆筒与加热盘 C 及散热盘 B 紧密接触。

2. 在杜瓦瓶中放入冰水混合物，将热电偶的冷端插入杜瓦瓶中，热端分别插入金属圆筒侧面上、下的小孔中，并分别将热电偶的接线连接到导热系数测定仪的接线柱上。

3. 接通电源，将加热开关置于高挡，当热电偶 I 在温度 T_1 时热电动势约为 3.0 mV，再将加热开关置于低挡，加热时间约 40 min。

4. 待达到稳态时（T_1 与 T_2 的数值在 10 min 内热电偶的热电动势变化小于 0.03 mV），每隔 2 min 记录 T_1 和 T_2 的值。

5. 测量散热盘 A 在稳态值 T_2 附近的散热速率 $\Delta Q/\Delta t$。移开加热盘 C，将热电偶 I 的热端取下，插入散热盘 B 的侧面小孔，取下金属圆筒，并使加热盘 C 与散热盘 A 直接接触，当散热盘 A 的温度上升到高于稳态 T 的热电动势约 0.2 mV 时，再将加热盘 C 移开，让散热盘 A 自然冷却，每隔 30 s 记录此时的 T_2 值。

6. 用游标卡尺测量金属圆筒的直径和厚度，各测 5 次。

7. 记录散热盘 A 的直径、厚度、质量。

【数据记录】

表 4.10.1　散热盘 A 相关数据

m = ________g　　R_A = ________cm　　h_A = ________cm

测量次数	1	2	3	4	5
R_A /cm					
h_A /cm					

表 4.10.2　金属圆桶 B 相关数据

$\overline{R_B}$ = ________cm　　$\overline{h_B}$ = ________cm

序次	1	2	3	4	5
D_B/cm					
h_B/cm					

表 4.10.3　T_1, T_2 稳态时对应的热电动势数据

序次	1	2	3	4	5	平均
温度 T_1 时的热电动势/mV						
温度 T_2 时的热电动势/mV						

表 4.10.4　散热速率

$\frac{\Delta \overline{T}}{\Delta \overline{t}}$ = __________mV/s								
时间/s								
温度 T_2 时的热电动势/mV								

【数据处理】

1. 根据实验数据，由式（4.9.6）计算待测物质的比热容。

2. 本实验误差分析：

（1）实验装置接触不够紧密、散热面积测量偏差等因素所造成。

（2）实验中所使用的铝纯度及杂质未知。

（3）在实验过程中，热电偶的两端在插入的深浅对实验有一定的影响，若过程中无法保持在同一深度，则测量的数据可能存在偏差。

（4）因 T 不必满足线性关系，对于 $\dfrac{\Delta\overline{T}}{\Delta\overline{t}}$ 的计算方式上，可能存在偏差。

【思考题】

1. 用稳态法测导热系数，稳态是什么？怎样判断是否达到稳态？

2. 阐述热电偶测量温度的原理。

3. 实验中测传热速率还是测散热速率？

4. 热电偶测量温度是通过热电势与温度的关系得到温度值，本实验中为什么不用确定的热电势与温度的关系得到温度值，而是直接代入热电势计算？

【实验心得】（不少于 100 字）

4.11 空气比热容比的测定

气体的定压比热容与定容比热容之比称为气体的绝热指数，它是一个重要的热力学常数，在热力学方程中经常用到。本实验用新型扩散硅压力传感器测空气的压强变化，用电流型集成温度传感器测空气的温度变化，从而得到空气的绝热指数。要求观察热力学现象，掌握测量空气绝热指数的一种方法，并了解压力传感器和电流型集成温度传感器的使用方法及特性。

【实验目的】

1. 用绝热膨胀法测定空气的比热容比。

2. 观测热力学过程中状态变化及基本物理规律。

3. 了解压力传感器和电流型集成温度传感器的使用方法及特性。

【实验仪器】

空气比热容比测定仪，温度传感器，压力传感器，气压计，水银温度计。

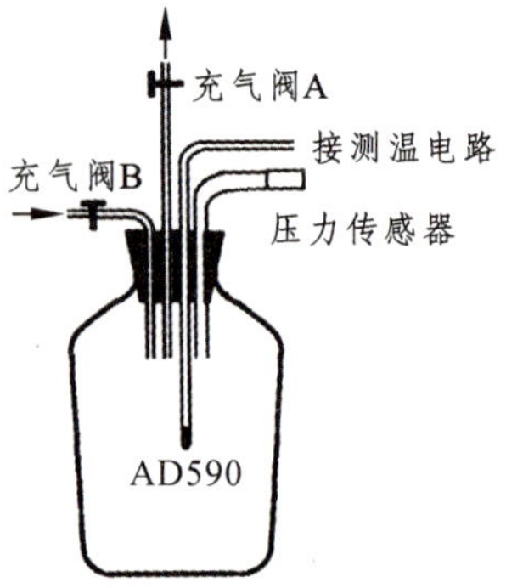

图 4.11.1 贮气瓶示意图

【实验原理】

理想气体的压强 P、体积 V 和温度 T 在准静态绝热过程中，遵守绝热过程方程：PV^{γ} 等于恒量，其中 γ 是气体的定压比热容 C_P 和定容比热容 C_V 之比，通常称 $\gamma=C_P/C_V$ 为该气体的比热容比（亦称绝热指数）。

如图 4.11.1 所示，以贮气瓶内空气（近似为理想气体）作为研究的热学系统。首先打开放气阀 A，使贮气瓶与大气相通，再关闭 A，瓶内充满与周围空气同温（设为 T_0 ）同压（设为 P_0 ）的气体。然后打开充气阀 B，用充气球向瓶内打气，充入一定量的气体，然后关闭充气阀 B。此时瓶内空气被压缩，压强增大，温度升高。等待内部气体温度稳定，即达到与周围温度平衡，此时的气体处于状态 I（ P_1 ， V_1 ， T_0 ）。迅速打开放气阀 A，使瓶内气体与大气相通，当瓶内压强降至 P_0 时，立刻关闭放气阀 A，将体积为 ΔV 的气体喷泻出贮气瓶。由于放气过程较快，瓶内保留的气体来不及与外界进行热交换，可以认为是一个绝热膨胀的过程。在此过程后瓶中的气体由状态 I（ P_1 ， V_1 ， T_0 ）转变为状态 II（ P_0 ， V_2 ， T_1 ）。V_2 为贮气瓶容积，V_1 为保留在瓶中这部分气体在状态 I（ P_1 ， T_0 ）时的体积。由于瓶内气体温度 T_1 低于室温 T_0 ，所以瓶内气体慢慢从外界吸热，直至达到室温 T_0 为止，此时瓶内气体压强也随之增大为 P_2 。则稳定后的气体状态为 III（ P_2 ， V_2 ， T_0 ）。从状态 II→状态 III 的过程可以看作是一个等容吸热的过程。由状态 I→II→III 的过程如图 4.11.2 所示。

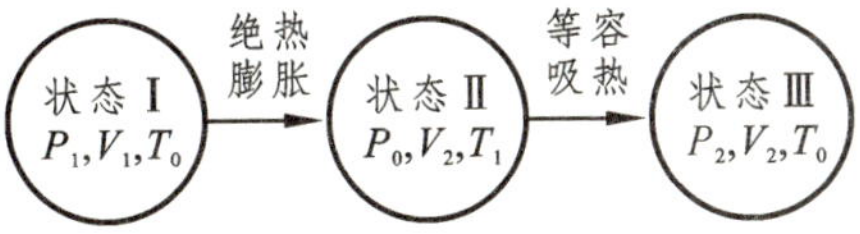

（a）

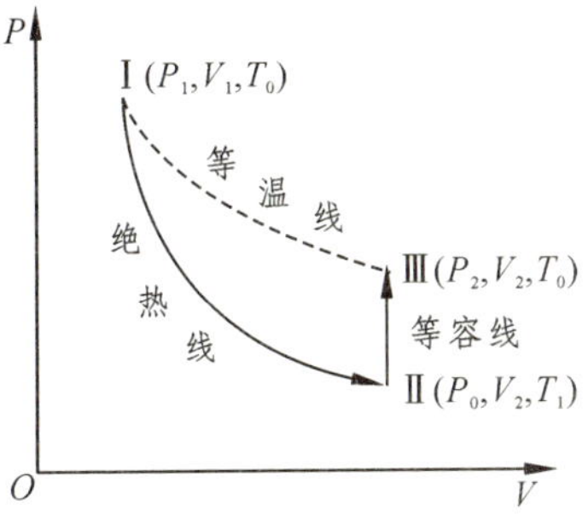

（b）

图 4.11.2　气体状态变化 P-V 图

I→II 是绝热过程，由绝热过程方程得

$$P_1V_1^\gamma = P_0V_2^\gamma \tag{4.11.1}$$

状态 I 和状态 III 的温度均为 T_0，由气体状态方程得

$$P_1V_1 = P_2V_2 \tag{4.11.2}$$

由式（4.11.1）和式（4.11.2），消去 V_1，V_2 得

$$\gamma = \frac{\ln P_1 - \ln P_0}{\ln P_1 - \ln P_2} = \frac{\ln(P_1/P_0)}{\ln(P_1/P_2)} \tag{4.11.3}$$

由式（4.11.3）可以看出，只要测得 P_0 ， P_1 ， P_2 就可求得空气的比热容比 γ 。

【实验步骤】

1. 打开放气阀 A，连接电路，集成温度传感器 AD590 的正负极请勿接错，电源机箱后面的开关拨向内。用气压计测定大气压强 P_0，用水银温度计测定环境室温 T_0。开启电源，让电子仪器部件预热 20 分钟，然后旋转调零电位器旋钮，把用于测量空气压强的三位半数字电压表指示值 U_{P_1} 调到"0"，并记录此时四位半数字电压表指示值 U_{T_0}。

2. 关闭放气阀 A，打开充气阀 B，用充气球向瓶内打气，使三位半数字电压表指示值升高到 100 mV ~ 150 mV。然后关闭充气阀 B，观察 U_T，U_{P_1} 的变化，经历一段时间后，U_T，U_{P_1} 指示值不变时，记下 (U_{P_1}, U_T)，此时瓶内气体近似为状态Ⅰ (P_1, T_0)。注：U_T 对应的温度值为 T。

3. 迅速打开放气阀 A，使瓶内气体与大气相通，由于瓶内气压高于大气压，瓶内 ΔV 体积的气体将突然喷出，发出"嗤"的声音。当瓶内空气压强降至环境大气压强 P_0 时（放气声刚结束），立刻关闭放气阀 A，这时瓶内气体温度降低，状态变为Ⅱ。

4. 当瓶内空气的温度上升至温度 T 时，且压强稳定后，记下 (U_{P_2}, U_T)，此时瓶内气体近似为状态Ⅲ (P_2, T_0)。

5. 打开放气阀 A，使贮气瓶与大气相通，以便于下一次测量。

6. 把测得的电压值 U_{P_1}，U_{P_2}，U_T（以 mV 为单位）填入表 4.11.1 中，依式（4.11.1）计算气压值、依式（4.11.2）计算空气的比热容比 γ 值。

7. 重复步骤 2 至 4，重复测量 3 次，比较多次测量中气体的状态变化有何异同，并计算 $\bar{\gamma}$。

【注意事项】

1. 实验中贮气玻璃瓶及各仪器应放于合适位置，最好不要将贮气玻璃瓶放于靠桌沿处，以免打破。

2. 转动充气阀和放气阀的活塞时，须一手扶住活塞，另一只手转动活塞，避免损坏活塞。

3. 实验前应检查系统是否漏气，方法是关闭放气阀 A，打开充气阀 *B*，用充气球向瓶内打气，使瓶内压强升高到 1 000 ~ 2 000 Pa 左右（对应电压值为 20 ~ 40 mV），关闭充气阀 B，观察压强是否稳定，若始终下降则说明系统有漏气之处，须找出原因。

4. 做好本实验的关键是放气要十分迅速。即打开放气阀后又关上放气阀的动作要快捷，使瓶内气体与大气相通要充分且尽量快速完成。注意记录电压值。

【课前预习】

1. 在空气比热容比的测定实验中，所采取的方法叫作__________。

2. 比热容比的定义式 $\gamma = \dfrac{C_P}{C_V}$，其中 C_P 称为________；C_V 称为 _________。

3. 在本实验中，使用了________传感器和______传感器，使得实验过程大大简化，而且精度又高，操作简便。

【数据记录】

表 4.11.1　电压的测量值与压强、绝热系数的计算值

测量值/mV				计算值			
状态 I		状态 III		$P/\times10^5$ Pa			γ
U_{P_1}	U_T	U_{P_2}	U_T	P_0	P_1	P_2	

【思考题】

1. 本实验研究的热力学系统，是指哪部分气体？在室温下，该部分气体体积与贮气瓶容积相比如何？为什么？

2. 实验时 T 值一定与初始时室温 T_0 相等吗？为什么？若不相等，对 γ 有何影响？

3. 实验时若放气不充分，则所得 γ 值是偏大还是偏小？为什么？若放气时间过长呢？

【实验心得】(不少于 100 字)

4.12　伏安法测电阻

伏安法是测电阻最直接、最简单的一种方式。本实验用伏安法测电阻，可以让学生直观地掌握欧姆定律，并通过实验了解如何选择合适的电学仪器，以及减小电表接入引入的误差。

【实验目的】

1. 掌握伏安法测电阻的原理。
2. 掌握简单电路的设计方法。
3. 学会选择电表的量程，会根据待测电阻的大小，选择电流表的内接或外接。
4. 了解伏安法测电阻的误差来源及修正的方法。
5. 学习电阻的伏安特性曲线的测量方法和作图方法。

【实验仪器】

待测电阻，伏特表，安培表，直流电源，滑线电阻，单刀开关，二极管，导线。

【实验原理】

1）伏安法测电阻

根据欧姆定律，通过测量待测元件的电流 I 和该元件两端的电压 U，即可求出元件的电阻 R，即 $R=U/I$，这种方法称为伏安法。测量时，直流安培表串联在电路中，直流伏特表并联在待测元件两端。由于直流电表实际存在内阻，故电表的接入会引入测量误差。根据测量要求可采用安培表内接法（见图 4.12.1），或安培表外接法（见图 4.12.2）。

2）安培表内接

如图 4.12.1 所示的电路，安培表测出的电流 I 是通过待测电阻 R_X 的电流 I_X，但伏特表

测出的电压 U 不只是待测电阻 R_X 两端的电压 U_X，而是 U_X 与安培表两端的电压之和，即 $U = U_X + U_A$。用 R_A 表示安培表的内阻，R_V 表示电压表的内阻，若待测电阻的测量值为 R，则有

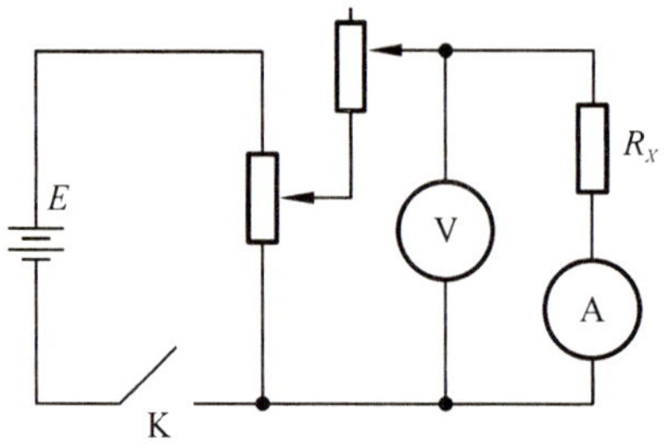

图 4.12.1　安培表内接法

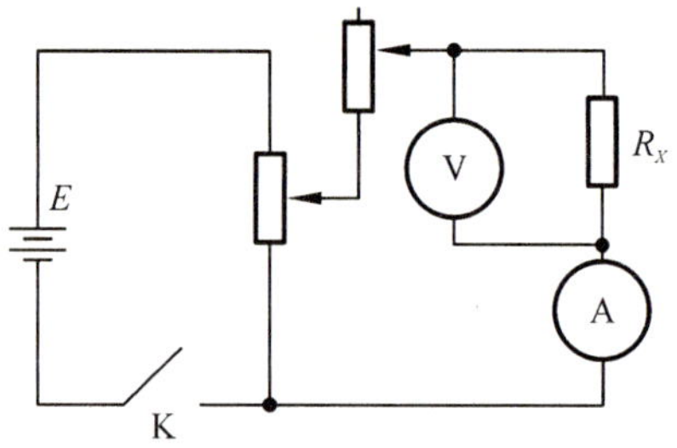

图 4.12.2　安培表外接法

$$R = \frac{U}{I} = \frac{U_X + U_A}{I} = R_X + R_A = R_X\left(1 + \frac{R_A}{R_X}\right) \tag{4.12.1}$$

由此可知，这种电路测得的电阻值 R 要比实际值大。式（4.12.1）中的 R_A/R_X 是由于安培表内接给测量带来的接入误差（系统误差）。如果安培表的内阻已知，可用下式进行修正：

$$R_X = \frac{U - U_A}{I} = R - R_A = R\left(1 - \frac{R_A}{R}\right) \tag{4.12.2}$$

当 $R_X >> R_A$ 时，相对误差 R_A/R_X 很小。所以，安培表的内阻小，而待测电阻大时，使用安培表内接电路较合适。

3）安培表外接

如图 4.12.2 所示的电路，伏特表测出的 U 是待测电阻 R_X 两端的电压 U_X，但安培表测出的电流 I 是流过 R_X 的电流 I_X 和流过伏特表的电流 I_V 之和，即 $I = I_X + I_V$。若待测电阻的测量值为 R，则有

$$R = \frac{U}{I} = \frac{U_X}{I_X + I_V} = \frac{U_X}{I_X\left(1 + \frac{I_V}{I_X}\right)} = \frac{R_X}{1 + \frac{R_X}{R_V}} \approx R_X\left(1 - \frac{R_X}{R_V}\right) \tag{4.12.3}$$

[注] 级数公式 $\frac{1}{1+x} = 1 - x + x^2 + \cdots (-1 < x < 1)$。

由式（4.12.3）可知，这种电路测得的电阻值 R 要比实际值 R_X 小。式（4.12.3）中的 R_X/R_V 是由于安培表外接带来的接入误差（系统误差）。若伏特表的内阻 R_V 已知，可用下式进行修正：

$$R_X = \frac{U}{I - I_V} = \frac{U}{I\left(1 - \frac{I_V}{I}\right)} = \frac{R}{1 - \frac{R}{R_V}} \tag{4.12.4}$$

当 $R_V >> R_X$ 时，相对误差 R_X/R_V 很小。所以，伏特表的内阻大，而待测电阻小时，使用安培表外接较合适。

由以上分析可知，用伏安法测电阻时，由于安培表和伏特表都有一定的内阻，将它们接入电路后，就存在着接入误差（系统误差），所以测得的电阻值不是偏大就是偏小，两者相比较，当 $R_A \ll R_X$时，采用安培表内接电路有利；当 $R_V \gg R_X$时，采用安培表外接电路有利。一般情况下，都应根据式（4.12.2）、式（4.12.4）进行修正，求得待测电阻 R_X。

应说明的是，待测电阻的阻值大小是相对于所用仪表的内阻来说的。量程大的安培计内阻小，量程小的内阻大；量程大的伏特计内阻大，量程小的内阻小。但量程大的电表每小格表示的安培数或伏特数较大，对于很小的电流和电压无法读出较准确的值。除电表内阻对测量结果的影响外，电表的准确度不同级别对电阻测量也会带来误差。

4）电阻的伏安特性曲线

当加在电阻两端的电压改变时，流过电阻的电流也相应改变。以电压（U）为纵坐标，以电流（I）为横坐标，把 U 和 I 的关系画在坐标纸上，将构成一条曲线，称为伏安特性曲线。若一个电阻元件两端的电压与通过电流成正比，则以电压为横轴，以电流为纵轴，所得到的图像是一条通过坐标原点的直线，如图 4.12.3 所示，这种电阻称为线性电阻。

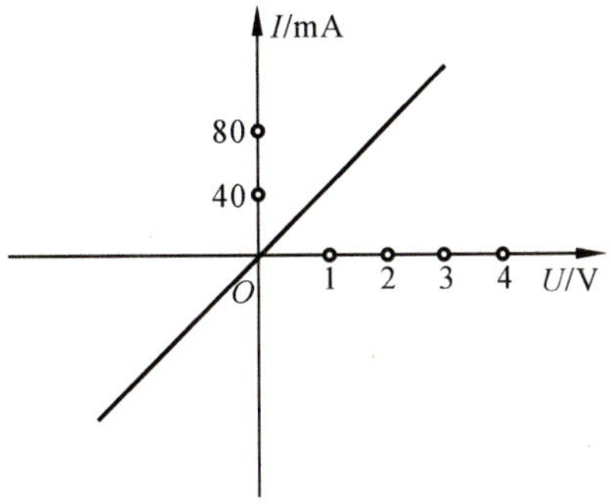

图 4.12.3　线性电阻的伏安特性曲线

若电阻元件两端电压和流过的电流呈非线性变化关系，则由实验数据所描绘的 I-U 图像为非直线，这种电阻称为非线性电阻。灯丝的伏安特性就属于这种非线性情况，如图 4.12.4 所示。

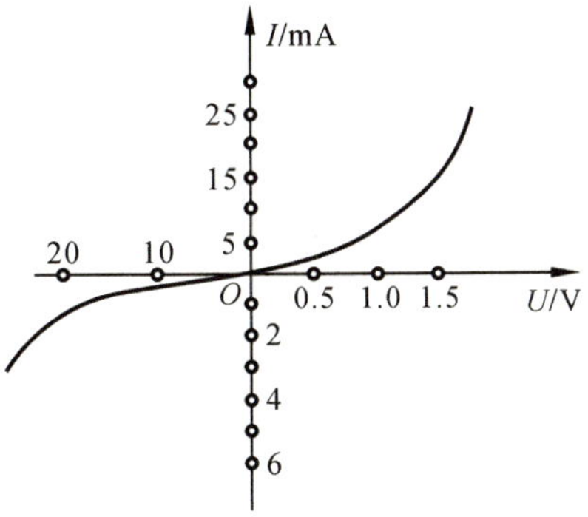

图 4.12.4　非线性电阻的伏安特性曲线

当伏安特性为曲线时，曲线上任一点 C 点的直流电阻为直线 OC 的斜率：

$$R=\frac{U_C}{I_C} \tag{4.12.5}$$

而 C 点的动态交流电阻为 C 点处切线 AB 的斜率：

$$R=\frac{\mathrm{d}U}{\mathrm{d}I}\bigg|_{\substack{I=I_C\\U=U_C}} \tag{4.12.6}$$

【注意事项】

1. 线路的连接一定要正确，先接好电路，经检查无误后，方可接通直流电源。

2. 安培表、伏特表的量程挡选择正确的挡位。

3. 线路接好后开关稍碰一下，看电流、电压表指示是否过大，如过大，则调节分流器、分压器至表针正常为止，反之则可合上开关继续实验。

4. 确定电表级别。

无论内接法还是外接法，都会产生系统误差，但在伏特表和安培表内阻已知时，都能对测量结果进行修正，而求得被测电阻的准确值，故在选择电表准确度和确定测量条件时，要求偶然误差≤3%即可。由欧姆定律知 $R_X=\frac{U}{I}$，所以 $\frac{\Delta R_X}{R_X}=\frac{\Delta U}{U}+\frac{\Delta I}{I}\leqslant 3\%$，根据误差等作用原理，要求 $\frac{\Delta U}{U}\leqslant 1.5\%$ 及 $\frac{\Delta I}{I}\leqslant 1.5\%$，参照电表准确度级别的规定。

5. 测量条件的确定（含仪表量程的确定）。

仪器准确度确定后，测量误差还可随测量值的大小而变化。故在确定仪器等级后，还应确定各测量条件，即在满足误差要求和安全实验的条件下，给出各直接测量值所能取的上、下限，定出仪器所使用的量程。

上限：一般受测量对象和其他给定条件的限制，如待测电阻的标称值为 75 Ω/1 W，则额定电压为

$$U=\sqrt{NR}=\sqrt{1\times 75}=8.66\ (\mathrm{V})$$

而实验室给出的 1.0 级的电压表为 3/7.5/15/30 V，1 k/2.5 k/5 k/10 kΩ，因此，电压的最高读数选为 $U_{\max}=7.5\ \mathrm{V}$，电压表的量程选为 7.5 V。相应的电流最高读数为

$$I_{\max}=\frac{7.5\ \mathrm{V}}{75\ \Omega}=100\ (\mathrm{mA})$$

而实验室给出的 1.0 级的电流表为 50/100/500/1 000 mA，对应的内阻 R_A 为 2.94/1.48/0.30/0.15 Ω，故电流表的量程选为 100 mA。

下限：一般受误差要求限制，即在最低读数时也应满足误差要求，即 $\frac{量程\times级别(\%)}{U_{\min}}\leqslant 1.5\%$，则 $U_{\min}\geqslant\frac{量程\times级别(\%)}{1.5\%}=\frac{7.5\times 1\%}{1.5\%}=5.0\ (\mathrm{V})$，$I_{\min}\geqslant\frac{100\times 1\%}{1.5\%}=66.6\ (\mathrm{mA})$，也就是说，对不同的 R_X，应选用不同的电压表和毫安表，才能保证测量的误差要求。

6. 对电表内阻的影响加以修正。

已知选用电压表量程为 7.5 V 时，内阻 $R_V=2.5\ \mathrm{k\Omega}$，毫安表量程为 100 mA 时，内阻 $R_A=1.48\ \Omega$，则可对内接法及外接法电路的系统误差做出估计：

内接：　　　$B=\dfrac{R_A}{R_X}$

外接：　　　$B=\dfrac{R_X}{R_X+R_V}$

根据结果大小选择内、外接法。为了得到较精确的测量结果，用式（4.12.2）修正电表内阻对测量结果带来的系统误差后，作为 R_X 的测量值。

7. 误差估计。

由 $R_X=\dfrac{U}{I}$，得

$$\frac{\Delta R_X}{R_X}=\frac{\Delta U}{U}+\frac{\Delta I}{I}$$

$$\Delta R_X=\left(\frac{\Delta U}{U}+\frac{\Delta I}{I}\right)R_X$$

式中，R_X 用修正系统误差后的值，即 $R_X=\dfrac{U}{I}-R_A$ 表示。

【数据记录】

表 4.12.1　电压和电流数据以及计算的 R_{X1} 数据

项目	次数					
	1	2	3	4	5	6
U/V	5.00	5.50	6.00	6.50	7.00	7.50
I/mA						
R_X'/Ω						
R_X/Ω						
$\Delta R_X/\Omega$						
$B=\dfrac{\Delta R_X}{R_X}$/%						

表 4.12.2　电压和电流数据以及计算的 R_{X2} 数据

项目	次数						
	1	2	3	4	5	6	7
U/V							
I/mA	70	75	80	85	90	95	100
R_X'/Ω							
R_X/Ω							
$\Delta R_X/\Omega$							
$B=\dfrac{\Delta R_X}{R_X}$/%							

【数据处理】

1. 画出电路（分压器和限流器）和确定电表的级别、量程和接法（内接还是外接）;
2. 选择修正公式进行修正，最后求出待测电阻 R_X;
3. 正确地表达测量结果。

【思考题】

1. 在安培表外接时，$R_V>>R_X$，相对误差为 R_X/R_V，试推导这一结果。
2. 如果本实验精度要求提高到 $\frac{\Delta R}{R}\leqslant 1\%$，应怎样做才能达到这一要求?
3. 试比较测量电阻的各种方法（伏安法、欧姆表法、电桥法）的优缺点。

【实验心得】不少于 100 字

4.13 惠斯通电桥测电阻

桥式电路是最常见的电路。由桥式电路制成的电桥，是一种精密的电学测量仪器，可用来测量电阻、电容、电感和电平等电学量，并能通过转换测量，测出其他非电学量，如温度、压力、频率、真空度等。

电桥是一种用比较法进行测量的仪器，即将未知量与已知量相比较进行测量，它具有较高的灵敏度和准确度，在自动控制和检测中得到广泛的应用。

根据用途不同，电桥有多种类型，其性能构造各有特点。在各种电桥中，惠斯通电桥是其中最基本的一种，又称直流单臂电桥。

【实验目的】

1. 掌握惠斯通电桥测电阻的原理和方法。
2. 理解电桥灵敏度概念，学会选取合适的灵敏度。
3. 培养桥式电路的接线能力，掌握箱式电桥的使用方法。

【实验仪器】

QJ-23 型箱式电桥，指针式检流计，万用表，ZX21 型旋转式电阻箱，滑线变阻器，自制比例电阻盒，待测电阻盒，带保护电阻的单刀开关，单刀开关。

【实验原理】

电桥是一种用比较法进行测量的仪器，它在电测技术中有着极为广泛的应用，不仅能测量多种电学量，如电阻、电感、电容、互感、频率及电介质、磁介质的特性，而且配合适当的传感器，可用来测量某些非电学量，如温度、湿度、压强、微小形变等。在一些工业自动控制装置中，也用到电桥电路。电桥应用之所以这样广泛，其原因在于它具有很高的灵敏度和准确度。

通常，电桥分直流电桥和交流电桥两大类。本实验所用的单臂直流电桥称为惠斯通电桥，可测量阻值在 1 ~ 10^6 Ω范围内的电阻。与伏安法测电阻比较，电桥法测电阻的灵敏度和准确度都有很大的提高。

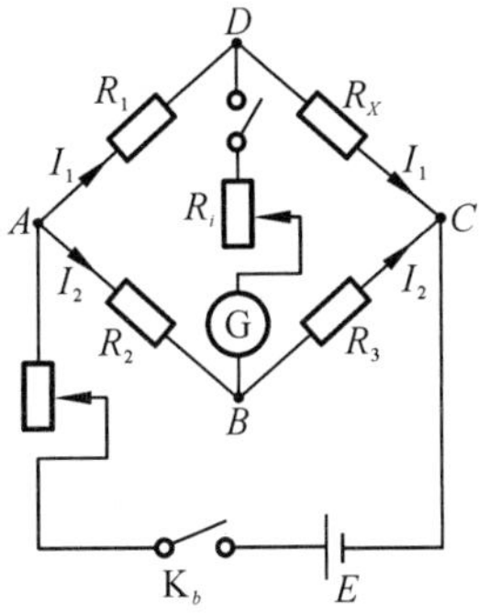

图 4.13.1　惠斯通电桥的电路图

1）电桥工作原理

惠斯通电桥由电源、桥臂、桥路三部分组成，其原理如图 4.13.1 所示，未知电阻 R_X 与另外三个已知电阻 R_1，R_2，R_3 构成了电桥的四个桥臂，电桥的一条对角线 AC 上接直流电源 E，而另一对角线 BD 即桥路接检流计 G。改变 R_1，R_2，R_3 的阻值，可以改变 B，D 两点之间的电位差，当 R_1，R_2，R_3 的阻值被调节成某一组合时，可以使 B，D 之间的电位差为零，此时检流计无电流流过，指针准确地指在零位，电桥处于平衡状态，于是有

$$R_1I_1 = R_2I_2\,,\quad R_XI_1 = R_3I_2$$

两式相比，可得

$$R_X = \frac{R_1}{R_2}R_3 \tag{4.13.1}$$

可见，惠斯通电桥是用比较法测量电阻的仪器。接通电源以后，调节 R_1，R_2，R_3，使检流计指针偏转减小，最后精确指零。此过程实际上是将 R_3 和 R_X 进行比较，一旦电桥平衡，就可以利用式（4.13.1）求出待测电阻 R_X。在直流电桥中，电阻 R_1，R_2 的比值按 10 的整数次方变化，通常称为电桥的倍率。

2）电桥灵敏度

惠斯通电桥是否达到平衡是根据灵敏电流计的指针有无偏转来判断的。电桥平衡后，如果比较臂电阻 R_3 改变了ΔR，电桥将失去平衡，此时若流经电流计的电流太小或者电流计的灵敏度不高，人的眼睛察觉不出指针的移动，会认为电桥仍然是平衡的，从而带来测量误差。于是，引入电桥灵敏度概念：

$$S = \frac{\Delta d}{\Delta R_X / R_X}(\text{mm}) \tag{4.13.2}$$

它表示电桥平衡后，R_X 相对改变量$\Delta R_X/R_X$能引起灵敏电流计指针偏转多少。实际测量时待测电阻无法改变，由于桥臂电阻所处位置的对称性，改变其中任何一个桥臂电阻得到的电桥的灵敏度是相同的，所以用比较臂电阻的改变$\Delta R/R$ 代替$\Delta R_X/R_X$:

$$S = \frac{\Delta d}{\Delta R / R}(\text{mm}) \tag{4.13.3}$$

即当电桥平衡后，比较臂电阻 R_3 改变了ΔR，桥路平衡遭到破坏，引起电流计偏转Δd 格（mm），实验中可据此测出所用电桥的灵敏度。

3）箱式电桥的仪器误差

在实验室条件（温度 20 °C，相对湿度 40% ~ 60%，电源电压偏离额定值不大于 10%），QJ-23 型箱式电桥的仪器误差表示为

$$\Delta_{仪} = \alpha\%\left(kR_N + \frac{R_0}{10}\right) \tag{4.13.4}$$

式中，第一项正比于被测电阻的阻值；第二项是常数项；R_0 为残余电阻；R_N 为箱式电桥比较臂的最大挡位的读数；k 是倍率；α 是最大挡位的准确度级别。

4）电桥法测电阻的误差及减小方法

平衡电桥法测量电阻的误差，来源于电桥的灵敏度和各桥臂电阻自身的误差。实验过程中，在电桥各元件允许的额定电流内，根据比较电阻的最小分度值选择合适的电桥灵敏度，这样，测量的误差主要来源于比较电阻的准确性。通常，电阻是可以做得相当准确的。但在实际测量中，由于线路通电时间过长，桥臂电阻温度升高而导致阻值发生变化，或电桥线路中产生接触电势、热电势等各种原因，再加上电桥线路本身存在这样或那样的系统误差，使测量结果产生误差。下面分别论述其产生的原因及消除办法。

（1）交换法消除或减小电桥误差。

为了消除 R_1，R_2 电阻自身存在误差等因素对测量的影响，可交换 R_3 和 R_X 电阻的位置再测量 1 次，然后取两次测量结果的平均值。如图 4.13.1 所示，R_1，R_2 为比率臂电阻，R_3 为比较臂电阻，当调节 R_3 使桥路平衡时，满足式（4.13.1）。

然后保持 R_1，R_2 的阻值不变，但 R_3 和 R_X 的位置互换，调节 R_3，当电桥再一次达到平衡时，有

$$R_X = \frac{R_2}{R_1}R_3' \tag{4.13.5}$$

式（4.13.1）和式（4.13.5）相乘，得

$$R_X = \sqrt{R_3 R_3'} \tag{4.13.6}$$

这样就消除了比较臂误差的影响，这种方法称为交换法。采用交换法的前提是倍率（R_1/R_2）最好为 1，这样能获得较高的测量精度。

（2）电桥灵敏度带来的不确定度。

当电桥的不平衡情况不能被检流计检测到时，测量结果 R_X 将有一相应的不确定度。若把 1/5 分度看作难以分辨的界限，则其测量不确定度为 B_1 类不确定度：

$$u_{B_1}(R_X) = \frac{1}{5}\cdot\frac{R_X}{S} \tag{4.13.7}$$

若由此引起的结果的不确定度未能达到实验要求，可采用选择合适的桥臂比率，或者在元件允许功率内增大电源电压，或者选择灵敏度更高的检流计等方法来减小不确定度。

【实验步骤】

1. 先用万用表的电阻挡对 3 个被测电阻的阻值进行粗测。

2. 用箱式电桥测电阻：

根据 3 个被测电阻的阻值，分别选取适当的倍率，保证测量数据是四位有效数字。每一个电阻重复测量 5 次，测出 3 个被测电阻的阻值，计算不确定度。

3. 用自组电桥测电阻 R_{X2} 和 R_{X3}，步骤如下：

（1）按图 4.13.1 接好电路，R_1，R_2 和 R_3 用 3 个电阻箱代替，电源（E）电压 $U = 6$ V。

（2）倍率选 1 的情况下，用交换法测量电阻 R_{X2} 和 R_{X3} 的阻值。

（3）分别测出 R_{X2} 在倍率为 1 和 5 的情况下的相对灵敏度 S，并比较其大小。注意：为避免工作电流过大和过小，比率臂电阻的阻值选择应在 100 ~ 10 000 Ω之间。

【注意事项】

1. 自组电桥时，各电阻箱上的示值选择应满足电阻箱额定功率的要求。

2. 为了保证测量准确度和保护检流计，使用检流计按钮应采用“跃接法”。

3. 使用箱式电桥时，须保证比较臂读出四位有效数字。

【数据记录及处理】

1. 计算用箱式电桥测出的 3 个待测电阻的阻值及 R_{X2} 的不确定度，写出结果表达式。

表 4.13.1 待测电阻值

待测电阻 /Ω	选用倍率 k	平衡读数					平均值 $\overline{R}_X$	标准差 $S_{\overline{R}_X}$
		1	2	3	4	5		
R_{X1}								
R_{X2}								
R_{X3}								

其中

$$S_{\overline{R}_{X2}} = \sqrt{\frac{\sum (R_{2i} - \overline{R}_{X2})^2}{n(n-1)}}$$

$$u_A = S_{\overline{R}_{X2}}, \quad u_B = \Delta R_{X2} / \sqrt{3} = (kR_N \times a\%) / \sqrt{3}$$

式中，R_N 为箱式电桥比较臂的最大挡位的读数，k 是倍率，a 是最大挡位的准确度级别。

$$u_{合成} = \sqrt{u_A^2 + u_B^2}$$

测量结果表示为

$$R_{X2} = \overline{R}_{X2} \pm u_{合成}$$

2. 计算 R_{X2} 和 R_{X3} 的平均值以及 R_{X3} 的不确定度，写出结果表达式。

表 4.13.2　R_{X2} 和 R_{X3} 的平均值以及 R_{X3} 的不确定度

待测电阻 /Ω	选用倍率 k	R_X 与 R_3 交换前	R_X 与 R_3 交换后	平均值 $\bar{R}=\sqrt{R_3\cdot R_3'}$	G 偏转 Δd 格时 R_3 的改变量 ΔR	灵敏度 $S=\dfrac{\Delta d}{\Delta R/R_3}$
		$R_X=R_3$	$R_X=R_3'$			
R_{X2}	1					
	5		/	/		
R_{X3}	1				/	/

其中

$$u_{B1}=\frac{1}{5}\cdot\frac{R}{S}，\quad u_{B2}=\Delta R_X/\sqrt{3}=(kR_N\times a\%)/\sqrt{3}$$

式中，α 为比较臂 R_3 最高挡的准确度等级；R_N 为比较臂 R_3 上最高挡的读数。

$$u_{合成}=\sqrt{u_{B1}^2+u_{B2}^2}$$

测量结果表示为

$$R_{X3}=\bar{R}_{X3}\pm u_{合成}$$

【思考题】

1. 在用自组电桥测电阻时，灵敏电流计总是偏向一边或总不偏转，分别说明这两种情况下电路可能在何处发生了故障。

2. 惠斯通电桥测电阻时，若比例臂选择不当，对测量结果是否有影响？

3. 在电桥平衡或灵敏电流计有断路这两种情况下，灵敏电流计中的电流都为零。如何区分这两种情况？

4. 用交换测量法能消除比率臂误差的影响，为什么？

【实验心得】 不少于 100 字

4.14　开尔文双电桥测低值电阻

随着科学技术的发展，常常需要测量高电阻和超高阻（如一些高阻半导体、新型绝缘材料等），还有低电阻与超低阻（如金属材料的电阻、接触电阻、低温超导等），对这些特殊电阻的测量，需要选择合适的电路，消除电路中导线电阻、漏电电阻、温度等的影响，才能把误差降到最低，保证测量精度。电桥法是一种用比较法测量电阻的方法，它是在平衡条件下将待测电阻与标准电阻进行比较以确定其待测电阻值的大小。电桥法具有灵敏度高、测量准确、方法巧妙、使用方便、对电源稳定性要求不高等特点，已被广泛地应用于电工技术和非电量电测中。

【实验目的】

1. 掌握平衡电桥的原理——零示法和电压比较法。
2. 了解双电桥测低电阻的原理及对单电桥的改进。
3. 学习使用 QJ-19 型单双电桥和电子检流计。
4. 学习电桥测电阻不确定度的计算，巩固数据处理的一元线性回归法。

【实验仪器】

QJ-19 型单双电桥，FMA 型电子检流计，滑线变阻器（48 Ω/2.5 A），换向开关，直流稳压电源（0 ~ 3 A），四端钮标准电阻（0.001 Ω），待测低电阻（铜杆），电流表（0 ~ 3 A），数显卡尺，中值电阻（阻值约为 18 kΩ）。

【实验原理】

1）惠斯通电桥

惠斯通电桥是惠斯通于 1843 年提出的电桥电路。它由四个电阻和检流计组成，R_N 为精密电阻，R_X 为待测电阻（见图 4.14.1）。接通电路后，调节 R_1，R_2 和 R_N，使检流计中电流为零，电桥达到平衡，此时有 $R_X = R_1R_N/R_2$。通过交换测量法（交换 R_N 与 R_X 的位置，不改变 R_1，R_2）调节 R_N，当电桥再一次达到平衡时，有

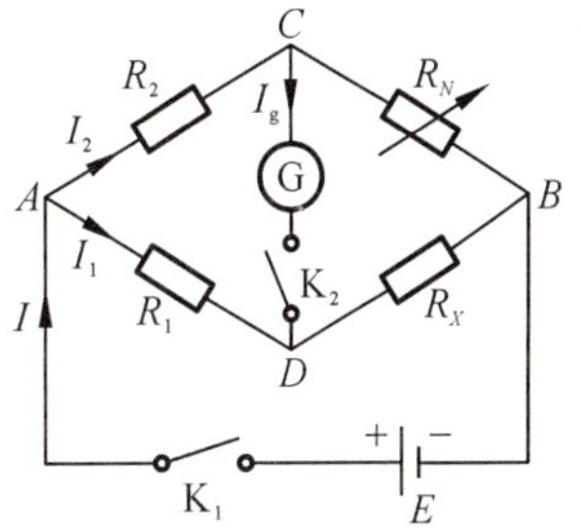

图 4.14.1 惠斯通电桥电路图

$$R_X = \sqrt{R_N R_N'}$$

2）惠斯通电桥测低电阻的缺点

惠斯通电桥（单电桥）测量的电阻，其数值一般在 10 ~ 10^6 Ω之间，为中电阻。若用单电桥测低电阻，附加电阻 R' 与 R''（引线电阻和端钮接触电阻等）和 R_X 是直接串联的（见图 4.14.2），而 R' 与 R'' 的大小与被测电阻 R_X 的大小相当、不能被忽略，电阻 R_N 也是小电阻，因此用单电桥测电阻的公式 $R_X = R_2R_N/R_1$ 就不能准确地得出 R_X 的值。

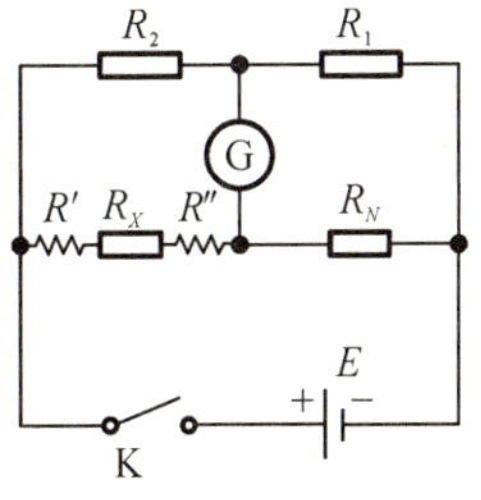

图 4.14.2 单电桥测低电阻的电路图

3）开尔文双电桥测低电阻

开尔文双电桥是惠斯通电桥的变形，在测量小阻值电阻时，有着相当高的准确度。其结构如图 4.14.3 所示，其中 R_1，R_2，R_3，R_4 均为可调电阻，R_X 为被测低电阻，R_N 为低值标准电阻。

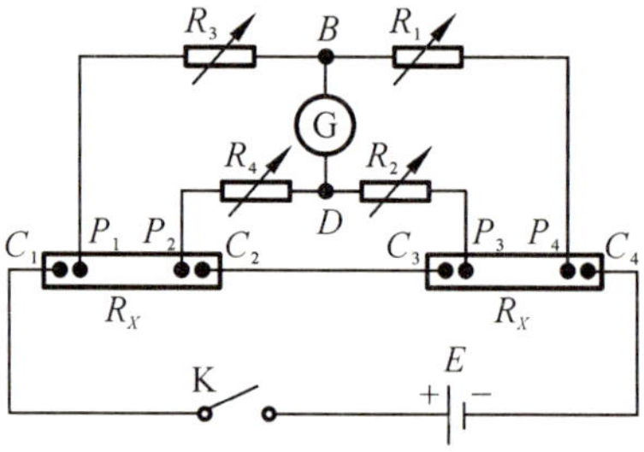

图 4.14.3　开尔文双电桥电路图

与惠斯通单电桥对比，开尔文电桥做了两点重要改进：

（1）增加了一个由 R_2 和 R_4 组成的桥臂。

（2）R_N 和 R_X 由两端接法改为四端接法。

其中，P_1P_2 构成被测低电阻 R_X，P_3P_4 是标准低电阻 R_N，P_1，P_2，P_3，P_4 常被称为电压接点，C_1，C_2，C_3，C_4 被称为电流接点。其设计思想是将 R_N 和 R_X 的接线电阻和接触电阻巧妙地转移到电源内阻和阻值很大的桥臂电阻中，又通过 $R_1R_4 = R_2R_3$ 和 $R' \approx 0$ 的设定，消除了附加电阻的影响，从而保证了测量低电阻时的准确度。

为保证双电桥的平衡条件，具体有两种设计方式：

（1）保证 $R_3/R_1 = R_4/R_2$：选定两组桥臂之比为 $M = R_3/R_1 = R_4/R_2$，将 R_N 做成可变的标准电阻，调节 R_N 使电桥平衡。

（2）选定 R_N 为某固定阻值的标准电阻，并选定 $R_1 = R_2$ 为某一值，联调 R_3 与 R_4 使电桥平衡。

本实验所用 QJ-19 型单双电桥采用的是第二种方式。为了保证 $R' \approx 0$，用短粗导线连接 R_X 与 R_N。开尔文双电桥电路的简化图如图 4.14.4 所示。

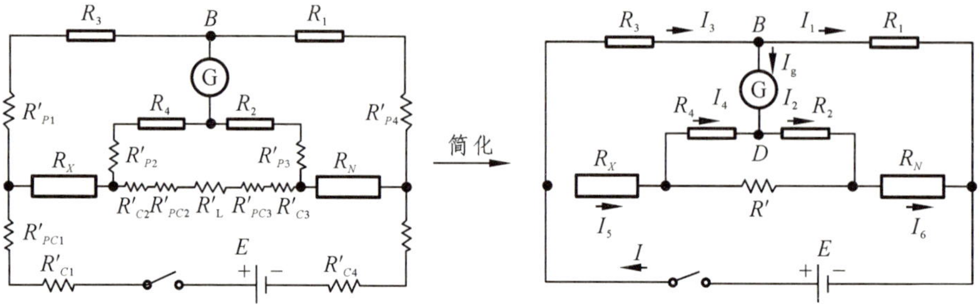

图 4.14.4　开尔文双电桥电路的简化图

4）R_X 的计算

调节 R_1，R_2，R_3，R_4 使电桥平衡，此时 $I_g = 0$，$I_1 = I_3$，$I_2 = I_4$，$I_5 = I_6$，$V_B = V_D$，且由三式联立：

$$\begin{cases} I_3R_3 = I_4R_4 + I_5R_X \\ I_1R_1 = I_2R_2 + I_6R_N \\ I_2R_2 + I_4R_4 = (I_5 - I_4)R' \end{cases} \tag{4.14.1}$$

解得

$$R_X = \frac{R_3}{R_1}R_N + \frac{R'R_2}{R_2 + R_4 + R'}\left(\frac{R_3}{R_1} - \frac{R_4}{R_2}\right) \tag{4.14.2}$$

5）一元线性回归法求电阻率

已知电阻的计算公式为 $R = \rho l / S$。令 $x \equiv l$，$y \equiv R$，并设一元线性回归方程 $y = a + bx$，其中 $b = \rho / S$。由一元线性回归法的计算公式 $b = \frac{\overline{x}\,\overline{y} - \overline{xy}}{\overline{x}^2 - \overline{x^2}}$，$a = \overline{y} - b\overline{x}$ 可求出 b，进而求得电阻率 $\rho = b \cdot S$。

6）测中值电阻实验中，电阻不确定度的计算

计算公式为 $R_X = R_1R/R_2$。测量只进行一次，如果忽略 R_1，R_2 在测量过程中数值变动引起的误差，不确定度只有 B 类分量，由该电桥仪器误差引起的不确定度与电桥灵敏度引起的不确定度合成得到，即 $u(R_X) = \sqrt{u_{仪}^2(R_X) + u_{灵}^2(R_X)}$。

（1）电桥的仪器误差为 $\Delta_{仪}(R_X) = \alpha\%\left(R_X + \frac{R_0}{10}\right)$，其中 R_0 是电桥有效量程的基准值（规定为比较臂 R_N 的最大值与比率 $C = R_1/R_2$ 乘积中最大的 10 的整数幂），α 为电桥的准确度等级。

（2）在电桥平衡后，将 R_X 稍改变 ΔR_X，电桥将失衡，检流计指针将有 Δn 格的偏转，另 $S = \Delta n / \Delta R_X$，则 S 为电桥（绝对）灵敏度。如果电阻 R_X 不可改变，这时可使标准电阻改变 ΔR_N，其效果相当于 R_X 改变 ΔR_X，且 $\Delta R_X = R_1\Delta R_N/R_2$。电桥接近平衡时，在检流计的零点位置附近，$\Delta R_N$ 与 Δn 成正比。为减少测量误差，Δn 不能取值太小，但又不能超出正比区域，本实验可取 $\Delta n = 5$ 格。一般检流计指针有 0.2 格的偏转，人眼便可察觉，由此可确定灵敏度引起的误差限为 $\Delta_{灵} = 0.2/S$。其标准误差为 $u_{灵}(R_X) = \Delta_{灵}(R_X)/\sqrt{3}$。

【实验步骤】

1. 按图 4.14.5 所示连接电路，取电源电压为 15 V，调节滑线变阻器使电流表指示为 1 A。

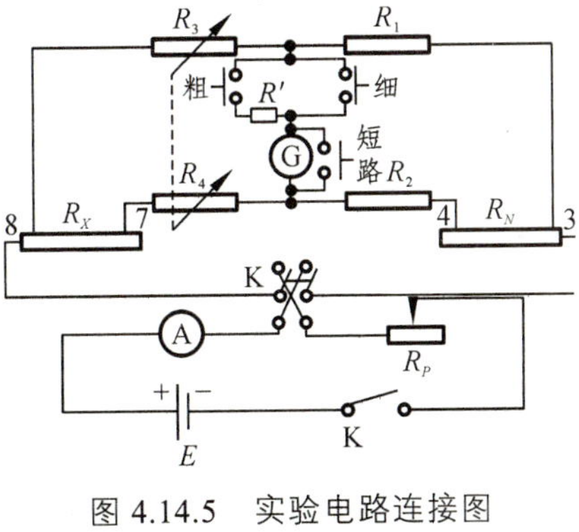

图 4.14.5　实验电路连接图

2. 由长到短分别测量铜杆不同长度的电阻（每隔 5 cm 测 1 次，总共至少 6 次）。

3. 用数显卡尺在铜杆的不同部位测量其直径多次并记录下来。

4. 将 QJ-19 型电桥改为单电桥测量（中值电阻阻值约 18 kΩ）。

5. 将图 4.14.5 中电桥上标准电阻 R_N 的两端钮用短路片短接，被测电阻、电源仍接到相应位置（电路图见图 4.14.6）。

6. 接通电源，调测量盘使电桥平衡，记录此时的 R 值及电压值、电阻值。

7. 实验结束后整理仪器。

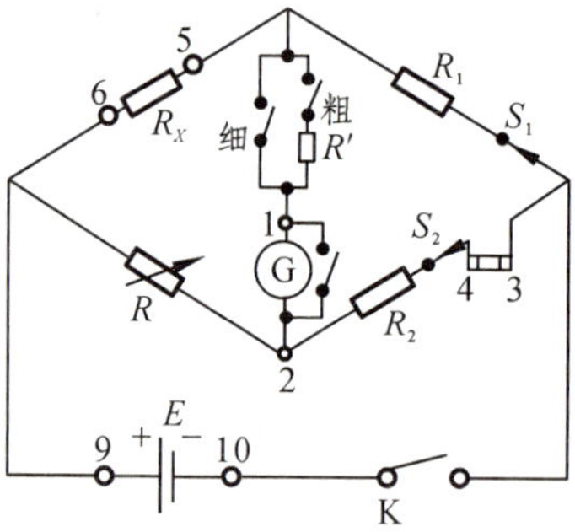

图 4.14.6 短路片短接电路图

【数据记录】

表 4.14.1 电阻值数据

项目		第一组	第二组	第三组	第四组	第五组	第六组
铜杆长度 l/cm		5	10	15	20	25	30
电阻 R/Ω	正						
	反						
	均						
电阻 $R_1=R_2$/Ω							
电阻 R_N/Ω							

表 4.14.2 铜杆直径

测量次数	1	2	3	4	5	平均
铜杆直径 d/mm						

【数据处理】

1. 令 $x \equiv l$， $y \equiv R$，并设一元线性回归方程 $y = a + bx$，其中 $b = \rho / S$。按一元线性回归法处理数据。

表 4.14.3　电阻和直径一元线性回归表格

i	$x_i \equiv l_i$ /m	$y_i \equiv R_i$ /Ω	$x_i \cdot x_i$	$y_i \cdot y_i$	$x_i \cdot y_i$
1					
2					
3					
4					
5					
6					
平均值					

由一元线性回归法的计算公式 $b=\dfrac{\overline{x}\,\overline{y}-\overline{xy}}{\overline{x}^2-\overline{x^2}}$，$a=\overline{y}-b\overline{x}$，求 b。

代入铜杆直径 d，求得电阻率 $\rho=b\cdot S=b\pi d^2/4$。

2. 将 QJ-19 型电桥改为单电桥测量中值电阻。

表 4.14.4　R_1R_2 电阻值与电压电流

测量量	R_1/Ω	R_2/Ω	R/Ω	U/V	I/A
测量值					

不确定度计算：

（1）电桥仪器误差引起的不确定度。

QJ-19 型单双电桥的准确度等级为 0.05 级，比较臂 R_N 的最大值为 1 011.10 Ω，测量时比率 $C=R_1/R_2=100$，则电桥的有效量程为 $1.011\ 10\times10^5$ Ω，故电桥有效量程的基准值 $R_0=10^5$ Ω 代入得电桥电阻 $\Delta_{仪}(R_X)=\alpha\%\left(R_X+\dfrac{R_0}{10}\right)$，其标准误差为 $u_{仪}(R_X)=\Delta_{仪}(R)/\sqrt{3}$。

（2）电桥灵敏度误差引起的不确定度。

将标准电阻改变 ΔR_N，指针偏转 Δn，代入得电桥灵敏度 $S=\dfrac{\Delta nR_2}{R_1\Delta R_N}$，$\Delta_{灵}=\dfrac{0.2}{S}$，其标准误差为 $u_{灵}(R_X)=\Delta_{灵}/\sqrt{3}$，合成不确定度为 $u(R_X)=\sqrt{u_{仪}^2(R_X)+u_{灵}^2(R_X)}$，测量结果为 $R_X=$ 最佳值 $\pm u(R_X)$。

【思考题】

1. 如将 QJ-19 型电桥改为单电桥，测铜杆某一长度的电阻，如何进行连线，其结果会怎样？

2. 如果与仪器“3”“4”“7”“8”连接的四根导线中有一根是断线，电桥能否调节平衡？若能调节平衡，R_X 的测量值是否正确？为什么？

【实验心得】（不少于 100 字）

4.15 静电场的描绘

在一些科学研究和生产实践中，往往需要了解带电体周围静电场的分布情况。一般来说带电体的形状比较复杂，很难用理论方法进行计算。用实验手段直接研究或测绘静电场通常也很困难。因为仪表（或其探测头）放入静电场，总会使被测场原有分布状态发生畸变。除静电式仪表之外的一般磁电式仪表，是不能用于静电场的直接测量，因为静电场中不会有电流流过，对这些仪表不起作用。所以，人们常用“模拟法”，间接测绘静电场分布。本实验就是通过模拟法测绘静电场的分布。

【实验目的】

1 学习用模拟法测绘静电场的原理和方法。

2. 加深对电场强度和电位等概念的理解。

3. 用作图法处理数据。

【实验仪器】

静电场描绘仪，静电场描绘仪信号源，导线，数字电压表，电极，同步探针，坐标纸等。

【实验原理】

1）模拟的理论依据

模拟法在科学实验中有极广泛的应用，其本质上是用一种易于实现、便于测量的物理状态或过程的研究，以代替不易实现、不便测量的状态或过程的研究。

为了克服直接测量静电场的困难，可以仿造一个与静电场分布完全一样的电流场，用容易直接测量的电流场模拟静电场。

静电场与稳恒电流场本是两种不同场，但是两者之间在一定条件下具有相似的空间分布，即两场遵守的规律在形式上相似。它们都可以引入电位 U，而且电场强度 $E=-\Delta U/\Delta l$，它们都遵守高斯定理。对于静电场，电场强度在无源区域内满足以下积分关系：

$$\oint E\cdot \mathrm{d}s=0 \tag{4.15.1}$$

$$\oint E\cdot \mathrm{d}l=0 \tag{4.15.2}$$

对于稳恒电流场，电流密度矢量 J 在无源区域内也满足类似的积分关系：

$$\oint J\cdot \mathrm{d}s=0 \tag{4.15.3}$$

$$\oint J\cdot \mathrm{d}l=0 \tag{4.15.4}$$

由此可见，E 和 J 在各自区域中满足同样的数学规律。若稳恒电流空间均匀充满了电导率为 σ 的不良导体，不良导体内的电场强度 E' 与电流密度矢量 J 之间遵循欧姆定律：

$$J=\sigma E' \tag{4.15.5}$$

因而，E 和 E' 在各自的区域中也满足同样的数学规律。在相同边界条件下，由电动力学的理论可以严格证明：这样具有相同边界条件的相同方程，其解也相同。因此，可以用稳恒电流场来模拟静电场。也就是说，静电场的电力线和等势线与稳恒电流场的电流密度矢量和等位线具有相似线的分布，所以测定出稳恒电流场的电位分布，也就求得了与它相似的静电场的电场分布。

2）模拟条件

模拟方法的使用具有一定条件和范围，不能随意推广，否则将会得到荒谬的结论。用稳流电场模拟静电场的条件可归纳为三点：

（1）稳流场中电极形状应与被模拟的静电场的带电体几何形状相同。

（2）稳流场中的导电介质应是不良导体且电阻率分布均匀，并满足 $\sigma_{电极} \geqslant \sigma_{导电质}$，才能保证电流场中的电极（良导体）的表面也近似是一个等位面。

（3）模拟所用电极系统与被模拟电极系统的边界条件相同。

3）同轴圆柱形电缆的静电场

利用稳恒电流的电场和相应的静电场的空间形成一致性，则只要保证电极形状一定，电极电位不变，空间介质均匀，在任何一个考察点，均应有 $U_{稳恒电流场} = U_{静电场}$，或 $E_{稳恒电流场} = E_{静电场}$。图 4.15.1 所示的是同轴圆柱体电缆的静电场的模拟场示意图。以同轴圆柱形电缆的“静电场”和相应的模拟场“稳恒电流场”来讨论这种等效性。

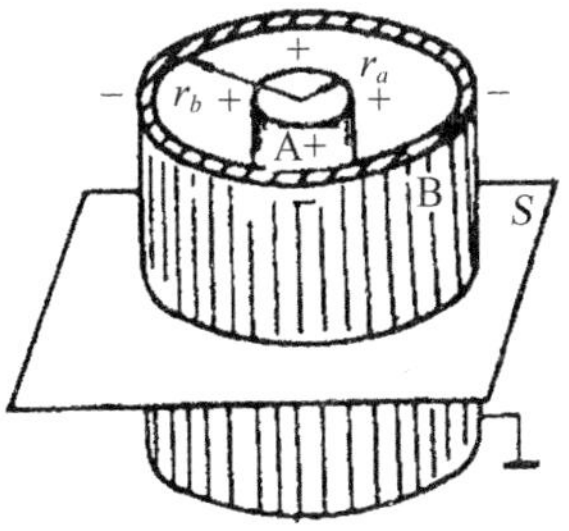

（a）

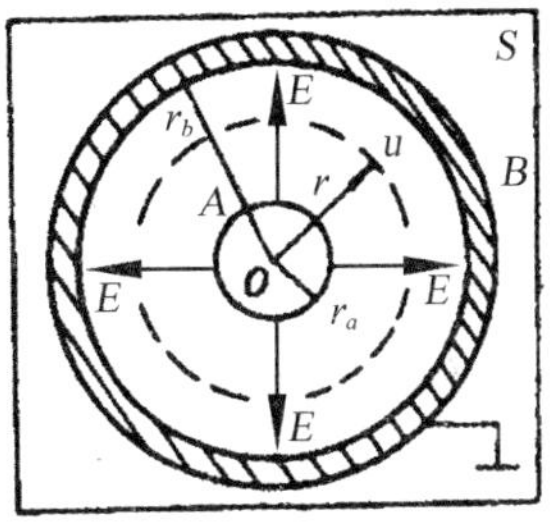

（b）

图 4.15.1　同轴圆柱体电缆的静电场的模拟场

如图 4.15.1（a）所示，在真空中有一半径 a 的长圆柱导体 A 和一内径 b 的长圆筒导体 B，它们同轴放置，分别带等量异号电荷。由高斯定理可知，在垂直于轴线上的任何一个截面 S 内，有均匀分布辐射状电场线，这是一个与坐标 Z 无关的二维场。在二维场中电场强度 E 正平行于 xy 平面，其等位面为一簇同轴圆柱面。因此，只需研究任一垂直横截面上的电场分布即可。

距轴心 O 半径为 r 处［见图 4.15.1（b）］的各点电场强度为

$$E = \frac{\lambda}{2\pi\varepsilon_0 r} \qquad (4.15.6)$$

式中，λ 为 A（或 B）的电荷线密度。其电位为

$$U_r = U_a - \int_a^r E\mathrm{d}r = U_a - \frac{\lambda}{2\pi\varepsilon_0}\ln\frac{r}{a} \tag{4.15.7}$$

若 $r = b$ 时，令 $U_b = 0$，则有

$$\frac{\lambda}{2\pi\varepsilon_0} = \frac{U_a}{\ln\dfrac{b}{a}} \tag{4.15.8}$$

将式（4.15.8）代入式（4.15.7），得

$$U_r = U_a\frac{\ln(b/r)}{\ln(b/a)} \tag{4.15.9}$$

距中心 r 处电场强度为

$$E_r = \frac{\mathrm{d}U_r}{\mathrm{d}r} = \frac{U_a}{\ln(b/a)}\cdot\frac{1}{r} \tag{4.15.10}$$

其中 A、B 间不是真空，而是充满一种均匀的不良导体，且 A 和 B 分别与电流的正负极相连，如图 4.15.2 所示。同轴电缆模拟电极间形成径向电流，建立一个稳恒电流场。可以证明不良导体中的电场强度 E_r' 与原真空中的静电场 E_r 是相同的。

4）同轴圆柱形电极间的电流场

取厚为 t 的圆柱形同轴不良导体片来研究，材料的电阻率为 ρ，则半径为 r 的圆周到半径为（$r + \mathrm{d}r$）的圆周之间的不良导体薄块的电阻为

$$\mathrm{d}R = \frac{\rho}{2\pi t}\cdot\frac{\mathrm{d}r}{r} \tag{4.15.11}$$

半径 r 到 b 之间的圆柱片电阻为

$$R_{rb} = \frac{\rho}{2\pi t}\int_r^b\frac{\mathrm{d}r}{r} = \frac{\rho}{2\pi t}\ln\frac{b}{r} \tag{4.15.12}$$

由此可知，半径 a 到 b 之间圆柱片的电阻为

图 4.15.2 同轴圆柱体电缆电流场的模拟场

$$R_{ab} = \frac{\rho}{2\pi t}\ln\frac{b}{a} \tag{4.15.13}$$

若设 $U_0 = 0$，则径向电流为

$$I=\frac{U_a}{R_{ab}}=\frac{2\pi t U_a}{\rho\ln(b/a)} \tag{4.15.14}$$

距中心 r 处的电位为

$$U_r=IR_{rb}=U_a\frac{\ln(b/r)}{\ln(b/a)} \tag{4.15.15}$$

则稳恒电流场 E_r' 为

$$E_r'=-\frac{\mathrm{d}U_r'}{\mathrm{d}r}=\frac{U_a}{\ln(b/a)}\cdot\frac{1}{r} \tag{4.15.16}$$

可见，式（4.15.10）与式（4.15.16）具有相同形式，说明稳恒电流场与静电场的电位分布函数完全相同。即柱面之间的电位 U_r 与 $\ln r$ 均为直线关系。并且相对电位（ U_r/U_a ）仅是坐标的函数，与电场电位的绝对值无关。显而易见，稳恒电流的电场 E' 与静电场 E 的分布也是相同的。即

$$E'=-\frac{\mathrm{d}U_r'}{\mathrm{d}r}=-\frac{\mathrm{d}U_r}{\mathrm{d}r}=E \tag{4.15.17}$$

实际上，并不是每种带电体的静电场及模拟场的电位分布函数都能计算出来，只有在 σ 分布均匀的几种形状对称规则的特殊带电体的场分布，才能用理论严格计算。上面只是通过一个特例，证明了用稳恒电流场模拟静电场的可行性。

5）电场的测绘方法

由式（4.15.17）可知，场强 E 在数值上等于电位梯度，方向指向电位降落的方向。考虑到 E 是矢量，U 是标量。从实验测量来讲，测量电位比测定场强容易实现，所以可先测绘等位线，然后根据电场线与等位线正交原理，画出电场线，这样就可由等位线的间距、电场线的疏密和指向，将抽象的电场形象地反映出来。

静电场描绘仪（包括水槽、双层固定支架、同步探针等），如图 4.15.3 所示。支架采用双层式结构，上层放记录纸，下层放带电极水槽。并将电极引线接出到外接线柱上，电极间有电导率远小于电极且各向均匀的导电介质水。接通交流电源就可进行实验。在导电玻璃和记录纸上方各有一探针，通过金属探针臂，把两探针固定在同一手柄座上，两探针始终保持在同一铅垂线上。移动手柄座时，可保证两探针的运动轨迹是一样的。由水槽上方的穿梭针找到待测点后，按一下记录纸上方的探针，在记录纸上留下一个对应的标记。移动同步探针在水槽中找出若干电位相同的点，由此即可描绘出等位线。

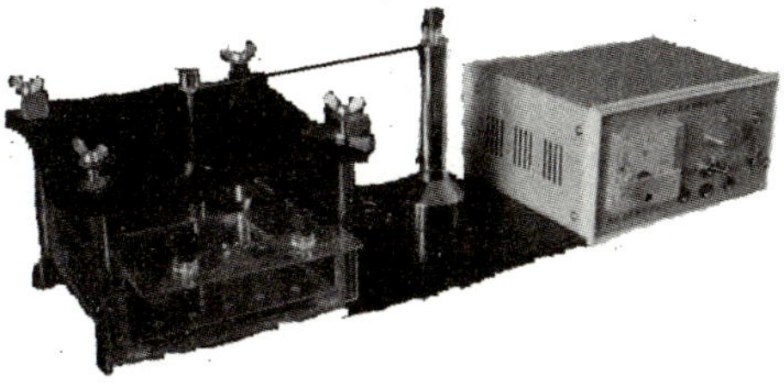

图 4.15.3　静电场描绘仪

静电场描绘仪使用方法：

（1）接线。

静电场描绘仪信号源的输出接线柱与电极接线柱相连，将探针架放好，并使探针下探头置于放有电极的水槽中，开启开关，指示灯亮，有数字显示。电压表示值为电场中某点对负极的电压值。

（2）测量。

调节静电场描绘仪电源前面板上电压调节旋钮，将开关 K′ 打在电源电压上，电表显示所加的电压值，单位为伏特，一般调到 10 V，便于运算。然后将开关打在测量上，横向移动探针架，数字显示表示值随着运动而变化，从而测出每条等位线上的几个电压相等的点。

（3）记录。

在描绘架上铺平坐标纸，用螺钉夹住，当电压表显示读数认为需要记录时，轻轻按下记录纸上的探针并在坐标纸上，记录电压，每等位线不少于 8 个点，然后用光滑曲线连接即可。

【实验步骤】

1. 长直同轴圆柱面电极间的电位分布：

（1）在电极水槽中加入适量的水，然后把它放在上层静电场描绘仪的下层。

（2）按图连接好电路，电压表及探针联合使用。

（3）把坐标纸放在静电场描绘仪的上层，并用 4 个螺钉夹好。

（4）调节静电场描绘仪的电源（大约 10 V）。

（5）移动探针座使探针在水中缓慢移动，用数字电压表测量电位差，找到等位点时按下坐标纸上的标记指针，做出标记。分别作出 6 V、5 V、4 V、3 V、2 V 的 5 条等位线，每条等位点不得少于 8 个。

（6）根据等位点描绘等位线，并标出每条等位线的电位。

（7）根据电场线和等位线垂直的特点，描绘被模拟空间中的电场线。

2. 不规则电极间电位分布：

（1）将水槽中的电极更换成两圆柱面型。

（2）重复上面的操作，分别作出 8 V、7 V、6 V、5 V、4 V、3 V、2 V 的 7 条等位线。

【注意事项】

1. 水槽由有机玻璃制成的，实验时要轻拿轻放，以免破碎。

2. 水层厚度要保持一致，即水槽要水平放置，以保证导电介质的均匀性，且水不要过多也不要过少，水面要到达探针，但不要淹没电极。

3. 电极、探针要和导线接触良好。

4. 实验完毕后，要将电极从水槽中拿出来放在毛巾上，以免电极生锈。并将仪器摆放整齐。

【课前预习】

1. 为什么能用稳恒电流场模拟静电场？

2. 实验发现，电子通过各种物质时极容易被物质吸收，无法像可见光一样用凸透镜聚焦。请设计一种方法，以便进行电子聚焦。

3. 空间各点的场强 E 和电势 V 的微分关系为__________，积分关系为__________。

【数据记录及处理】

1. 同轴圆柱面型电极间电位分布：

（1）根据等位点描绘被模拟空间中的等位线。

（2）根据电场线和等位线垂直的规律，画出被模拟空间中的电场线。

（3）测量每条电位线的半径，计算对应的电位理论值，并与实验值比较，计算相对误差，将数据填入表 4.15.1 中。

表 4.15.1　电位线的半径、理论电压值与场强值

$U_{实}$ / V	6.0	5.0	4.0	3.0	2.0
r / mm					
$U_{理}$ / V					
$E_r=\dfrac{\lvert U_{实}-U_{理}\rvert}{U_{理}}\times 100\%$					

2. 不规则电极间电位分布：

（1）根据等位点描绘被模拟空间中的等位线。

（2）根据电场线和等位线垂直的规律，画出被模拟空间中的电场线。

【思考题】

1. 用模拟法测的电位分布是否与静电场的电位分布一样？

2. 如果实验时电源电压有效值不稳定，那么是否会改变电场线和等位线的分布？为什么？

3. 试从测绘的等位线和电场线分布图，分析何处电场强度较强，何处电场强度较弱。

【实验心得】（不少于 100 字）

4.16　测定冰的熔化热

【实验目的】

1. 了解热学实验的基本问题——量热和计温。

2. 用混合量热法测定冰的熔化热。

【实验仪器】

冰的熔化热测定仪，冰的熔化热测定装置。

【实验原理】

1）理论基础

将一定量的冰水混合物装满在真空保温杯或密封的容器中，给浸没在冰水混合物中的加热器通以电流 I，设加热器两端的电压为 U，则在 t 时间内，提供给冰水混合物的热量 Q 为

$$Q = UIt \tag{4.16.1}$$

若热量 Q 全部用来使质量为 m 的冰熔化为水，则冰的熔化热 L 为

$$L = Q/m \tag{4.16.2}$$

已知在 0 °C 时水的密度 $\rho_1 = 0.999\ 87\ \text{g/cm}^3$，冰的密度 $\rho_2 = 0.917\ \text{g/cm}^3$，质量为 m 的冰熔化为水时，体积减小 ΔV，则

$$\Delta V = V_{冰} - V_{水} = \frac{m}{\rho_2} - \frac{m}{\rho_1} = \frac{(\rho_1 - \rho_2)m}{\rho_1 \cdot \rho_2} \tag{4.16.3}$$

所以

$$L = \frac{UIt(\rho_1 - \rho_2)}{\rho_1 \cdot \rho_2 \Delta V} \tag{4.16.4}$$

为保证实验过程能在恒温恒压的条件下进行，并可方便准确地测量出冰熔化为水时体积减小量 ΔV，采用图 4.16.1 所示的实验装置。预先将冰水混合物装满容器，并用固定在装有加热器、移液管和毛细管的真空保温杯盖上的橡胶密封塞将其密封，然后将密封的容器放入装有一定冰水混合物的真空保温杯中，并盖好杯盖。这样，在真空保温杯和其中的冰水混合物的双重隔离下，密封容器中的冰水混合物（实验对象）与环境的热交换将降至最低，以保证实验在恒温的条件下进行；用橡胶管将移液管与注射器相连，注射器的活塞与调节螺钉相连。实验时，冰熔化为水，体积缩小，毛细管和移液管中的水柱都会下降，调节与注射器活塞相连的调节螺钉，可使毛细管内的液面保持在刻度线处，以保证实验在恒压的条件下进行，并能方便准确地从移液管中水面下降的位置测出 ΔV 值，可估读到 0.001 mL。

2）实验仪器

FB501C 型电热法测量冰的熔化热实验仪由冰的熔化热测定仪和冰的熔化热测定装置组成，如图 4.16.1 所示。实验仪能给加热器提供稳定直流电压。加热电压、恒定电流和时间都能通过实验仪面板上的数字电压表、数字电流表和数字计时器直接读出。测量装置由真空保温杯、密封的容器、橡胶密封塞、加热器、加热电缆、精度为 0.01 mL 的移液管、中间画有刻度线的毛细管、橡胶管、5 mL 的注射器、调节螺钉和底座组成。

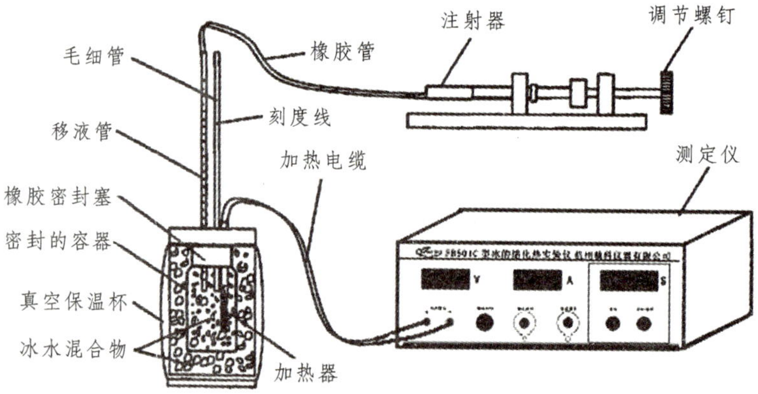

图 4.16.1　FB501C 型测量冰的熔化热实验仪构成的实验装置示意图

【实验步骤】

1. 将敲得很细的冰和水充分混合（0 °C），最好用刨冰机把冰制成细冰沙，灌满容器并盖紧橡胶密封塞，使之密封，多余水会溢出。改变加热器插入深度，调节毛细管和移液管，水灌到较高的一条刻度线以上，再将整个系统浸没在装有冰水混合物的真空保温杯中，并盖好，多余水会溢出。

2. 由于保温瓶中冰水混合物会从杯盖上吸收热量，冰慢慢熔化，要随时观察移液管和毛细管中水面的位置，并缓慢调节注射器活塞上的调节螺钉，使毛细管内的液面保持在最高的那条刻度线处。在断电状态下（测定仪的“输出控制”按钮弹起，指示灯灭），每隔 1 分钟，观察 1 次移液管中水面的位置与相应的时刻，等移液管中水面的位置到达较高的那条刻度线时，开始记录数据，记录 4 次以上。

3. 在通电状态下（按压实验仪的“输出控制”按钮，指示灯亮），随时调节移液管注射器压紧装置，保持毛细管在最高一条刻线上，每 1 分钟记录一次移液管中水面位置，同时观察电流、电压值有无变化，并记录下来。

4. 通电 6 ~ 8 min 后断电，继续记录，直到移液管中水面的位置每分钟下降量与加热前基本一样。（加热功率不要太大，也不要过小，加热电压一般选择 6 ~ 8 V，加热电流调最大，按下“加热电源”按钮后，不能再进行电压或者电流的调节，要事先调节好。）

5. 作 ΔV-t 图，求出冰的熔化热。

【数据记录】

表 4.16.1 通电前移液管中液面随时间的变化量

时间/min	第 1 分钟	第 2 分钟	第 3 分钟	第 4 分钟	第 5 分钟	第 6 分钟
移液管读数/mL						
体积变化量 ΔV						

通电前冰熔化速率 = ________ mL/min

表 4.16.2 通电后体积的变化量

时间/min	第 7 分钟	第 8 分钟	第 9 分钟	第 10 分钟	第 11 分钟	第 12 分钟
电压/V						
电流/A						
移液管读数/mL						
体积变化量 ΔV						

表 4.16.3 断电后移液管中液面随时间的变化量

时间/min	第 13 分钟	第 14 分钟	第 15 分钟	第 16 分钟	第 17 分钟	第 18 分钟
移液管读数/mL						
体积变化量 ΔV						
时间/min	第 20 分钟	第 21 分钟	第 22 分钟	第 23 分钟	第 24 分钟	第 25 分钟
移液管读数/mL						
体积变化量 ΔV						

【数据处理】

1. 加热前冰会通过杯盖等吸收热量，缓慢均匀地熔化，根据表 4.16.1，计算在自然状态下冰的熔化速度（单位时间内体积变化量 mL/min）。

2. 加热过程中冰熔化成水有一个滞后现象，这是加热器中的电热丝将电能转化为热能使加热器温度升高，然后加热器再把热量传递给冰使冰熔化，因此停止加热后继续测量体积的变化量十分重要。根据表 4.16.1 至表 4.16.3，画出加热前、加热后和断电后 ΔV-t 图。根据 ΔV-t 图，得出本次实验电加热器释放热量 $Q=$ ________________；冰吸收完电加热器释放的热量，需要的时间为_____________分钟。

3. 计算冰仅仅吸收电加热器释放热量 Q 的体积变化量 ΔV 值，其计算公式为 $\Delta V=\Delta V'(t)-vt$。式中，$\Delta V'(t)$ 是指在冰完全吸收完由电加热器释放的热量时，体积的减小量；v 是指在自然状态下冰的熔化速度；t 是指冰完全吸收完由电加热器释放的热量时的时间，即第_____分钟时，冰完全吸收完由电加热器释放的热量。

4. 根据式（4.16.4）计算冰的熔化热，并分析出测量误差。

【思考题】

1. 如何保证实验过程能在恒温恒压的状况下进行？

2. 实验中，产生误差的主要因素有哪些？

【实验心得】（不少于 100 字）

4.17 薄透镜焦距的测定

透镜是几何光学成像系统的基本元件。透镜是用来改变光的传播路线，汇聚或者发散光线，便于成像。透镜焦距的大小是反映透镜光学性能很重要的物理量。透镜的焦距越大，说明透镜不易会聚光线，需要更大的空间；焦距越小，需要的空间越小。人的眼睛就是一个焦距可调的凸透镜。当观察远处的物体时，睫状肌松弛，眼晶体焦距变大，物体成像在视网膜上；当观察近处的物体时，睫状肌收缩，眼晶体焦距变小，物体成像在视网膜上。本实验通过测量透镜的焦距，让同学们掌握透镜的特征、透镜的光路图、透镜的成像聚焦系统、测焦距的几种方法等，并学会操作光学仪器。

【实验目的】

1. 学会调节光学仪器，如共轴调节和等高调节。

2. 掌握测量凸透镜和凹透镜焦距的方法。

3. 验证透镜成像公式。

【实验仪器】

光源、光具座，底座及支架，薄凸透镜，薄凹透镜，平面镜，物屏，像屏。

【实验原理】

1）透镜的成像规律

实验中，所谓的薄透镜，指透镜的厚度较薄，在计算物距和像距时，可以将透镜的厚度忽略不计。若透镜的厚度较厚，成像时，需考虑透镜的厚度。凸透镜是中间厚，边缘薄，对光具有汇聚作用。凸透镜成像时，可以成倒立实像，实像可缩小、可放大，也可以等高；也可以成正立放大的虚像。凸透镜是中间薄，边缘厚，对光具有发散作用，只能成正立缩小的虚像。图 4.17.1、图 4.17.2 分别给出了凸透镜的几种成像情况和凹透镜的成像。

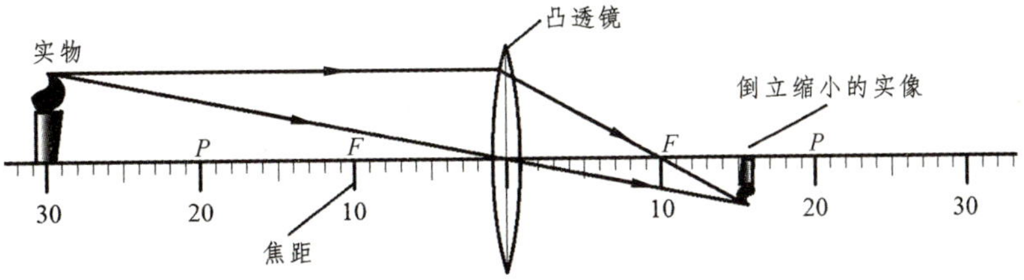

（a）

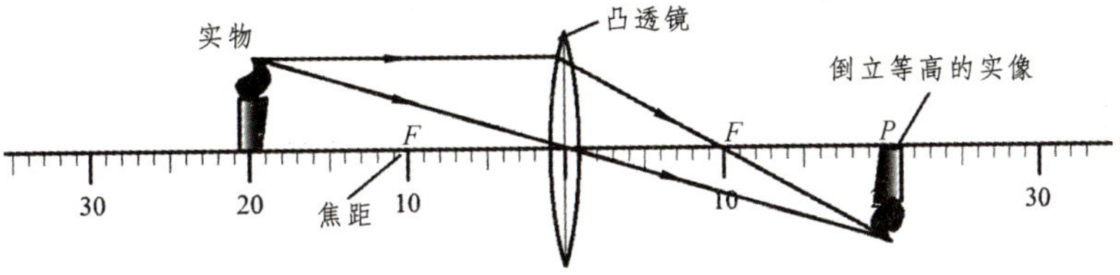

（b）

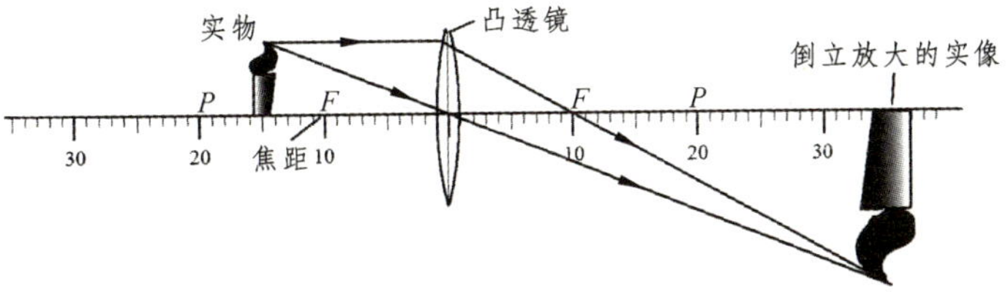

（c）

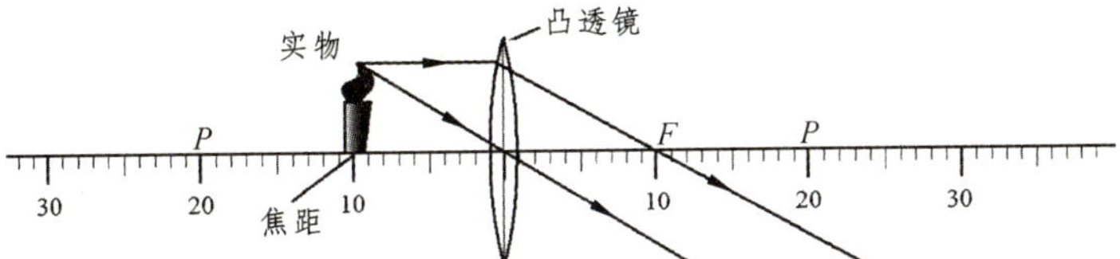

（d）

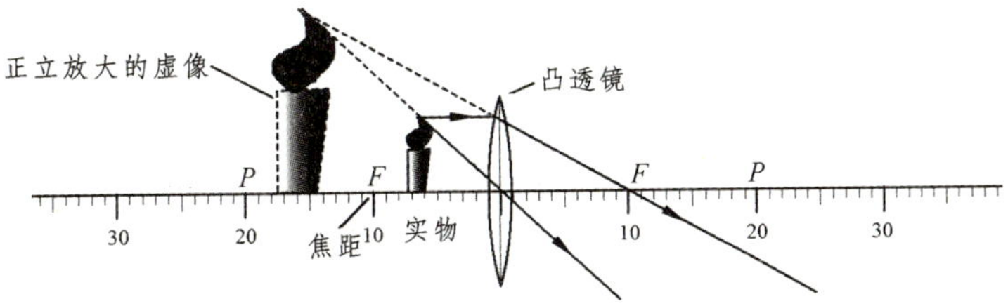

（e）

图 4.17.1　凸透镜的几种成像情况光路图

（1）当物距大于 2 倍的焦距时，在对侧 1 倍和 2 倍焦距之间，成倒立缩小的实像，如图 4.17.1（a）所示。

（2）物距等于 2 倍焦距时，在对侧 2 倍焦距处，成倒立等大的实像，如图 4.17.1（b）所示。

（3）物距小于 2 倍焦距，大于 1 倍焦距时，在对侧大于 2 倍焦距处，成倒立放大的实像，如图 4.17.1（c）所示。

（4）物距在 1 倍焦距，在对侧，不成像，光线平行射出，如图 4.17.1（d）所示。

（5）物距小于 1 倍焦距，在同侧，成正立放大的虚像，如图 4.17.1（e）所示。

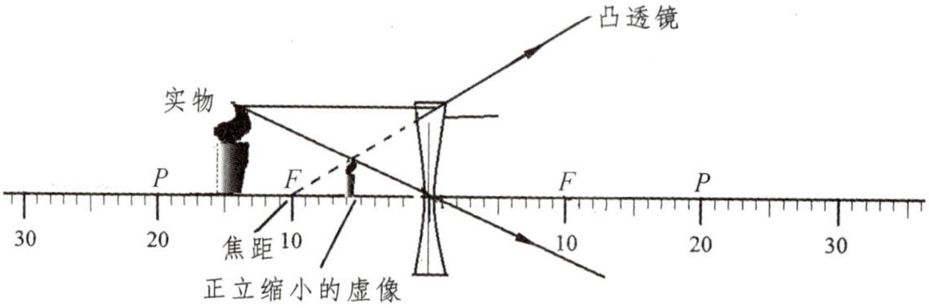

图 4.17.2　凹透镜的成像光路图

2）焦距的测量方法

实验装置如图 4.17.3 所示。在同一底座支架上放置了物屏、透镜和像屏等。根据实验需求，物屏选用可以调节狭缝宽度的铁皮屏。测透镜焦距的方法有多种，下面将逐一介绍。

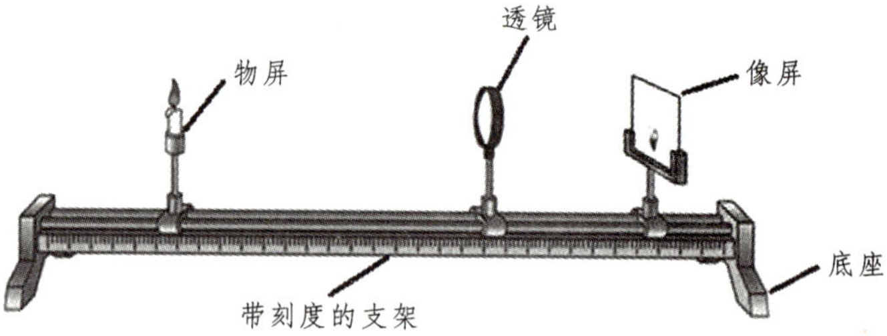

图 4.17.3　测量透镜焦距实验装置示意图

（1）自准直法测凸透镜焦距。

把物屏放置在凸透镜的第一焦距平面上，在透镜的另外一侧，放置一个平面镜。当光经过透镜后形成平行光，如图 4.17.1（d）所示，平行光照射到平面镜上发生反射，反射光又经过透镜汇聚在第一焦平面上，成与物屏狭缝等高的实像。物屏与透镜之间的距离就是透镜的焦距 f 。这个方法是通过调节光源位置，获得平行光，以达到调焦的目的，因此，将此方法称为自准直法。

（2）公式法测凸透镜焦距。

此方法是利用透镜成像公式：

$$\frac{1}{u}+\frac{1}{v}=\frac{1}{f} \tag{4.17.1}$$

如测量出物距 u 和像距 v，代入式（4.17.1），可计算出透镜焦距 f ，即

$$f=\frac{uv}{u+v} \tag{4.17.2}$$

其光路图如图 4.17.1（a）所示。但这种方法的缺点是误差较大。

（3）二次成像法测量凸透镜焦距。

如图 4.17.4 所示，物点 s_0 的物体 Q 经凸透镜 L 成像于像点 p 处，这时物距为 u，像距为 v。若把物体 Q 移到像点 p 上，那么该物体经同一凸透镜 L 成像于原来的物点 s_0 处，此时，物距为 u'，像距为 v'。这两次成像，透镜的位置不变，像点和物点进行了交换。因此，这两次成像的物距和像距的关系是 $u'=v$，$v'=u$。这就是“物像共轭对称”。设物屏 Q 和像屏 P 之间的距离为 D，则 $u+v=u'+v'=D$。

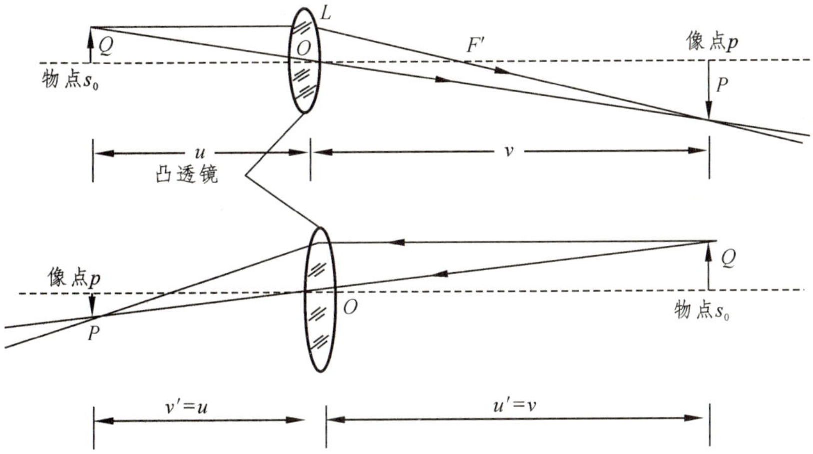

图 4.17.4　凸透镜物像共轭对称光路图

根据上面的共轭对称，如果物与像的位置不调换，固定物和屏幕之间的距离，改变凸透镜的位置，那么，在像屏上会出现两次成像。如图 4.17.5 所示，物和屏幕的位置固定不变，当凸透镜 L 放在 X_1 处，在 p 点成一倒立放大的实像；移动凸透镜到 X_2 处，在 p 点成倒立缩小的实像。X_1 和 X_2 之间的距离为 d。由图 4.17.5 可知，$u'-u=d$ 或 $v-u=d$。由此可以列出物距、像距、焦距、D 和 d 的方程组：

$$\begin{cases} D=u+v \\ d=v-u \\ \dfrac{1}{u}+\dfrac{1}{v}=\dfrac{1}{f} \end{cases} \tag{4.17.3}$$

解方程组得

$$v=\frac{D+d}{2}，\quad u=\frac{D-d}{2}，\quad f=\frac{D^2-d^2}{4D}$$

该方法是共轭法测量凸透镜焦距。由于 f 是通过移动透镜两次成像而求得的，故又称为二次成像法。

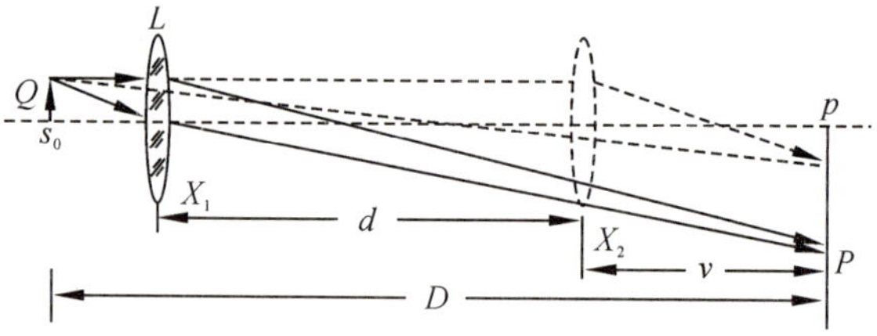

图 4.17.5　凸透镜二次成像的光路图

另外，从方程组中消去 u，得

$$\frac{1}{D-v}+\frac{1}{v}=\frac{1}{f}, \quad v^2-Dv+Df=0, \quad v=\frac{D\pm\sqrt{D^2-4f'D}}{2}$$

当 v 有实根时，必须有

$$D^2-4fD\geqslant 0,\ D\geqslant 4f' \tag{4.17.4}$$

式（4.17.4）说明，物屏与像屏之间的距离至少大于等于 4 倍的焦距时，物才能通过透镜二次成像。

（4）用物距与像距法测量凹透镜焦距。

由于凹透镜成虚像，所以不能直接测量凹透镜的像距，此时需要借助凸透镜。测量凹透镜焦距的光路如图 4.17.6 所示。凸透镜成的实像作为凹透镜的虚物，虚物的位置可以测出。虚物通过凹透镜成实像，实像的位置也可以测出。于是，就可以用透镜成像公式求出凹透镜的焦距 f。

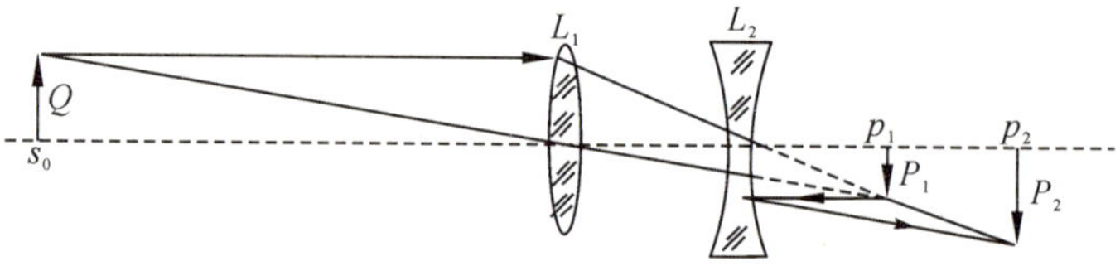

图 4.17.6　物距与像距法测量凹透镜焦距的光路图

【实验步骤】

光学仪器的调节方法：调节光学器件，就是使得光源、物屏的透光孔、透镜光心、像屏中心大致在一条与光具座导轨平行的直线上，同时，物屏、透镜和像屏的平面与导轨垂直。调节分为粗调和细调。所谓的粗调，指将元器件靠拢，观察它们的位置，将它们大致调整到同一高度。所谓的细调，指利用透镜的二次成像，调至它们共轴。当物屏与像屏之间的距离大于 4 倍的焦距时，移动透镜，可以在像屏上出现两次成像，一次是倒立缩小的实像，一次是倒立放大的实像。若物点、透镜的光心和像屏中心在一条与光具座导轨平行的直线上，这两次成像的像点是重合的，否则不重合。如图 4.17.7 所示，当物点不在光轴上时，两次成像，一大一小，不可能重合，只有当物点落在光轴上，此时,两次成像点重合，即系统处于共轴状态，调节完毕。

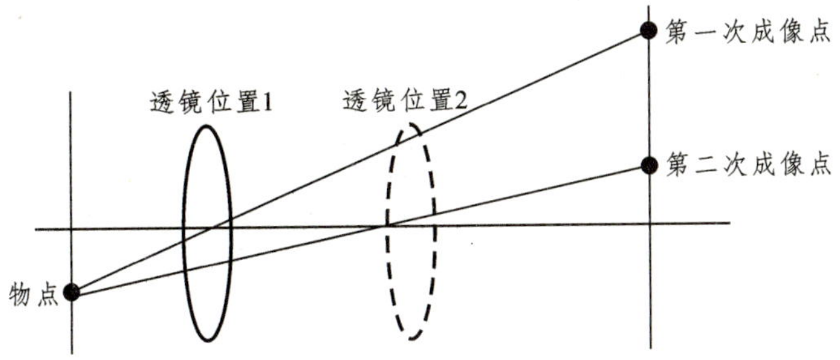

图 4.17.7　调节共轴的光路图（此时不共轴）

1. 采用自准直法测量凸透镜焦距。

（1）在光具座上放置狭缝光源 P 、平面镜 M ，使它们之间的距离比所测凸透镜的焦距大，中间放置凸透镜 L 。

（2）通过上述粗调和细调，调节光学器件共轴，使物屏 P 发出的光通过透镜 L 后，由平面镜 M 再反射回去，并再次通过透镜射向物屏 P 。

（3）在光具座上，前后移动凸透镜，使物屏上产生倒立等大清晰的实像，若共轴很好，物与像完全重合。此时，记下物屏 P 及透镜 L 所在的位置 x_1 和 x_2 。

（4）计算焦距 $f = x_2 - x_1$ 。

（5）重复步骤（3），测量 5 次，计算出焦距 f 的平均值。

2. 采用二次成像法测量凸透镜焦距。

（1）在光具座上放置狭缝光源 P 、平面镜 M ，使它们之间的距离约大于 4 倍的焦距，中间放置凸透镜 L 。

（2）通过上述粗调和细调，调节光学器件共轴。移动透镜，观察像屏上的两次成像。若看不到两次成像，增加物屏与像屏的距离，再次观察，直到在像屏上看到两次成像为止。

（3）观察到二次成像后，记录物屏和像屏的位置 x_1 和 x_2 ，计算 $D = x_2 - x_1$ 。

（4）移动凸透镜，使像屏上呈现清晰放大倒立的实像，记下此时透镜位置 X_1 ，继续移动凸透镜，使像屏上呈现清晰倒立缩小的实像，记下此时的位置 X_2 ，计算出 $d = |X_2 - X_1|$ 。

（5）重复上述步骤（4），测量 5 次，将 D 和 d 代入式（4.17.3）中，计算出焦距 f ，并求出平均值。

3. 采用物距与像距法测量凹透镜焦距。

（1）在光具座上放置物屏于 s_0 处，像屏置于 P 点处，中间放置凸透镜 L 。

（2）通过上述粗调和细调，调节光学器件共轴。移动透镜，使得像屏上成一个倒立清晰缩小的实像。记录下像屏 p_1 的位置。

（3）重复步骤（2），测量 6 次，求平均值。

（4）在凸透镜 L_1 与像屏 P 之间放置凹透镜 L_2 ，移动像屏，直到像屏上又出现清晰的像，记录下透镜 L_2 和像屏 p_2 的位置。

（5）重复步骤（4），测量 6 次，求得透镜 L_2 和像屏 p_2 的位置的平均值。

（6）计算凹透镜的物距和像距。其中，物距是虚物 p_1 与凹透镜之间的距离；像距是像屏 p_2 与凹透镜之间的距离。

（7）将凹透镜的物距和像距代入透镜成像公式中，即可计算出凹透镜的焦距。由于是凹透镜，物距和焦距均为负值。

【注意事项】

不能用手触摸光学器件的光学表面，一定要轻拿轻放。

【课前预习】

1. 调节光学系统共轴是指____。
2. 凸透镜的成像规律是____。
3. 凹透镜的成像规律是____。
4. 测量凸透镜的焦距有_____种方法，各有什么特点：____________________。

【数据记录】

表 4.17.1　透镜的测量值

测量次数	1	2	3	……		
物屏的位置/cm						
透镜的位置/cm						
像屏的位置/cm						
物距/cm						
像距/cm						

【数据处理】

1. 采用自准直法测量的凸透镜焦距。
2. 采用二次成像法测量的凸透镜焦距。
3. 采用物距与像距法测量的凹透镜焦距。

【思考题】

1. 实验中使用的像屏，为什么是白屏？能否用黑屏，或透明的玻璃？为什么？
2. 二次成像，为什么要求物屏和像屏之间的距离大于 4 倍的焦距？

【实验心得】（不少于 100 字）

4.18　分光计测折射率

折射率是物体的一个重要物理参数，是光学材料品质的主要指标之一。折射率已广泛地应用于食品工业中，用于食品工艺控制、食品检测、食品成分分析等。例如蔗糖溶液的折射率随浓度增大而增大，通过测定折射率可以确定糖分的浓度，还可以测定以糖为主要成分的果汁、蜂蜜等食品的可溶性固形物的含量；又如测量牛乳中是否掺水，正常的牛乳乳清折射率在一定范围内，当在牛乳中掺水时，其折射率就会发生变化。即在牛乳中掺水，则折射率降低，故通过测牛乳乳清的折射率，就可以判断牛乳中是否掺水。测量折射率有多种方法，本实验采用最小偏向角法。

【实验目的】

1. 了解分光计的结构。
2. 掌握分光计的调节方法。
3. 掌握折射率的测量方法。

【实验仪器】

分光计，玻璃三棱镜，钠光灯，双面平面镜。

【实验原理】

1）理论基础

本实验将测量玻璃三棱镜的折射率。其光路如图 4.18.1 所示。当一束单色平行光，以入射角 i_1 入射到棱镜面 AB 上，光线在棱镜中经过了两次折射后，以折射角 i_4 从棱镜面 AC 上出射出来。其中入射线和出射线的夹角为 δ，δ 即偏向角。根据图 4.18.1，δ 的大小为

$$\delta=(i_1-i_2)+(i_4-i_3) \tag{4.18.1}$$

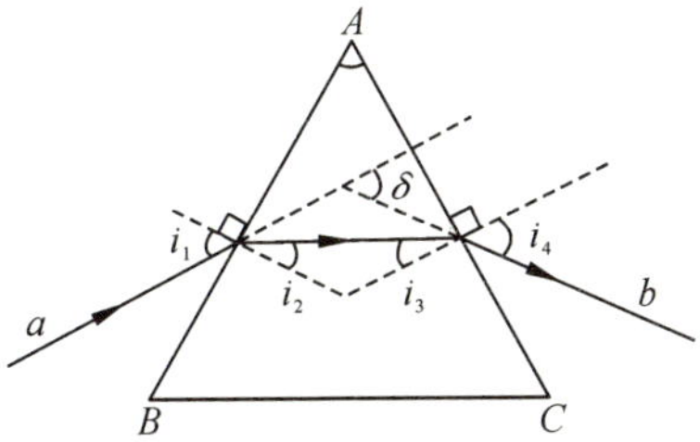

图 4.18.1　三棱镜折射的光路图

由图 4.18.1 可知，$A=i_2+i_3$，因此，式（4.18.1）可以改写为

$$\delta=i_1+i_4-A \tag{4.18.2}$$

通过式（4.18.2）可知，偏向角 δ 是入射角 i_1 的函数。转动三棱镜，改变入射角 i_1，出射线的方向随之改变，偏向角 δ 也发生变化。若沿着偏向角减小的方向缓慢转动三棱镜，当转到某一位置时，若再继续沿着原来的方向转动，偏向角又开始变大。即偏向角在某一位置存在最小值，此最小值称为最小偏向角，表示为 $\delta_{\min}$。可以证明，当 $i_1=i_4$，或者 $i_2=i_3$ 时，偏向角最小。此时，通过式（4.18.2）可以得出

$$i_1=\frac{A+\delta_{\min}}{2},\qquad i_2=\frac{A}{2} \tag{4.18.3}$$

根据棱镜的折射定律，可得三棱镜的折射率为

$$n=\frac{\sin\frac{A+\delta_{\min}}{2}}{\sin\frac{A}{2}} \tag{4.18.4}$$

因此，在实验中，只需测出 A 和 $\delta_{\min}$，代入式（4.18.4），即可得到三棱镜的折射率。

2）实验仪器——分光计

图 3.4.5 给出了分光计的结构图，分光计主要由底座、平行光管、载物台和读数盘组成。底盘中心有一个竖轴，望远镜、读数盘可绕该轴转动，该轴称为仪器的公共轴或主轴。平行光管是产生平行光的装置，管的一端装有凸透镜，一端装有带狭缝的圆筒，狭缝的宽度可调。望远镜是用于观察远处物体，由目镜和物镜组成。为了便于调节和测量，在目镜和物镜的中间装有分划板，置于中管内，如图 4.18.2 所示。望远镜中，外管、中管和内管彼此独立，都可调，也可以用螺丝固定。分划板下方紧贴一块 45° 全反射小棱镜，棱镜与分划板的粘贴部分涂成黑色，仅留一个绿色的小十字窗口。光线从小棱镜的另一直角边入射，从 45° 反射面反射到分划板上，透光部分就在分划板上形成一个明亮的十字窗。载物台是用于承载一些光学元件，如平面镜、三棱镜、光栅等。台下有单个螺钉，用于调节台面的倾斜角，当调节合适后，经螺丝拧紧固定。读数盘是用来读取角度的装置，由可绕主轴转动的刻度盘和游标盘组成。刻度盘上刻有 720 条等刻度线，分度值为30′。在游标盘对称的方向上设有两个游标盘，是为了消除偏心差而设立的。其读数方法与游标卡尺相似，先读取刻度盘上的角度，然后再读游标盘上的刻度。使用分光计的关键就是调节分光计，使之达到观测的要求。具体调整要求如下：

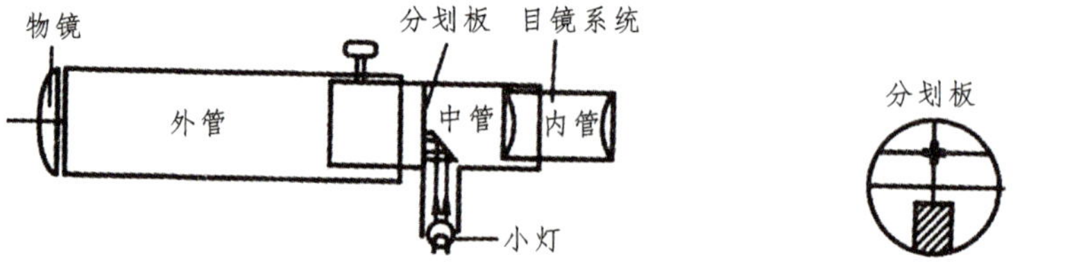

（a）望远镜的结构　　（b）分划板的视场

图 4.18.2　望远镜的结构图

（1）调节望远镜的目镜。轻轻摇动手轮，从目镜观察中，调节到能够清晰地看到分划板的刻线，如图 4.18.2（b）所示。

（2）调望远镜对平行光聚焦，就是将分划板调到物镜的焦平面上。把双面平面镜放到载物台上。先粗调望远镜与镜面垂直。用眼睛估测一下，把望远镜调成水平，再调载物台螺钉使平面镜大致与望远镜垂直。然后再细调，双手转动游标盘，载物台跟着一起转动，当转到平面镜正好对着望远镜时，在目镜中可以看到一个绿色的亮十字，这是平面镜的发射像。如果模糊，沿轴向移动目镜筒，直到像清晰，再旋紧螺钉，则望远镜就可以对平行光聚焦了。

（3）调整望远镜光轴垂直于仪器主轴。当镜面与望远镜光轴垂直时，它的反射像应与目镜分划板的上方十字线重合，如图 4.18.3 所示。平面镜绕轴转动180°，如果反射像再次与目镜分划板的上方十字线重合，说明此时望远镜的光轴与仪器的主轴垂直。

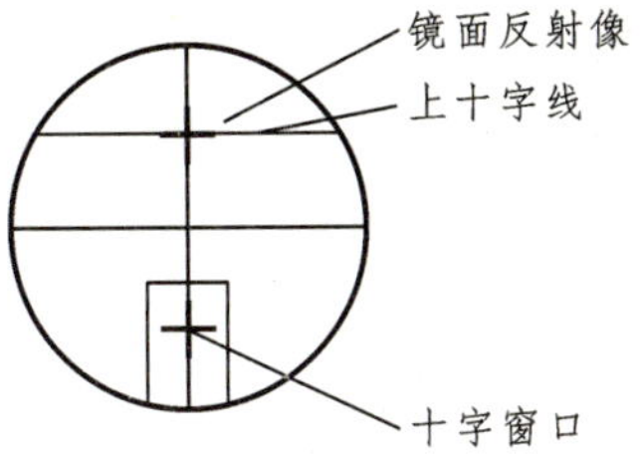

图 4.18.3　望远镜光轴与仪器主轴垂直时目镜分划板的视场图

（4）将狭缝调到平行光管的焦平面上，使得由狭缝出射的光，经平行光管的物镜，形成平行光出射出来。取下载物台上的双面平面镜，关闭望远镜目镜处的光源，狭缝对准前方钠光灯光源，将望远镜转向平行光管，在目镜中观察狭缝像，沿轴向移动狭缝筒，直到像清晰，这说明光管发出的光是平行光。再将狭缝转向横向，调平行光管仰角调节螺钉，将像调到目镜分划板的中心横线上，如图 4.18.4 所示，这表明平行光管与望远镜光轴共线，同时也垂直于仪器的主轴。同样也可将狭缝调成竖直的，方法与上述类似，然后旋紧螺钉。

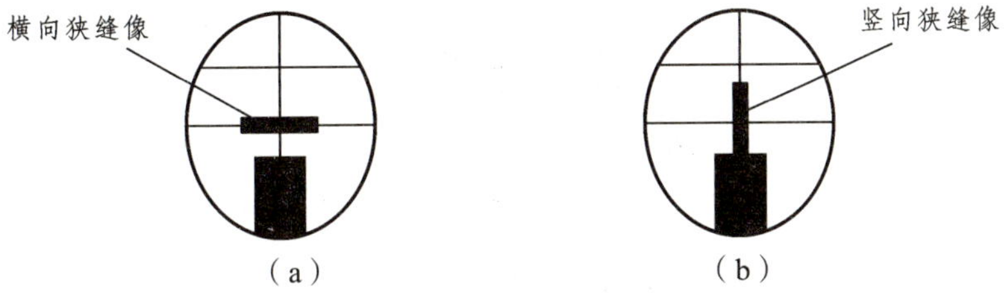

图 4.18.4　平行光管与望远镜光轴共线时目镜分划板中的视场图

（5）读取读数盘上的刻度。其读数方法与游标卡尺类似。刻度盘等分为 720 份，分度值为30′。游标盘采用相隔180°的双窗口读数。游标上的 30 格与刻度盘上的 29 格角度相等，即相当于游标尺的分度值为1′。刻度盘的示数如图 4.18.5 所示，此时位置的角度值为113°45′。采用双游标的目的是消除刻度盘中心与仪器中心轴不重合引起的偏心误差。刻度盘示数如图 4.18.6 所示。消除偏心误差的方法就是读取两个窗口的读数，然后求平均值：

$$\angle MO'N = \angle M'O'N' = \frac{1}{2}(\angle POQ + \angle P'OQ') \tag{4.18.5}$$

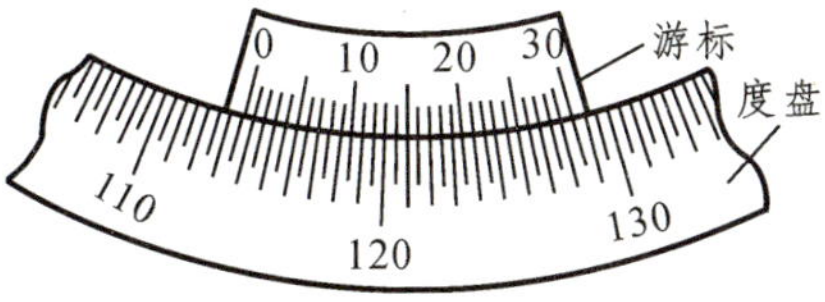

图 4.18.5　刻度盘的示数

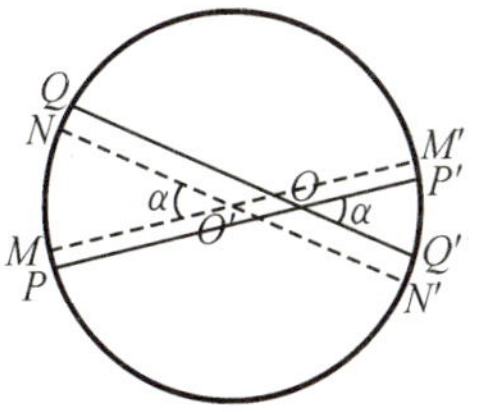

图 4.18.6　偏心差示意图

【实验步骤】

1. 调节分光计。

（1）调节望远镜聚焦于无穷远处。

（2）调节望远镜光轴与仪器主轴垂直。

（3）调节平行光管产生平行光。

（4）调节平行光管的光轴垂直于仪器的主轴。

2. 测量三棱镜的顶角 A。

本实验采用反射法测量三棱镜顶角的角度。其光路图如图 4.18.7 所示。将三棱镜放置在载物台上，由平行光管出射的平行光束，照射到棱镜顶角两侧的侧面上，转动望远镜，观测两侧侧面的反射光。在Ⅰ处，可以读取两个对称的角度值 φ_1 和 φ_1'。在Ⅱ处，可以读出两个对称的角度值 φ_2 和 φ_2'。由图 4.18.7 可知，三棱镜的顶角为

$$A=\frac{\varphi}{2}=\frac{1}{4}(|\varphi_1-\varphi_2|+|\varphi_1'-\varphi_2'|) \tag{4.18.6}$$

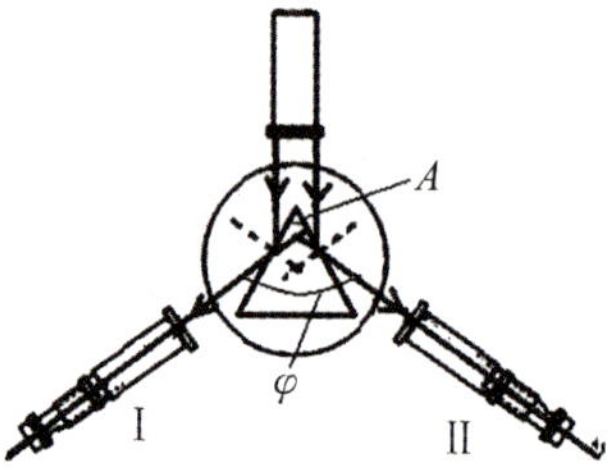

图 4.18.7　反射法测量三棱镜顶角的光路图

测量多次，将测量数据记录在表 4.18.1 中。

3. 测量最小偏向角 $\delta_{\min}$。

（1）把三棱镜放在载物台上，打开光源，照亮平行光管的狭缝。转动望远镜至三棱镜出射光的方向，观察折射后的狭缝像。

（2）慢慢转动游标盘，改变入射角 i_1，使得狭缝像向偏向角减小的方向移动，同时转动望远镜跟踪狭缝像。当游标盘转到某一位置时，狭缝像开始向相反的方向移动，也就是偏向角开始变大，狭缝像方向发生改变的位置，就是最小偏向角的位置 θ_1 和 θ_1'。

（3）微调游标盘，微小调动入射角 i_1，准确找到狭缝像开始反向移动的位置，然后固定游标盘，同时调节望远镜微调螺钉，使狭缝像对准目镜里面的叉丝，记录望远镜所在位置的两个对称游标的读数。

（4）取下三棱镜，游标盘固定不动，将望远镜转到入射光线的方向，调整使得狭缝像对准目镜里面的叉丝，记下望远镜所在位置的对称两个游标的位置 θ_2 和 θ_2'。利用下面公式计算出最小偏向角：

$$\delta_{\min}=\frac{1}{2}(|\theta_1-\theta_2|+|\theta_1'-\theta_2'|) \tag{4.18.7}$$

（5）重复 6 次，求 $\delta_{\min}$ 的平均值。

4. 计算三棱镜的折射率。

利用上述测量的顶角 A 和最小偏向角 δ_{min}，根据式（4.18.4），计算三棱镜的折射率。

【注意事项】

1. 所有光学仪器都应该轻拿轻放，不能用手触摸，若有灰尘，需用专用的镜头纸轻轻试擦。

2. 分光计是精密仪器，在制动螺钉锁紧时，不允许强行转动望远镜或者游标盘。

3. 在读数前，确保制动螺钉锁紧，以防读数过程中望远镜或游标盘转动，带来误差。

4. 读数时，两个游标的读数不能混淆。

【课前预习】

1. 已知入射角 i_1 和出射角 i_2，其折射率的公式为____________________。

2. 最小偏向角是____。

3. 在读数时，读取左、右两个游标盘的读数是为了____________________。

4. 分光计的调节有四个步骤，分别是：

（1）____。

（2）____。

（3）____。

（4）____。

【数据记录】

表 4.18.1　数据记录表

测量次数	参　量					
	1	2	3	4	5	6
φ_1						
φ_1'						
φ_2						
φ_2'						
A						
θ_1						
θ_1'						
θ_2						
θ_2'						
δ_{min}						
n						

【数据处理】

1. 分析可能产生的误差。

2. 计算折射率的标准误差。

【思考题】

1. 为什么采用最小偏向角法，而不是直接测量入射角和折射角来计算折射率?

2. 分光计中，平行光管和物镜中的透镜应该调到什么状态?

【实验心得】(不少于 100 字)

4.19 衍射光栅测波长

衍射光栅是利用单缝衍射和多缝干涉原理使光发生色散的元件，是一种基本的光学元件，是光谱仪器的核心部件。光栅有四个基本特性：色散、分束、偏振和相位匹配，这四个基本特性被广泛地应用到各个领域。衍射光栅作为色散元件，被广泛应用于摄谱仪光谱分析，是分析物质成分、探索宇宙奥秘的必备设备，极大地推动了物理学、天文学、生物学等学科的发展。随着科学技术的发展，其在集成光学、光通信、诊断测量、图像识别等方面也被广泛应用。近几年来，出现了一系列新型光栅，较大程度地促进了科学技术和工业生产技术的发展。例如，光纤光栅，促进了光纤通信产业的发展；阵列波导光栅，用作光纤通信的波分复用器件；大尺寸脉冲压缩光栅，用作核聚变装置的分束器；达曼(Dammann)光栅，应用于光电子阵列照明技术；全息光栅，在光存储和波分复用方面进入实用化阶段。光栅推动了科学技术的发展，其应用越来越广泛。

衍射光栅一般分为两类：一是透射光栅；二是反射光栅。本实验使用的是透射光栅。

【实验目的】

1. 掌握分光计的调节方法。

2. 掌握光栅衍射的原理，并看懂衍射光谱。

3. 掌握衍射光栅测量波长的原理和方法。

4. 掌握分光计的读数方法及数据处理的方法。

【实验仪器】

分光计，钠光灯，透射式衍射光栅。

【实验原理】

1) 理论基础

常用的透射光栅是在一块玻璃片上刻制出许多等间距、等宽度的平行刻痕，刻痕相当于毛玻璃，不透光。刻痕之间的光滑部分透光，相当于狭缝。两个相邻刻痕的距离，即缝的宽度，用 a 表示；刻痕的宽度，用 b 表示；光栅常数 $d=a+b$。现代的光栅，一般是 1 cm 刻 $10^3\sim10^4$ 条刻痕。光栅衍射的光路如图 4.19.1 所示，平行单色光垂直照射到光栅上，由光栅出射的光线经过凸透镜汇聚到接收屏上。如果会聚于一点的所有光的光程差是波长 λ 的整数倍，则干涉加强，即明纹；反之，当会聚于一点的所有光的光程差是半个波长的奇数倍，则干涉相消，即暗纹。因此，光栅衍射在接收屏上出现平行于狭缝的明暗相间的条纹。相比单缝衍射，这些条纹的特点是明条纹很亮很窄，相邻明纹间的暗区很宽，衍射图像十分清晰，因此，常用光栅衍射精确测量光波的波长。

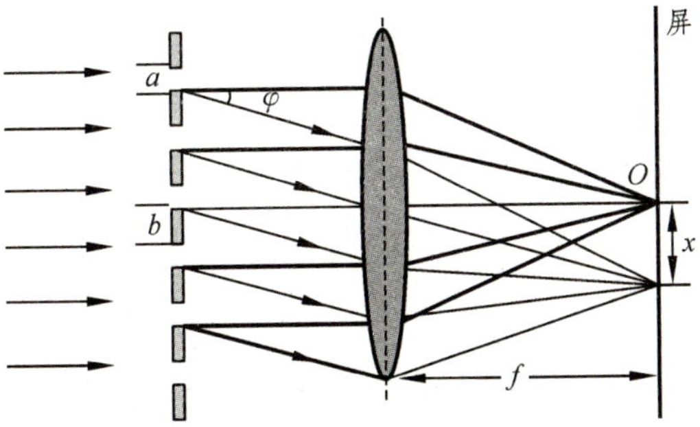

图 4.19.1　光栅衍射的光路图

光栅衍射不仅要考虑各个单缝的衍射，还要考虑各缝之间的干涉，衍射光栅的明暗条纹即单缝衍射和多缝干涉的总体效果。

对于多缝干涉，如图 4.19.1 所示，任意相邻两缝，衍射角为 φ 的两衍射光到 x 处的光程差均为 $(a+b)\sin\varphi$。如果此值恰好是入射光波波长的整数倍，则这两束衍射光在 x 处满足加强条件。同时，其他任意两缝衍射角为 φ 的出射光线，到达 x 处的光程差也一定是入射光波波长的整数倍。于是所有各缝沿着衍射角 φ 方向出射的衍射光在屏上会聚，均相互加强，形成明条纹，光强是单缝的 N^2 倍（N 是光栅缝的条数），因此，光栅的缝数越多，明纹亮度就越高。所以，光栅明纹的亮度比一条缝形成的亮纹高很多。由此可得，光栅衍射的明纹位置应满足如下条件：

$$(a+b)\sin\varphi = k\lambda,\quad k = 0, \pm 1, \pm 2, \cdots \tag{4.19.1}$$

公式（4.19.1）即光栅公式。k 是明条纹级数，这些条纹细窄且明亮，通常称为主极大条纹。$k=0$，称为零级主极大；$k=1$，称为第 1 级主极大，依此类推。正负号表示各级主极大在零级主极大两侧呈对称分布。由光栅公式可知，当光栅常数一定时，入射光波的波长越大，各级明纹的衍射角越大，所以，当入射光为复合光时，就会出现光的色散，即按波长的大小，条纹有序排列。除了中央明纹，其他明纹出现色散，最靠近中央明纹的是波长较短的紫光，距离中央明纹最远的是波长较长的红光。以中央明纹为起点，上下两侧各级明纹形成由紫到红对称排列的彩色光带，称为光栅光谱。当入射光的波长一定时，光栅常数越小，各级明条纹的衍射角越大，即各级明条纹间的间距越大，越容易分辨。

对于光栅，除考虑多缝干涉以外，还需要考虑单缝衍射对光栅衍射图样的影响。设想只留下一条缝，其余缝全部遮住不透光，这时屏幕上就会呈现单缝衍射条纹图样。并且，单缝衍射条纹图样与选择哪条缝透光无关，因此，屏幕上的单缝衍射条纹图样是光栅每条缝衍射条纹的叠加。如若某一束衍射光线的衍射角 φ 满足光栅公式的同时，还满足单缝衍射的暗纹条件，即

$$(a+b)\sin\varphi = k\lambda, \quad k = 0, \pm 1, \pm 2, \cdots$$
$$a\sin\varphi = \pm k'\lambda, \quad k' = 1, 2, \cdots \tag{4.19.2}$$

则对应于这一衍射角 φ 的多缝干涉主极大明条纹将不存在，这种现象称为衍射光谱线的缺级现象。

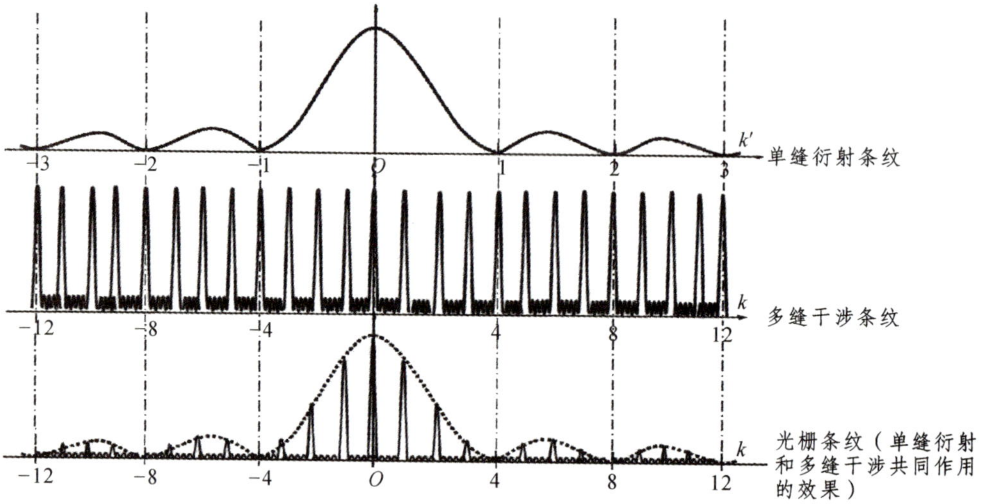

图 4.19.2　光栅衍射条纹形成的示意图

2）实验仪器

本实验使用的仪器类似于实验 4.18，只是将实验 4.18 中的三棱镜换成了光栅。分光计的工作原理和调节方法是一样的，本实验不再赘述。

【实验步骤】

1. 调节分光计。

（1）将光栅放置于分光计的载物台上，放置位置如图 4.19.3 所示，光栅平面处于载物台下面两个调节螺丝 a，b 的连线垂直平分线上。

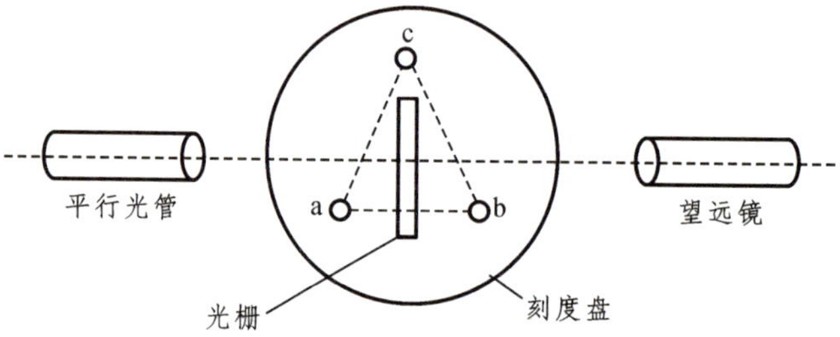

图 4.19.3　光栅放置位置示意图

（2）利用光栅衬底玻璃的反射作用调整分光计。使望远镜聚焦于无穷远，使望远镜的光轴与分光计的转轴垂直，使光栅平面与分光计的转轴平行。

（3）调节平行光管产生平行光。

（4）调节平行光管的光轴垂直于仪器的主轴。

2. 调节光栅，使得光栅刻痕与分光计中心转轴平行，调节方法如下：

（1）转动望远镜，观测各级谱线，每一条谱线是否都在同一高度。若不是，调节载物台下面的调平螺母 c，校正光栅刻痕的倾斜度，直到各个谱线都在同一高度上。

（2）由于调节了螺母 c，可能会改变光栅平面和入射光之间的垂直情况，此时，转动望远镜，对准中央明纹，观察绿色亮十字像与上十字叉丝是否重合，若不重合，调节螺母 a 或 b，使得它们再次重合。

（3）再次转动望远镜，观察各级条纹是否在同一高度，若不在同一高度，重复上面的（1）和（2）步骤，直到各级谱线的高度在同一高度，且光栅平面与入射光垂直。

3. 测量衍射角。

（1）转动望远镜，直到分划板十字叉丝与左边第 – 1 级明纹重合，记录此时刻度盘上的角度读数 T_{-1} 和 T'_{-1}，继续转动望远镜，直到分划板十字叉丝与第 – 2 级明纹重合，记录此时刻度盘上的角度值 T_{-2} 和 T'_{-2}，利用同样的方法，记录第 – 3 级明条纹的角度值 T_{-3} 和 T'_{-3}。

（2）反方向转动望远镜，利用同样的方法，分别使分划板的十字叉丝与右边第 1 级、第 2 级、第 3 级明纹重合，并分别记录当时刻度盘的角度 T_1 和 T'_1，T_2 和 T'_2，T_3 和 T'_3。

（3）利用上面测得的数值，计算第 1 级、第 2 级和第 3 级谱线对应的衍射角，具体计算公式为

$$\varphi_1 = \frac{1}{4}\left(|T_1 - T_{-1}| + |T'_1 - T'_{-1}|\right)$$

$$\varphi_2 = \frac{1}{4}\left(|T_2 - T_{-2}| + |T'_2 - T'_{-2}|\right)$$

$$\varphi_3 = \frac{1}{4}\left(|T_3 - T_{-3}| + |T'_3 - T'_{-3}|\right)$$

4. 根据测得的衍射角，代入式（4.19.1），计算入射光波的波长。

【注意事项】

1. 在分光计的调节过程中，用力应轻且慢，不能随意转动，以免造成严重磨损。

2. 光栅是易损的精密光学元件，拿光栅时应拿底座，且轻拿轻放，不能用纸巾或手触摸光栅的表面，以免沾污或损坏光栅的刻痕等。

3. 钠光灯不易长时间直视。

4. 钠光灯在使用过程中不能频繁打开。

5. 转动望远镜时，不能用手搬动镜筒和目镜，应该推动镜筒的支柱。

【课前预习】

1. 根据工作特点，光栅分成两类，分别是________和________。

2. 光栅常数是指________________。

3. 光栅公式是____。

4. 光栅光谱具有的特征：________________________________。

5. 所谓的缺级现象是指__________________________________。

【数据记录】

表 4.19.1　光栅衍射光谱各级的角度值

明纹级数	−3	−2	−1	1	2	3
角度 T 读数						
角度 T' 读数						

【数据处理】

1. 根据表 4.19.1，计算 φ_1，φ_2 和 φ_3 三个衍射角。
2. 根据衍射角计算入射光的波长。
3. 误差分析。

【思考题】

1. 光栅还可以用来做什么？
2. 若入射光的波长 λ = 589.3 nm，光栅的刻痕密度为 500 条/mm，则最多可看到几级明纹？
3. 分光计为什么要读两个角游标读数？
4. 如果用自然光代替钠光，实验会出现什么样现象？

【实验心得】(不少于 100 字)

4.20　牛顿环与劈尖干涉

将一块曲率半径较大的平凸透镜光放在一块平板玻璃上，用单色光照射透镜和玻璃板就可以观察到一些明暗相间的同心圆，这就是著名的牛顿环。牛顿环是一种光的干涉图样，是牛顿在 1675 年首先发现的。牛顿虽然发现了牛顿环，并做了精确的测定，可以说已经走到了光的波动学说的边缘，但是由于牛顿过分偏爱自己光的粒子学说，始终无法从理论上解释自己发现的现象。以牛顿在当时科学上的地位，由于牛顿始终坚持光的粒子学说，光的波动学说受到了抑制，限制了光学的发展。直到 19 世纪初，英国科学家托马斯·杨，采用光的波动学说圆满地解释了牛顿环实验。

牛顿这种大科学家尚且如此，可见要突破自己的认知局限是多么困难。人的成长就是不断地学习和突破过程，过去的知识和认知，既是我们认识未来的基础，又可能是我们认知未知世界的窠臼和牢笼。当一种革命性的理论来临时，我们要勇于将自己过去的认知和经验全部清零，重新构建新的理论框架。就像鱼儿走向陆地，需要勇气，用孱弱的肺呼吸空气，用不强壮腹鳍支撑蠢笨的身体，向前爬动，蜕变成爬行动物，获得新生和突破。

牛顿环实验和劈尖干涉实验都是光波等厚干涉的典型实验。牛顿环的干涉条纹可以用来测量透镜的曲率半径，劈尖的干涉条纹可以用来测量薄膜的厚度，也用来检验光学元件的光洁度和平整度。

【实验目的】

1. 学会正确调节和使用移测显微镜。
2. 观察牛顿环产生的等厚干涉条纹，加深对光的干涉条件的理解和等厚干涉的原理。
3. 掌握牛顿环测平凸透镜的曲率半径的原理。
4. 掌握劈尖测薄纸的厚度的工作原理。

【实验仪器】

牛顿环仪（平凸透镜和平板玻璃），低压钠灯，移测显微镜，平板玻璃，一张 A4 纸。

【实验原理】

1）牛顿环测平凸透镜的曲率半径

波的干涉现象是一种波的能量在空间上不均匀分配现象，表现为有的地方振动始终加强，有的地方振动始终减弱，形成稳定的能量分布不均现象。表现在光波上就是形成稳定的明条纹和暗条纹。日常生活中，光的薄膜干涉是不容易被发现的，因为形成稳定的干涉条纹需具备如下条件：① 两列波具有相同的频率；② 两列波具有恒定的相位差；③ 两列波的具有相同的振动方向。三个条件缺一不可，因此，光的干涉图像不易发现，只有在特定的条件下才能呈现。

取一个曲率半径较大的平凸透镜，将其凸面朝下放在一片平板玻璃上，则在两玻璃面间，形成一个很薄的近似薄膜的空气层，如图 4.20.1 所示。平行光束垂直地向下射入平凸透镜中，当光束遇到平凸透镜的下球面时，发生反射和折射现象。一部分光束发生反射，射入平凸透镜中；一部分透过球面，进入平凸透镜和平板玻璃之间形成的薄膜空气中。光束透过薄膜空气，射入平板玻璃上，在平板玻璃面上又发生反射，反射射线与球面的反射光线相遇，发生干涉，形成明暗相间的条纹。因为，这两束光具备干涉条件，即两束光频率相同；有恒定的相位差；振动方向相同。因此，在空气层的上下两表面反射的光线发生干涉现象。由于空气层厚度相等的地方，光程差相同，所以干涉条纹是以接触点为圆心的同心圆环。另外，由于空气层厚度不是均匀增厚的，越向四周，厚度增加越大，所以干涉条纹不是等间距的；同时，由于平面玻璃面的反射光存在半波损失，在接触点 O 点，光程差刚好是损失的半个波长，所以中心接触点 O 为一暗斑。牛顿环的干涉条纹如图 4.20.2 所示。如果光源为一单色光，条纹为明暗相间的同心圆环；如果光源是自然光，条纹是彩色的同心圆。

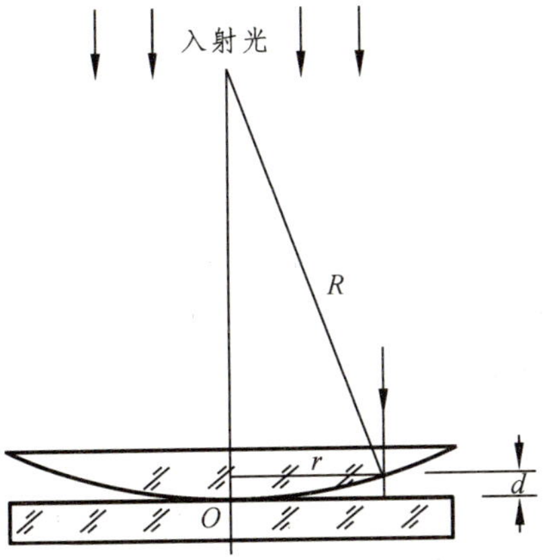

图 4.20.1　牛顿环光路原理图

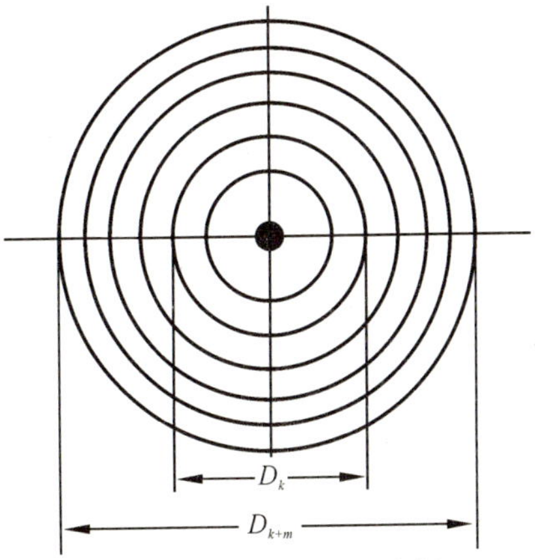

图 4.20.2　牛顿环干涉花样图

设某处空气层厚度为 d，则光束在空气上、下表面的两束反射光的光程差为 $2d$，且光束在下表面由光疏介质射入光密介质，有相位突变 π，即半波损失，故上下表面两束反射相干光的光程差为

$$\Delta = 2d \pm \frac{\lambda}{2} \tag{4.20.1}$$

其中，当 $\Delta = 2d \pm \frac{\lambda}{2} = k\lambda$（$k = 0,1,2,\cdots$）时，干涉相长，形成明环；当 $\Delta = 2d \pm \frac{\lambda}{2} = (2k+1)\frac{\lambda}{2}$（$k = 0,1,2,\cdots$）时，干涉相消，形成暗环。$k$ 为干涉级次。

由图 4.20.1 可知，$R^2 = (R-d)^2 + r_k^2$。其中，R 为凸透镜曲率半径，d 为空气层薄膜厚度，r_k 为第 k 级干涉圆环的半径。则有

$$r_k^2 = 2Rd - d^2 \tag{4.20.2}$$

由于 $R >> d$，上式可以简化为

$$d = \frac{r_k^2}{2R} \tag{4.20.3}$$

由式（4.20.3）可知，d 与 r_k 的平方成正比，即离中心愈远，光程差增加愈快，所以牛顿环干涉条纹是离中心愈远，条纹愈密，干涉级次愈高。将形成暗环条件公式中的 $2d$ 代入式（4.20.3）中，整理后可得

$$r_k^2 = k\lambda R \tag{4.20.4}$$

实验中，由于牛顿环的级数 k 不便于数出，因而利用式（4.20.4）不便于测定 R。实验中，一般采用几个相邻的条纹计算曲率半径，具体计算如下：设第 k 级干涉圆环的直径为 D_k，第 $k+m$ 级干涉圆环直径为 D_{k+m}，由式（4.20.4）得

$$D_k^{\ 2} = (2r_k)^2 = 4kR\lambda$$

$$D_{k+m}^2 = (2r_{k+m})^2 = 4(k+m)R\lambda$$

所以

$$D_{k+m}^2 - D_k^2 = 4mR\lambda$$

故

$$R = \frac{D_{k+m}^2 - D_k^2}{4m\lambda} = \frac{(D_{k+m} + D_k)(D_{k+m} - D_k)}{4m\lambda} \tag{4.20.5}$$

由式（4.20.5）可知，曲率半径 R 取决于级差 m 和环的直径，这样就避免了牛顿环级数 k 和中心都难以确定的困难。光源是钠光源，钠的光波波长 $\lambda = 589.3\text{nm}$，用移测显微镜测出 D_k 和 D_{k+m} 后，即可计算出平凸透镜的曲率半径 R。

2）劈尖干涉测薄纸厚度

如图 4.20.3 所示，两块平面玻璃板的一端对齐，一端垫入一张厚度为 d 的薄纸，则在两块平面玻璃板之间形成了一个空气劈尖。当用平行光垂直从上向下进行照射时，由空气

劈尖上表面反射的光束 1 和下表面反射的光束 2，在劈尖的上表面相遇，并发生干涉，形成一组与两片玻璃交线相平行的、间隔相等的、明暗相间的干涉条纹。劈尖干涉也是一种等厚干涉。

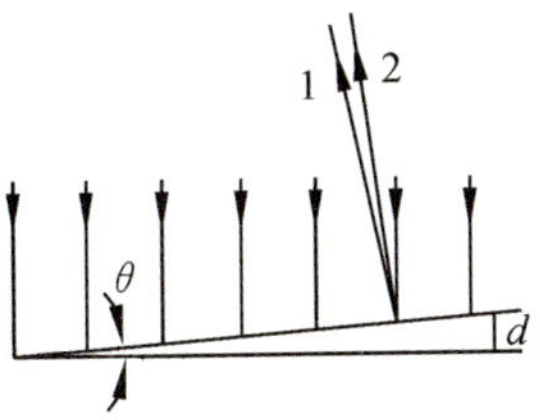

图 4.20.3　劈尖干涉的光路图

图 4.20.3 中，1 和 2 两束光线的光程差为

$$\Delta = 2e \pm \frac{\lambda}{2} \tag{4.20.6}$$

式中，e 为观察点下空气的厚度。

若在薄纸的位置，空气厚度为薄纸厚度 d，则在薄纸处，光程差及形成明暗纹的条件为

$$\Delta = 2d \pm \frac{\lambda}{2} = \begin{cases} k\lambda, & k = 0,1,2,\cdots \text{明纹} \\ (2k+1)\dfrac{\lambda}{2}, & k = 0,1,2,\cdots \text{暗纹} \end{cases} \tag{4.20.7}$$

若在薄纸处形成暗纹，则由式（4.20.7）中的暗纹条件可得

$$d = k\frac{\lambda}{2} \tag{4.20.8}$$

由式（4.20.8）可知，若数得薄纸处暗纹级数 k，又由钠光的波长 $\lambda = 589.3\ \text{nm}$，代入式（4.20.8），即可计算薄纸的厚度。但是，由于 k 值较大，不便数出，一般不采用式（4.20.8）计算。实验中，一般采用单位长度的条纹数 n，代替 k 值，利用移测显微镜测得单位长度的条纹数 n 和平面玻璃的交线到薄纸之间的长度 D，利用式（4.20.9）计算薄纸的厚度：

$$d = nD\frac{\lambda}{2} \tag{4.20.9}$$

【实验步骤】

1. 调节移测显微镜（见图 4.20.4）。

（1）接通光源，预热 5 min。

（2）将牛顿环放在移测显微镜的载物台上，并使其中心暗斑在物镜正下方。

（3）调整反光玻璃片，使之正对着钠光灯的一个发光孔，且等高。旋转反光玻璃片，使之反射光垂直入射到平凸透镜上。

（4）旋转调焦手轮，从下往上缓慢移动物镜，直到在目镜中看清干涉圆环。

（5）转动鼓轮使干涉中心暗斑位于视场中央。

（6）转动目镜，使目镜分划板上的十字叉丝的一条刻线在竖直方向的投影最长，在调节时，每次测量，该刻线都要与牛顿环的最亮处或最暗处相切。

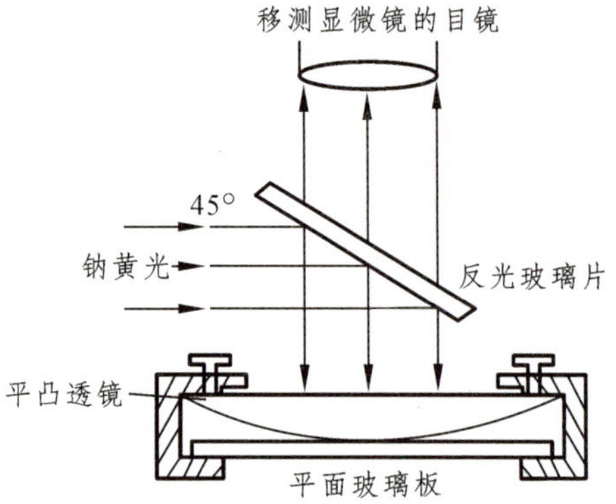

图 4.20.4　实验装置简图

2. 测平凸透镜的曲率半径 R。

（1）选择距离中心暗斑最近的清晰牛顿环为零级参考环。转动鼓轮，将目镜里面的十字叉丝的一边与中心暗斑左侧的零级参考环相切。

（2）旋转鼓轮，从零级参考环开始，向左移动显微镜，从零级向左，数到第 20 级明环或暗环处。此时，记录下移测显微镜的读数 d_{+20}。

（3）然后反向转动鼓轮，使镜筒反向移动，移动到反方向的第 20 级明环或暗环，此时，再次记录下移测显微镜的读数 d_{-20}。

（4）重复第（2）、（3）步，依次测量左右第 15 级、第 10 级和第 5 级的读数 $d_{\pm15}$，$d_{\pm10}$，$d_{\pm5}$。

（5）将测量数据填入表 4.20.1 中，根据式（4.20.5）计算平凸透镜的曲率半径 R。

3. 劈尖干涉测薄纸厚度。

（1）将一张薄纸插在两个平行玻璃片中间，形成空气劈尖。

（2）将移测显微镜目镜的叉丝对齐两玻璃的交线处，记录下此时移测显微镜的读数。

（3）摇动鼓轮，将移测显微镜目镜的叉丝与薄纸端对齐，记录下此时移测显微镜的读数。

（4）重复第（2）、（3）步 6 次，将数据记录在表 4.20.2 中，计算两玻璃交线到薄纸之间的距离 D。

（5）转动鼓轮，让移测显微镜移动 1 cm，观测 1 cm 长度内明纹或者暗纹的条数，获得条纹的密度 n，测 6 次求平均值。

（6）根据式（4.20.9），计算薄纸厚度 d。

【注意事项】

1. 钠光灯在使用过程中不能频繁启闭；一旦开启，只有实验结束时才可关闭，钠灯光线强不宜长时间直视。

2. 不可将牛顿环仪拆开。

3. 不可用手触摸牛顿环仪，或者用纸巾擦拭，以免沾上油污和磨损玻璃表面光洁度。

4. 拿牛顿环仪时，只能拿框架，且轻拿轻放，以免损坏牛顿环仪。

5. 测量时，用固定片固定牛顿环，防止装置震动，引起干涉环的变化。

6. 调节移测显微镜时，不应将物镜接触下面物体，以免损坏物镜。

【课前预习】

1. 牛顿环和劈尖干涉均属于____________干涉。

2. 在牛顿环测平凸透镜曲率半径 R 时，需要测量的量有________________；式（4.20.5）中的 m 是指________________。

3. 在牛顿环测平凸透镜曲率半径 R 时，用移测显微镜测的是牛顿环的直径，而不是半径，为什么？____________________________。

4. 在劈尖干涉测薄纸厚度的实验中，需要测量的物理量有______________；其中，单位长度的条纹数目你认为最好的测量方法是________________________。

5. 在使用移测显微镜时，在定位某一测点时，能否来回转动鼓轮，直到对准测点？若不可以，为什么？________________________。

【数据记录】

表 4.20.1　牛顿环测曲率半径数据记录表　　单位：mm

次数	$d_{+20}=$	$d_{+15}=$	$d_{+10}=$	$d_{+5}=$	$d_{-5}=$	$d_{-10}=$	$d_{-15}=$	$d_{-20}=$
1								
2								
3								
平均	$\bar{d}_{+20}=$	$\bar{d}_{+15}=$	$\bar{d}_{+10}=$	$\bar{d}_{+5}=$	$\bar{d}_{-5}=$	$\bar{d}_{-10}=$	$\bar{d}_{-15}=$	$\bar{d}_{-20}=$

备注："+"表示左侧的牛顿环；"−"表示右侧的牛顿环。

表 4.20.2　劈尖干涉测薄纸厚度的数据记录表

测量次数	1	2	3	4	5	6	平均值
玻璃片长度 D							
条纹密度 n							

【数据处理】

1. 根据表 4.20.1、表 4.20.2 测量数据，完成表 4.20.3，并计算出待测平凸透镜的曲率半径。

表 4.20.3　牛顿环测曲率半径数据处理

$D_5=\left\|\bar{d}_{+5}-\bar{d}_{-5}\right\|=$	$D_{10}=\left\|\bar{d}_{+10}-\bar{d}_{-10}\right\|=$	$D_{15}=\left\|\bar{d}_{+15}-\bar{d}_{-15}\right\|=$	$D_{20}=\left\|\bar{d}_{+20}-\bar{d}_{-20}\right\|=$
$R_1=\dfrac{D_{10}^2-D_5^2}{4m\lambda}=$	$R_2=\dfrac{D_{15}^2-D_{10}^2}{4m\lambda}=$	$R_3=\dfrac{D_{20}^2-D_{15}^2}{4m\lambda}=$	
$\bar{R}=\dfrac{R_1+R_2+R_3}{3}=$			

2. 根据表 4.20.2 测量数据，计算薄纸的厚度。

【思考题】

1. 牛顿环是干涉条纹还是衍射条纹？
2. 利用等厚干涉实验，还可以测量哪些物理量？
3. 简单描述牛顿环干涉图像和劈尖干涉图像。

【实验心得】(不少于 100 字)

4.21 光偏振实验

光的偏振现象是波动光学中的一种重要现象，振动方向相对于传播方向的不对称性称为偏振，它是横波区别于纵波的一个最明显的标志，只有横波才能产生偏振现象。光的偏振是光具有波动性的又一例证。

阅读材料：

1809 年，法国工程师马吕斯发现了光的偏振现象。对于光的偏振现象研究，使人们对光的传播（反射、折射、吸收和散射等）的规律有了新的认识。近年来利用光的偏振性开发出来的各种偏振光元件、偏振光仪器和偏振光技术在现代科学技术中发挥了极其重要的作用，如光调制器、光开关、光学计量、应力分析、光信息处理、光通信、激光和光电子学器件等都大量使用了偏振技术。

【实验目的】

1. 了解光的偏振及偏振类型。
2. 掌握 1/4 波片的作用及应用。
3. 掌握 1/2 波片的作用及应用。
4. 验证马吕斯定律。

【实验仪器】

半导体激光器（发出 650 nm 的波长，并配有 3 V 的专用直流电源），直径为 2 cm 的偏振片，直径为 2 cm 的 1/4 波片，带光电接收器的数字式光功率计（量程有 2 mW 和 200 μW 二档），光具座，遮光罩，手电筒等（见图 4.21.1）。

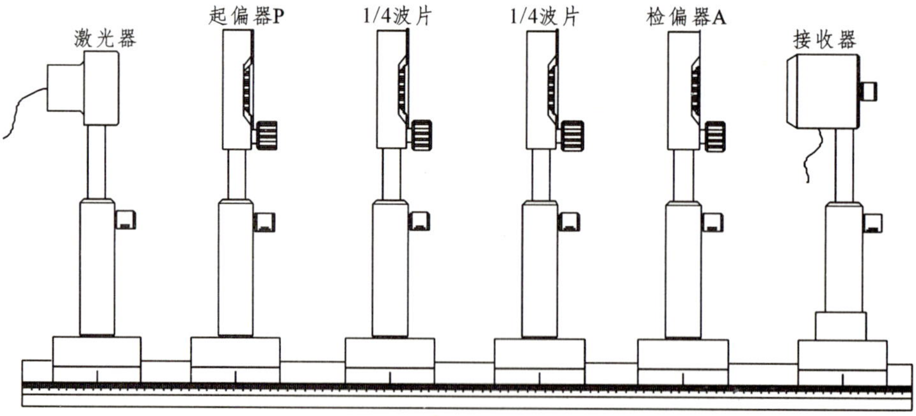

图 4.21.1　光偏振实验装置示意图

【实验原理】

1）偏振光的种类

光是电磁波，它的电矢量 E 和磁矢量 H 相互垂直，且又垂直于光的传播方向，通常用电矢量代表光矢量，并将光矢量和光的传播方向所构成的平面称为光的振动面。按光矢量的不同振动状态，可以把光分为以下偏振态：如矢量沿着一个固定方向振动，称线偏振光或平面偏振光；如在垂直于传播方向内，光矢量的方向是任意的，且各个方向的振幅相等，则称为自然光；如果有的方向光矢量振幅较大，有的方向振幅较小，则称为部分偏振光；如果光矢量的大小和方向随时间作周期性变化，且光矢量的末端在垂直于光传播方向的平面内的轨迹是圆或椭圆，则分别称为圆偏振光或椭圆偏振光。

2）线偏振光的产生

（1）反射和折射产生偏振。

根据布儒斯特定律，当自然光以 $i_b = \arctan n$ 的入射角从空气或真空入射至折射率为 n 的介质表面上时，其反射光为完全线偏振光，振动面垂直于入射面，而透射光为部分偏振光。i_b 称为布儒斯特角。如果自然光以 i_b 入射到一叠平行玻璃片堆上，则经过多次反射和折射，最后从玻璃片堆透射出来的光也接近于线偏振光。

（2）偏振片。

它是利用某些有机化合物晶体的“二向色性”制成的，当自然光通过这种偏振片后，光矢量垂直于偏振片透振方向的分量几乎完全被吸收，光矢量平行于透振方向的分量几乎完全通过，因此透射光基本上为线偏振光。

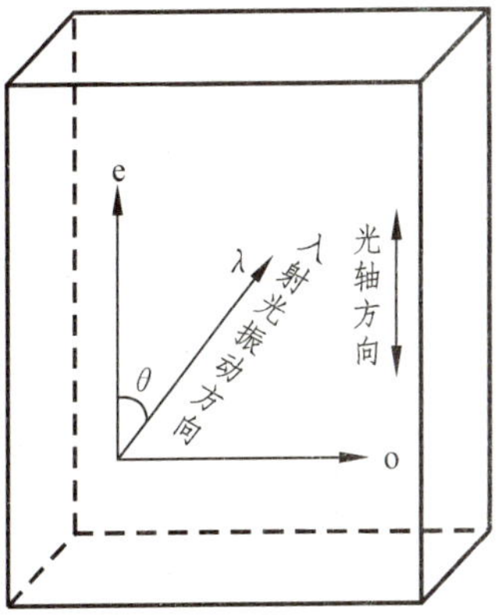

图 4.21.2　波晶片的光路示意图

3）波晶片

波晶片简称波片，通常是一块光轴平行于表面的单轴晶片。一束平面偏振光垂直入射到波晶片后，便分解为振动方向与光轴方向平行的 e 光和与光轴方向垂直的 o 光两部分（见图 4.21.2）。这两种光在晶体内的传播方向虽然一致，但它们在晶体内传播的速度却不相同。于是 e 光和 o 光通过波晶片后就产生固定的相位差δ，即 $\delta = \dfrac{2\pi}{\lambda}(n_e - n_o)l$，式中 λ 为入射光的波长，l 为晶片的厚度，n_e 和 n_o 分别为 e 光和 o 光的折射率。

对于某种单色光，能产生相位差$\delta = (2k+1)\pi/2$ 的波晶片，称为此单色光的 1/4 波片；能产生$\delta = (2k+1)\pi$的晶片，称为 1/2 波片；能产生$\delta = 2k\pi$的波晶片，称为全波片。通常波片用云母片剥离成适当厚度或用石英晶体研磨成薄片。由于石英晶体是正晶体，其 o 光比 e 光的速度快，沿光轴方向振动的光（e 光）传播速度慢，故光轴称为慢轴，与之垂直的方向称为快轴。对于负晶体制成的波片，光轴就是快轴。

4）平面偏振光通过各种波片后偏振态的改变

由图 4.21.2 可知，一束振动方向与光轴成ϕ角的平面偏振光垂直入射到波片后，会产生振动方向相互垂直的 e 光和 o 光，其 E 矢量大小分别为 $E_e = E\cos\phi$，$E_o = E\sin\phi$。通过波片后，两者产生一附加相位差。离开波片时合成波的偏振性质，决定于相位差δ和ϕ。如果入射偏振光的振动方向与波片的光轴夹角为 0 或π/2，则任何波片对它都不起作用，即从波片出射的光仍为原来的线偏振光。而如果不为 0 或π/2，线偏振光通过 1/2 波片后，出来的也仍为线偏振光，但它振动方向将旋转 2ϕ，即出射光和入射光的电矢量对称于光轴；线偏振光通过 1/4 波片后，则可能产生线偏振光、圆偏振光和长轴与光轴垂直或平行的椭圆偏振光，这取决于入射线偏振光振动方向与光轴夹角ϕ。

5）偏振光的鉴别

鉴别入射光的偏振态须借助检偏器和 1/4 波片。使入射光通过检偏器后，检测其透射光强度并转动检偏器；若出现透射光强度为零（称“消光”）现象，则入射光必为线偏振光；若透射光的强度没有变化，则可能为自然光或圆偏振光（或两者的混合）；若转动检偏器，透射光强度虽有变化但不出现消光现象，则入射光可能是椭圆偏振光或部分偏振光。要进一步作出鉴别，则需在入射光与检偏器之间插入一块 1/4 波片。若入射光是圆偏振光，则通过 1/4 波片后将变成线偏振光，当 1/4 波片的慢轴（或快轴）与被检测的椭圆偏振光的长轴或短轴平行时，透射光也为线偏振光，于是转动检偏器也会出现消光现象。否则，就是部分偏振光。

6）马吕斯定律

按照马吕斯定律，强度为 I_m 的线偏振光通过检偏器后，透射光的强度为

$$I = I_0 \cos^2 \phi$$

式中，ϕ为入射光偏振方向与检偏器偏振轴之间的夹角；I_0为检偏器光轴与起偏器光轴平行时出射光强，$I_0 < I_m$（偏振片有吸收，反射）；显然，当以光线传播方向为轴转动检偏器时，透射光强度 I 将发生周期性变化。当$\phi = 0°$时，透射光强度最大；当$\phi = 90°$时，透射光强度为最小值（消光状态），接近于全暗；当 $0° < \phi < 90°$时，透射光强度 I 介于最大值和最小值之间。因此，根据透射光强度变化的情况，可以区别线偏振光、自然光和部分偏振光。图 4.21.3 给出了自然光通过起偏器和检偏器的变化。

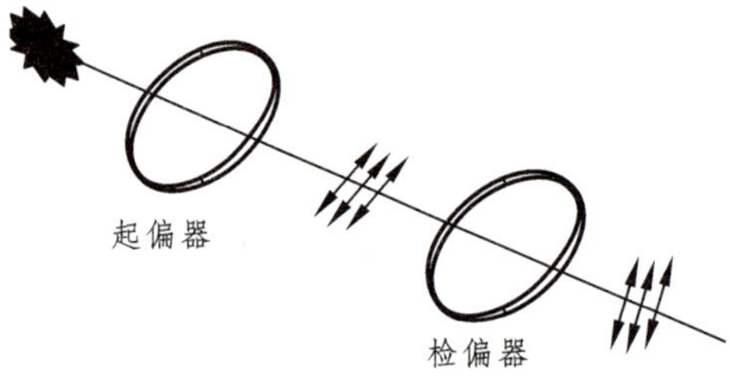

图 4.21.3 自然光通过起偏器和检偏器的变化

【实验步骤】

实验采用波长为 650nm 的半导体激光器，它发出的光是部分偏振光，为了得到线偏振光，需要在它前面加起偏器 P。为了使实验现象更明显，要使透过起偏器 P 的线偏振光光强最强，即需要将偏振片的偏振轴与激光最强的线偏振分量一致。将各偏振元件按图 4.21.4

所示放置，暂时先不放波片 C 和检偏器 A。先使 P 的偏振轴与激光最强的线偏振分量方向一致，这时光功率计读数最大，透过起偏器 P 的线偏振光功率最大。

先使 A 的偏振轴与激光的电矢量垂直，因此出现消光现象，记下偏振片 A 消光时的位置读数 A（0）。然后将 1/4 波片 C 放在 A 前面，旋转 C，使再次出现消光现象，这时 1/4 波片的快轴与激光电矢量方向平行或垂直，记下 1/4 波片 C 消光时位置读数 C（0）。

1）验证 1/4 波片的作用

旋转 1/4 波片 C，以改变其快（或慢）轴与入射线偏振光电矢量（即偏振片 P 偏振轴方向）之间夹角 ϕ。当 ϕ 分别为 15°，30°，45°，60°，75°，90°时，将 A 逐渐旋转 360°，观察光强的变化情况（通过光功率计观察），记录最大值和最小值，并注意最大值和最小值之间偏振片 A 是否转过约 90°，并由此说明 1/4 波片出射光的偏振情况。

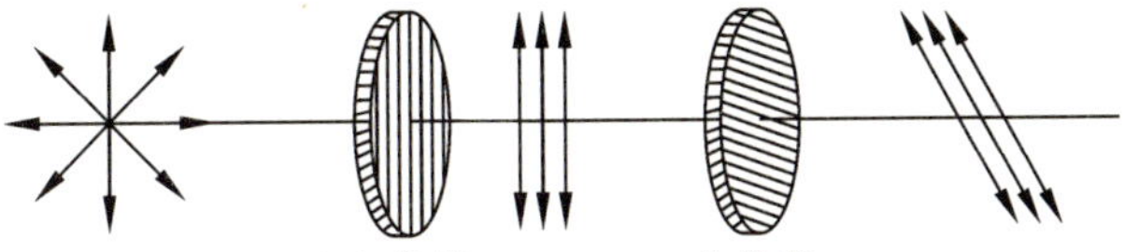

图 4.21.4　验证 1/4 波片作用光路图

2）圆偏振光、椭圆偏振光的鉴别

单用一块偏振片无法区别圆偏振光和自然光，也无法区别椭圆偏振光和部分偏振光。必须再借助于一块 1/4 波片，才能达到目的，具体做法有两种：① 按图 4.21.4 所示装置，先使 A 处于 A（0）位置，这时产生消光现象，然后将 1/4 波片 C 放在 A 前面，并从 C（0）位置转过 45°，再转动 A，光功率计变化很小，说明线偏振光通过该波片变成圆偏振光，然后再在 C 和 A 之间加入另一块 1/4 波片 C′，再转动 A，发现有消光现象，说明圆偏振光经 1/4 波片后变成线偏振光，而自然光通过 1/4 波片仍为自然光，这样可以将二者区分。② 当 1/4 波片 C 转过的角度不为 0°、45°等一些特殊角度，线偏振光通过它出射的一般是椭圆偏振光，如用偏振片 A 检查，可发现透射光强虽有变化，但不出现消光现象，再在 C 和 A 之间加入另一块 1/4 波片 C′，使其快（或慢）轴与椭圆偏振光的长（或短）轴平行，则通过 C′ 透射光也为线偏振光，用偏振片 A 检查，可发现有消光现象，而部分偏振光通过 1/4 波片后，仍为部分偏振光，这样也可以将二者区分。

3）验证 1/2 波片的作用

（1）图 4.21.4 所示的装置中，在 A 和 C 分别处于 A（0）和 C（0）位置时，在 C 和 A 之间再插入一个 1/4 波片 C′ 使 C 和 C′ 组成一个 1/2 波片。

（2）在 P 和 A 之间放上由 C 和 C′ 组成一个 1/2 波片，将此波片旋转 360°。

（3）将 C 和 C′ 组成的 1/2 波片，任意转过一个角度，破坏消光现象，再将 A 旋转 360°。

（4）改变由 C 和 C′ 组成的 1/2 波片的快（或慢）轴与激光振动方向之间夹角 ϕ 的数值，使其分别为 15°，30°，45°，60°，75°，90°。旋转 A 到消光位置，记录相应的角度 ϕ，解释上面实验结果，并由此了解 1/2 波片的作用。

4）验证马吕斯定律

利用连续通过两个偏振器的偏振光，调出不同强度的光强，测量检偏器出射光强 I 与转角 ϕ 关系：

（1）半导体激光器输出激光为部分偏振光，在其后面放起偏器，并用探测器测量经起偏器出射的光强。当检测至最大光强时，此时起偏器光轴与部分偏振光最强方向一致。

在起偏器与探测器间加检偏器，转动检偏器测量检偏器出射最大光强，记为 I_0，应反复多测几次，求平均值 $\overline{I_0}$ 和检偏器读数。（为何必须反复多测几次求平均值？）以 $\overline{\phi}_0$ 作为 0°角。

（2）然后，每隔 10°或 15°改变角度，测量由检偏器出射光强 I，以 $\ln\cos\phi$ 为自变量，$\ln I$ 为因变量，对 $\ln I-\ln\cos\phi$ 进行直线拟合，求得函数 $I=I_0\cos^n\phi$ 中的 n 及相关系数 r，以此证明马吕斯定律。

实验装置如图 4.21.5 所示。

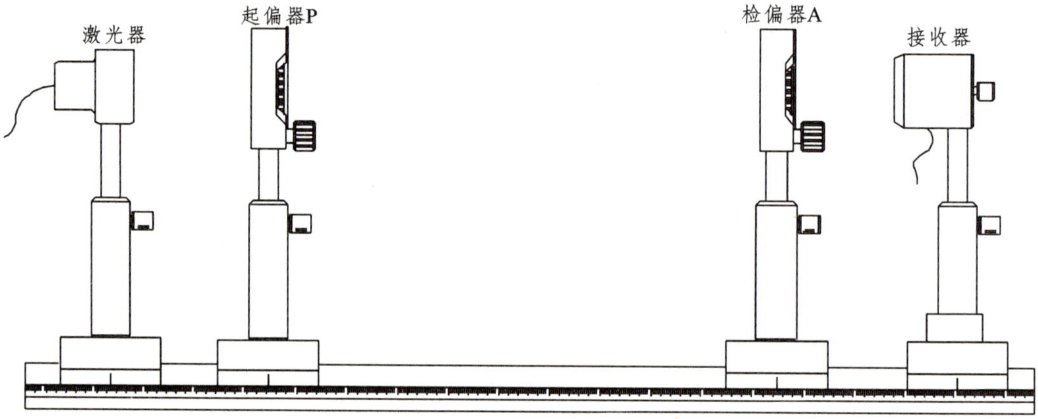

图 4.21.5　验证马吕斯定律实验装置图

【注意事项】

1. 此实验为半定量实验，由仪器或者读数造成的误差很大，在粗调的时候应当仔细，尽量使激光处于镜筒中心以减小误差。

2. 读数的时候要注意游标应该向一个方向旋转，以避免空程引起的误差。

3. 激光的光强很大，要注意保护眼睛，用光强探测器读值。

【课前预习】

1. 是否可借助于 1/4 波片把圆偏振光和自然光分别开来，把椭圆偏振光和部分偏振光分别开来，为什么？______________。

2. 如何用两个 1/4 波片组合成 1/2 波片？______________。

3. 在验证马吕斯定律时为何必须反复多测几次 I_0 求平均值？______________。

【数据记录】

1. 验证 1/4 波片的作用。

表 4.21.1　验证 1/4 波片作用的实验数据记录表

1/4 波片转过的角度 ϕ	A 转动 360°，现测得极大、极小值的光功率读数/μW				光的偏振性质
15°					
30°					
45°					

续表

1/4 波片转过的角度 ϕ	A 转动 360°，现测得极大、极小值的光功率读数/μW				光的偏振性质
60°					
75°					
90°					

2. 验证 1/2 波片的作用。

表 4.21.2　验证 1/2 波片作用的实验数据记录表

ϕ'	ϕ	线偏振光经 1/2 波片后振动方向转过角度
	15°	
	30°	
	45°	
	60°	
	75°	
	90°	

3. 验证马吕斯定律。

表 4.21.3　验证马吕斯定律的数据记录表

ϕ_0	ϕ_1	ϕ	I/μW	$\cos\phi$
		0°		
		10°		
		20°		
		30°		
		40°		
		50°		
		60°		
		70°		
		80°		

转角 $\phi=\phi_1-\phi_0$，其中 ϕ_0 为检偏器光轴与偏振光电矢量同方向时的角度读数值。

【数据处理】

验证马吕斯定律：以 $\ln\cos\phi$ 为自变量，$\ln I$ 为因变量，对 $\ln I-\ln\cos\phi$ 进行直线拟合，求得函数 $I=I_0\cos^n\phi$ 中的 n 及相关系数 r，以此证明马吕斯定律。

【思考题】

1. 两片正交偏振片用支架安置于光具座上，正交后消光，一片不动，另一片的两个表面转换 180°，会有什么现象？如有出射光，是什么原因？

2. 两片正交偏振片中间再插入一偏振片会有什么现象？

3. 光的偏振现象揭示了光波的什么性质？列举几个偏振光的应用。

【实验心得】（不少于 100 字）

▶第 5 章 综合性实验

5.1　弦振动的研究

弦线上波的传播规律是力学中的重要研究内容。本实验重点观测弦线上的驻波，研究驻波波长与张力的关系、驻波波长与振动频率的关系，以及驻波波长与弦线密度的关系等。本实验采用频率连续可调的振动体，改变弦长或张力，形成稳定驻波，从而验证弦线上驻波的振动规律。这种方法不仅在力学中有重要应用，在声学、无线电学和光学等学科的实验中也有许多应用。

阅读材料：

驻波在我国古代就有应用，曾用作退兵之策。古代有一种器具名叫“鱼洗”，由青铜浇铸而成，形似洗脸盆，盆底有四条鱼浮雕，盆壁自然倾斜外翻，盆沿有一对铜耳。倒入半盆水，双手用力来回摩擦双耳，不久，盆里的水分成四股水柱向上激射出两尺多高，并发出震卦爻辞的古音，众多鱼洗可汇成千军万马之势，可传数十里，敌兵闻声后被吓退。其原理可以从振动与波的角度进行分析，当双手来回摩擦鱼洗双耳时，铜盆发生受迫振动，这种振动在水面上传播，并与盆壁发射回来的反射波叠加而形成二维驻波，在波腹处，水柱向上溅射。鱼洗始于先秦，盛于唐代。通过鱼洗，可以体会出我们先人的智慧，以及当时高超的制器技术。

【实验目的】

1. 掌握弦线上的驻波形成的条件。
2. 利用实验研究弦线驻波波长与张力的关系。
3. 在弦线张力一定时，利用实验研究弦线驻波波长与振动频率的关系。
4. 掌握用驻波原理测量横波波长的方法。

【实验仪器】

可调频率数显机械振动源，振动簧片，弦线，可动支架，可动刀口支架，标尺，固定滑轮，砝码与秤盘。

【实验原理】

1）理论基础

驻波的形成是由于一个入射波和一个反射波在同一传输线上相向而行，形成特殊的干涉形成的。当两束波叠加，出现波峰与波峰相遇、波谷与波谷相遇时，就形成稳定干涉波形。干涉加强点为波腹，干涉减弱点为波节。

由波的叠加原理可得，驻波方程为

$$y = 2A\cos 2\pi\frac{x}{\lambda}\cos\omega t \tag{5.1.1}$$

因此，驻波的波腹和波节由下面余弦函数决定：

$$\left|\cos 2\pi\frac{x}{\lambda}\right| = \begin{cases} 1, & 2\pi\dfrac{x}{\lambda} = \pm k\pi \quad (k = 0,1,2,\cdots) \\ 0, & 2\pi\dfrac{x}{\lambda} = \pm(2k+1)\dfrac{\pi}{2} \quad (k = 0,1,2,\cdots) \end{cases} \tag{5.1.2}$$

由式（5.1.2）可知，当 $\cos 2\pi\frac{x}{\lambda} = 0$，可得 $x = (2k+1)\frac{\lambda}{4}$，则 $A = 0$，干涉波为波节；当 $\cos 2\pi\frac{x}{\lambda} = \pm 1$，可得 $x = 2k\frac{\lambda}{4}$，则 A 最大，干涉波为波腹。形成驻波以后，有些点不振动，始终是不振动的，有些点振幅最大，始终是振幅最大的。而且相邻的两个波腹或者相邻的两个波节之间的距离为 1/2 波长，相邻的波腹和波节之间的距离为 1/4 波长。

另外，根据波动的动力学方程，波长与张力及线密度之间的关系为

$$\lambda = \frac{1}{f}\sqrt{\frac{T}{\rho}} \tag{5.1.3}$$

对该方程求对数，可得

$$\log\lambda = \frac{1}{2}\log T - \frac{1}{2}\log\rho - \log f$$

其中，f 是波源的振动频率；λ 是波长；ρ 是线的密度；T 是线的张力。当固定频率 f 及线密度 ρ，改变张力 T，测出不同张力下的波长，作 $\log\lambda$-$\log T$ 图。所作图应该是一条直线，且斜率值为二分之一。同理，固定线密度 ρ 及张力 T，改变振动频率 f，测出各相应波长 λ，作 $\log\lambda$-$\log f$ 图，可得一斜率为 – 1 的直线。

2）实验仪器介绍及其工作原理

如图 5.1.1 所示，振源的振动频率和振幅都可以通过机械振动源 1 进行调节，调节出来的机械振动通过振动簧片 2 输出，后传输到弦线 3 上，机械振动在弦线 3 上传播，形成机械波。当机械波传播到可动刀口支架 5 时发生反射，从而在振动簧片 2 和可动刀口支架 5 之间发生入射波和反射波的叠加。当把可动刀口支架 5 选在适当的位置，在振动簧片 2 和可动刀口支架 5 之间就会形成驻波。然后将可动刀口 4 移动到波节的位置，则在可动刀

口 4 和可动刀口支架 5 之间就会形成明显稳定的驻波。再通过支架上的刻度尺，读出可动刀口 4 和可动刀口支架 5 之间的距离。同时，通过可动刀口 4 和可动刀口支架 5 之间稳定的驻波，读出可动刀口 4 和可动刀口支架 5 之间波腹的个数。通过相邻的波腹之间相距二分之一波长，即可计算出此时的波长。

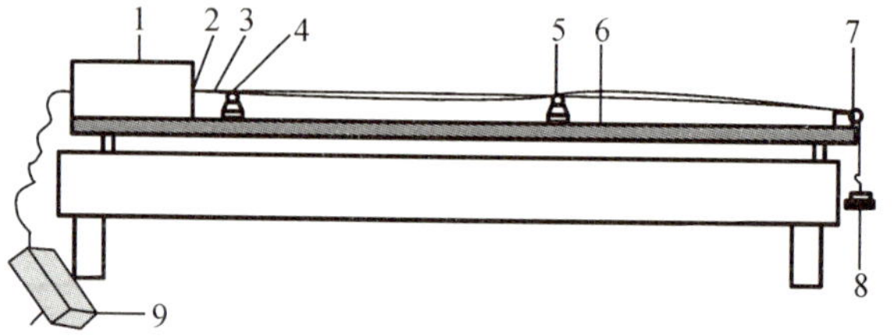

1—机械振动源；2—振动簧片；3—弦线；4—可动刀口；5—可动刀口支架；
6—标尺；7—固定滑轮；8—砝码与砝码盘；9—信号源。

图 5.1.1　实验装置结构图

【实验步骤】

1. 将变压器输入插头插在电源插座上，并将振幅旋钮沿反时针方向调到底。

2. 打开数显振动源面板上的电源开关，此时面板上数码管显示振动源频率为 000.00 Hz。

3. 按频率调节按钮，将频率调到 80 Hz。

4. 调节幅度按钮，使振动源有振动输出。

5. 移动可调刀口支架，找到近似驻波状态，然后调节可动支架，直到出现明显且最大幅度稳定的驻波。

6. 移动可动支架，到最左侧波节处。

7. 数出两个刀口支架间的波腹数，通过米尺，得出两个刀口支架之间的距离。

8. 可以从 80 Hz 开始，每增加 5 Hz，测出一个波长，研究波长与频率之间的关系。

9. 增加砝码，每次增加一个砝码，测出一个波长，研究波长与线的张力之间的关系。

【注意事项】

1. 必须在弦线出现振幅较大而稳定的驻波时，再测量驻波波长。

2. 实验时若出现共振，应调节频率，便于调节出稳定的驻波。

3. 实验完成后，先将调幅旋钮到最小。

4. 按动复位键。

5. 关闭控制器上的电源键。

6. 将变压器拨出放好。

【课前预习】

1. 驻波形成的条件是____。

2. 根据振动的合成理论，波节形成过程：______________________，其振幅是____；波腹形成过程：____________________，其振幅是_____。

3. 在张力一定时，波长与频率的关系是____________，在频率一定时，波长与张力的关系是___________。

【数据记录】

表 5.1.1　频率与波长

测量次数	1	2	3	……		
频率/Hz						
波长/cm						

表 5.1.2　张力与波长

测量次数	1	2	3	……		
砝码个数						
波长/cm						

【数据处理】

1. 根据表 5.1.1 测得的数据，画出在张力一定时，频率与波长的关系曲线图；
2. 根据表 5.1.2 测得的数据，指出在频率一定时，张力与波长的关系。

【思考题】

1. 说一说生活中你见到的驻波；
2. 简述驻波与共振的区别。

【实验心得】（不少于 100 字）

5.2　声速的测定

声波是一种在弹性媒质中传播的机械波，声速是描述声波在媒质中传播特性的一个基本物理量。在空气中，一些波动现象，不仅可以用可见光与微波演示，也可以用声波演示。在气体中，声波是纵波而不是横波，因而不出现偏振现象，这是与电磁波现象的一个重大区别，但声音所产生的几种干涉和衍射效应与电磁波干涉和衍射效应完全相似。

由于超声波具有波长短，易于定向发射及抗干扰等优点，所以在超声波段进行声速测量是比较方便的。本实验用共振干涉法和相位比较法测量声音在空气中传播的声速，并研究声波双缝干涉、单缝衍射及声波的反射现象，将测量结果与理论计算结果进行比较，从而对波动学的物理规律和基本概念有更深的理解。

阅读材料：

古代行军打仗，侦察兵经常把耳朵贴在地上听是否有骑兵来袭，根据敌军规模、地质类型等客观条件的不同，可能隔着很远就能听到敌军部队的响动。此外，利用声音传播判断距离的案例还有古代雾中航行的水手，利用听到号角的回声判断悬崖的远近；海豚、蝙蝠等动物利用自身的“声呐”系统，可以准确地判断远处蚊虫等运动中的食物。

【实验目的】

1. 了解超声波的产生、发射和接收方法。

2. 学会用共振干涉法和相位比较法测量声速。

【实验仪器】

声速测试仪，示波器，信号源，数字游标等。

【实验原理】

1）理论基础

（1）理想气体中的声速值。

声波在理想气体中的传播可认为是绝热过程，因此传播速度可表示为

$$v=\sqrt{\frac{\gamma RT}{\mu}} \tag{5.2.1}$$

式中，R 为气体普适常量（$R=8.314$ J/mol · K）；γ 是气体的绝热指数（气体比定压热容与比定容热容之比）；μ 为分子量；T 为气体的热力学温度，若以摄氏温 t 计算，则 $T=273.15+t$（K）。

代入式（5.2.1），得

$$v=\sqrt{\frac{\gamma R}{\mu}(T_0+t)}=\sqrt{\frac{\gamma R}{\mu}T_0}\cdot\sqrt{1+\frac{t}{T_0}}=v_0\sqrt{1+\frac{t}{T_0}} \tag{5.2.2}$$

对于空气介质，0 °C 时的声速 $v_0=331.45$ m/s。

（2）声速的测量。

声速是描述声波在介质中传播快慢的一个物理量。其测量方法可分为两种：一是根据公式 $v=s/t$，测出声波传播路程 s 所需时间 t，求声速 v；二是根据公式 $v=\lambda f$，测量声波的频率 f 和波长 λ，然后利用 $v=\lambda f$ 求声速 v。本实验采用第二种方法测量声速。

（3）声压驻波。

已知两列频率、振幅和振动方向相同的平面简谐波，向相反的方向传播时，叠加的合成波就是驻波。在驻波场中质点振幅最大处为波腹，质点位移振幅近似为零处为波节，相邻波腹或波节的距离为半波长（$\lambda/2$）。

在空气中声波的驻波场中，空气质点位移的图像不能直接观察到，而声压可以用压电传感器检测到。所谓声压就是空气中由于声扰动而引起的超出静态大气压强的那部分压强。我们测量的声驻波，应为声压驻波。在声场中，空气质点位移较大，空气质点较密处，即驻波的波腹；空气质点位移较小，空气质点较疏处，即驻波的波节。图 5.2.1 是声压驻波示意图，线密的地方是波腹，声压大，线疏的地方是波节，声压小。

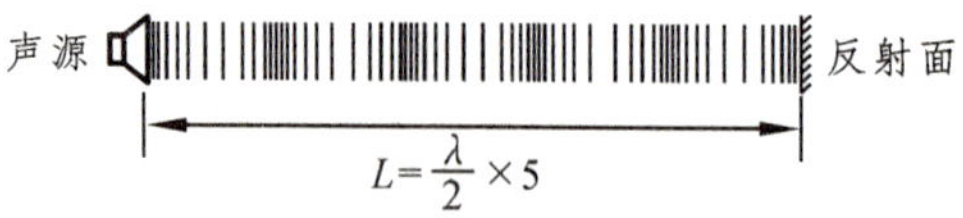

图 5.2.1　声压驻波示意图

（4）共振干涉法。

设有一从发射源发出的一定频率的平面超声波，经过空气传播，到达接收器，如果接收面与发射面严格平行，入射波即在接收面上垂直反射，入射波与反射波相干涉形成驻波。

设振幅相同、频率相同和振动方向相同的两列简谐波，一个沿 x 轴正向传播，另一个沿 x 轴负向传播，u 为波的传播速度，其波动方程分别为

发射波：

$$y_1 = A\cos\omega\left(t-\frac{x}{u}\right) = A\cos\left(\omega t-\frac{2\pi}{\lambda}x\right) \tag{5.2.3}$$

反射波：

$$y_2 = A\cos\omega\left(t+\frac{x}{u}\right) = A\cos\left(\omega t+\frac{2\pi}{\lambda}x\right) \tag{5.2.4}$$

叠加后的合成波为

$$\begin{aligned} y = y_1 + y_2 &= A\cos\left(\omega t-\frac{2\pi}{\lambda}x\right) + A\cos\left(\omega t+\frac{2\pi}{\lambda}x\right) \\ &= 2A\cos\left(\frac{2\pi}{\lambda}x\right)\cos\omega t \end{aligned} \tag{5.2.5}$$

由式（5.2.5）可看出，两波合成后介质各点都在作同频率的简谐振动，而各点的振幅 $2A\cos\left(\frac{2\pi}{\lambda}x\right)$ 是位置 x 的余弦函数，由此可以确定波节和波腹的位置。

因波节质点振幅为零，故

$$\cos\left(\frac{2\pi}{\lambda}x\right)=0 \quad 或 \quad \frac{2\pi}{\lambda}x=(2k+1)\frac{\pi}{2},\quad k=0,1,2,\cdots$$

所以波节的位置为

$$x=(2k+1)\frac{\lambda}{4},\quad k=0,1,2,\cdots \tag{5.2.6}$$

因在波腹处振幅最大，故

$$\left|\cos\left(\frac{2\pi}{\lambda}x\right)\right|=1 或 \frac{2\pi}{\lambda}x=k\pi,\quad k=0,1,2,\cdots$$

所以波腹的位置为

$$x=k\frac{\lambda}{2},\quad k=0,1,2,\cdots \tag{5.2.7}$$

由式（5.2.6）、式（5.2.7）可知，相邻波节（或波腹）间的距离为 $\lambda/2$。

因为波动从波疏介质入射到波密介质时，反射波存在半波损失，所以当发射源与反射面之间的距离为半个波长的整数倍时，两波在反射面处叠加的合位移为零，该处为驻波的

波节位置。在声压驻波的波腹位置，压电传感器在此处将声压转换成的电信号最大。改变接收器与发射源之间的距离 L，当 L 为半波长的整数倍时，介质中出现稳定的驻波共振现象。此时，驻波的幅度达到极大；同时，在接收面上的声压波腹也相应地达到极大值。不难看出，在移动接收器的过程中，相邻两次达到共振所对应的接收面之间的距离即半波长。因此，若保持频率 f 不变，通过测量相邻两次接收信号达到极大值时接收面之间的距离（$\lambda/2$），就可以用 $v=\lambda f$ 计算声速。

（5）相位比较法。

发射波通过传声介质到达接收器，在同一时刻，发射处的波与接收处的波的相位不同，将发射源 S_1 处的信号接入示波器的 x 轴输入端，将接收端 S_2 接入示波器的 y 轴输入端，示波器选择 XY 工作模式。发射源和接收头处声波的振动方程为

$$x = A_1\cos(\omega t+\varphi_1) \tag{5.2.8}$$

$$y = A_2\cos(\omega t+\varphi_2) \tag{5.2.9}$$

式中，A_1 和 A_2 分别为 x，y 方向振动的振幅；ω 为角频率；φ_1 和 φ_2 分别为 x，y 方向振动的初相位。则合成振动方程为

$$\frac{x^2}{A_1^2}+\frac{y^2}{A_2^2}+\frac{2xy}{A_1A_2}\cos(\varphi_2-\varphi_1)=\sin^2(\varphi_2-\varphi_1) \tag{5.2.10}$$

这是椭圆方程，其形状由分振动的振幅 A_1，A_2 和相位差 $\Delta\varphi=\varphi_2-\varphi_1$ 确定。

当 $\Delta\varphi=\varphi_2-\varphi_1=\pm k\pi\ (k=0,1,2,\cdots)$ 时，由式（5.2.10）可得 $y=\pm\dfrac{A_2}{A_1}x$，轨迹为直线（简谐运动），如图 5.2.2 所示。

由波动理论可知，波传播距离为 L 时相位变化（相位差）为

$$\Delta\varphi=\varphi_2-\varphi_1=\frac{2\pi}{\lambda}L \tag{5.2.11}$$

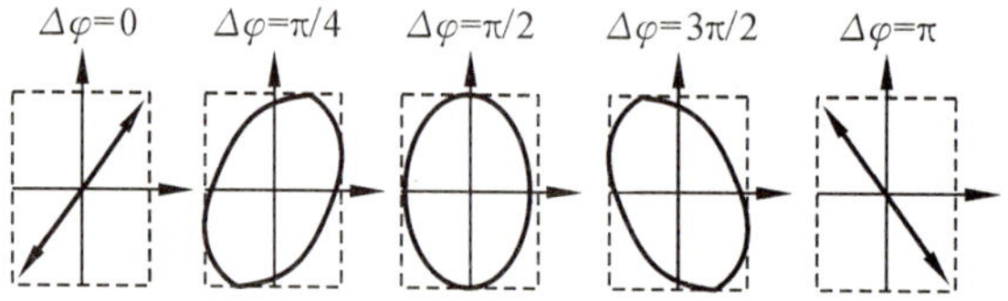

图 5.2.2　椭圆形状与相位关系图

由图 5.2.2 可知，椭圆变为相邻的两个斜率符号相反的直线时（如图 5.2.2 中 $\Delta\varphi=0$，$\Delta\varphi=\pi$ 两直线），相位差改变为 π，由式（5.2.11）可得 $L=\lambda/2$。

设发射头 S_1 和接收头 S_2 之间的距离为 L，改变 L 相当于改变了发射波和接受波之间的相位差，这样，荧光屏上的图形将随 L 的变化按图 5.2.4 所示不断变化。显然，调节接收头的位置，使椭圆图形变为相邻的两个斜率符号相反的直线时，S_1，S_2 之间距离改变了半个波长。因此，调节接收头每移动半个波长，就会重复出现斜率符号相反的直线，测得了波长 $\lambda/2$ 和频率 f，根据式 $v=\lambda f$ 可计算出声音在介质中传播的速度。

图形调整：接收距离的变化，造成接收信号的强度变化，出现李萨如图形偏离示波屏中心或图形不对称的情况时，可调节示波器输入衰减旋钮、x 轴或 y 轴，使得图形变得更直观。

2）实验仪器介绍及其工作原理

本实验的声速测定装置及连线图如图 5.2.3 所示，图中 S_1 和 S_2 为压电陶瓷超声换能器。S_1 为超声波发射换能器，正弦信号发生器输出的正弦交变电压信号接到换能器 S_1 上，S_1 将电信号转换为超声波，发出一平面超声波。S_2 为超声波接收换能器，把接收到的声压转换成交变的正弦电压信号后输入示波器 CH1 输入端进行观察。将正弦信号发生器 Y_1 接入示波器 CH2 输入端，可观察信号源输出的正弦交变电压信号。

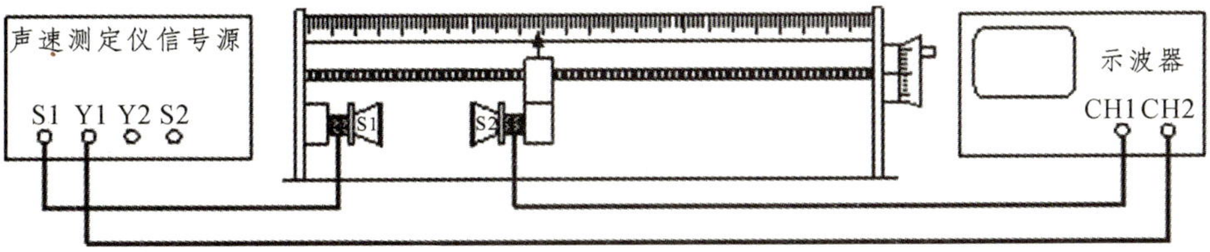

图 5.2.3　声速测定装置和连线图

（1）超声波发射换能器和超声波接收换能器。

超声波换能器（传感器）结构如图 5.2.4 所示。压电片是由一种多晶结构的压电材料（如石英、锆钛酸铅陶瓷等）做成的。它在应力作用下两极产生异号电荷，两极间产生电位差（称正压电换能器）；而当压电材料两端间加上外加电压时又能产生应变（称逆压电效应）。利用上述可逆效应可将压电材料制成压电换能器，以实现声能与电能的相互转换。压电换能器可以把电能转换为声能作为声波发生器，也可把声能转换为电能作为声波接收器。

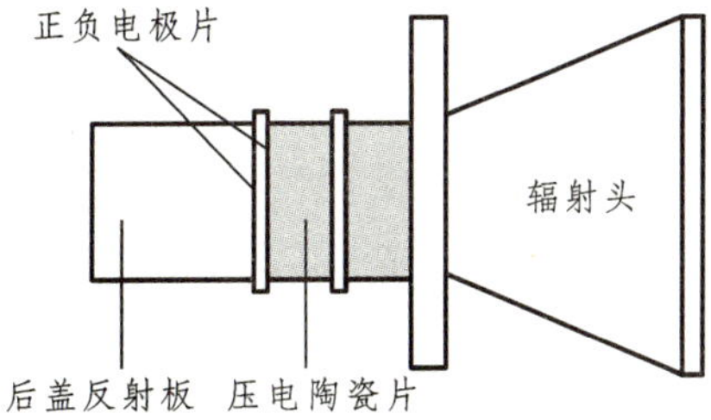

图 5.2.4　超声波传感器

超声波传感器的工作频率约为 40 kHz，其中超声波接收器与超声波发射器结构相似，只是两种压电晶片的性能有所差别。接收型压电晶片的机械能转变为电能的效率高；而发射型相反，电能转变机械能效率高。

（2）数显游标卡尺。它有一个位移传感器及液晶显示器。游标移动时，能直接显示其移动距离，液晶显示器上有一个电源开关，使用时打开，使用完毕即关断。还有一置零开关，正式测量前先将数字置零。

（3）正弦波发生器。其输出正弦波信号，频率连续可调。

【实验步骤】

1. 必做实验：声音在空气中传播速度测量。

（1）调整测试系统的谐振频率。

按图 5.2.3 所示接好实验装置。正弦波的频率取 39 kHz 左右，调节接收换能器尽可能近距离，且使示波器上的电源信号为最大。然后，将两个换能器分开稍大些距离（约 6 ~ 7 cm），使接收换能器输入示波器上的电压信号为最大（近似波节位置）。再调节频率，使该信号确实为该位置极大值。最后，细调频率，使接收器输出信号与信号发生器信号同相位。此时信号源输出频率才最终等于 2 个换能器的固有频率。在该频率上，换能器输出较强的超声波。

（2）在谐振频率处用共振法测声速。

当测得一声速极大值后，连续地移动接收端的位置，测量相继出现 20 个极大值所相应的各接收面位置，再用逐差法求波长值。

（3）在谐振频率处用相位法测声速。

在用相位比较法时，将接收器与示波器的 y 轴相连，发射器与示波器 x 轴相连，即可利用李萨如图形来观察发射波与接收波的相位差，适当调节 y 轴和 x 轴灵敏度，就能获得比较满意的李萨如图形。对于两个同频率互相垂直的简谐振动的合成，随着两者之间相位差从 $0 \sim \pi$变化，其李萨如图形由斜率为正的直线变为椭圆，再由椭圆变到斜率为负的直线。记录游标卡尺上读数时，应选择李萨如图形为直线时所对应的位置。每移动半个波长，就会重复出现斜率正负交替的直线图形。

（4）本实验温度应正确仔细地测量（为什么？），并测出温度计的温度，由式（5.2.2）求出声速值，将实验值与理论值进行比较。

（5）将上述两种方法的测量结果比较，计算相对偏差。

2. 选做实验：测量超声波在水中的声速。

【注意事项】

1. 测量谐振频率时先要在 35 ~ 40 kHz 范围内调节频率，观察哪个频率对应的接收信号振幅最大（注意调节电压衰减挡配合观察），然后细调（换能器之间距和频率都使接收信号振幅最大的时候的频率值），调节时如出现波形失真，要进行相应处理（减少发射或接收增益）。

2. 测量波长时要注意操作不要太快，要看着示波器显示的接收信号波形转动鼓轮，而不是看着尺子转动鼓轮。

【课前预习】

1. 声速测量方法可分为两种：一是根据公式____________，测出声波传播路程 s 所需时间 t，求声速 v；二是根据公式____________，测量声波的频率 f 和波长去求声速 v。

2. 在空气中声波的驻波场中，空气质点位移的图像不能直接观察到，而声压可以用______________检测到。所谓声压就是空气中由于声扰动而引起的_____________的那部分压强。我们测量的声驻波，应为声压驻波。

3. 在声场中空气质点位移较大处为波腹，该处空气质点较疏声压较小是__________；对空气质点位移较小处的波节，空气质点较密声压较大是_____________，图 5.2.1 是声压驻波示意图，线密的地方表示声压____，线疏的地方表示声压____。

4. 在移动接收器的过程中，相邻两次达到共振所对应的接收面之间的距离即_______。因此，若保持频率_______不变，通过测量相邻两次接收信号达到极大值时接收面之间的距离，就可以用_______计算声速。

5. 压电片是由一种多晶结构的压电材料（如石英、锆钛酸铅陶瓷等）做成的。它在应力作用下两极间产生___________（称正压电换能器）；而当压电材料两端间加上外加电压时又能产生___________（称逆压电效应）。利用上述可逆效应可将压电材料制成压电换能器，以实现声能与电能的相互转换。压电换能器可以把___________转换为___________作为声波发生器，也可把___________转换为___________作为声波接收器。

【数据记录】

1. 在谐振频率处用共振法测声速。

表 5.2.1　共振法测量数据记录表

f =___kHz，室温 t =___°C，$v_{理论值}$ =___m/s

i	1	2	3	4	5	6	7	8	9	10
L_i /mm										
$i+10$	11	12	13	14	15	16	17	18	19	20
L_i+10 /mm										
$\lambda_i=\left\|L_{i+10}-L_i\right\|/5$ /mm										

2. 在谐振频率处用相位法测声速。

表 5.2.2　相位法测量数据记录表

f =___kHz，室温 t =___°C，$v_{理论值}$ =___m/s

i	1	2	3	4	5	6	7	8	9	10
L_i /mm										
$i+10$	11	12	13	14	15	16	17	18	19	20
L_i+10 /mm										
$\lambda_i=\left\|L_{i+10}-L_i\right\|/5$ /mm										

【数据处理】

对以上测量方法所得数据按以下步骤计算：

1. 用逐差法计算 $\lambda=\left|L_{i+10}-L_i\right|/5$，并求其平均值及不确定度。

2. 计算波长平均值及不确定度。

3. 计算波速平均值及不确定度。

【思考题】

1. 声波与光波、微波有何区别？

2. 为何在声波形成驻波时，在波节位置声压最大，因而接收器输出信号最大？

3. 在什么条件下，声波传播中的压缩与稀疏不是绝热过程？这对声速测量结果有何影响？

4. 对于固体介质，用改变 S_2 的位置来改变传播距离求出波长再计算声速的方法往往不可行，试在传播距离不能改变的条件下，设计一种利用本实验提供的设备测声速的方法。

【实验心得】（不少于 100 字）

5.3　空气热机实验

热机是将热能转换为机械能的机器。历史上对热机循环过程及热机效率的研究对热力学第二定律的确立起到奠基性的作用。斯特林于 1816 年发明的空气热机，以空气作为工作介质，是最古老的热机之一。虽然现在已发展了内燃机、燃气轮机等新型热机，但空气热机结构简单，便于帮助理解热机原理与卡诺循环等热力学知识。

阅读材料：

潜艇是海军水下重要武器装备，其中不依赖空气推进（Air Independent Propulsion，AIP）常规潜艇体积小、机动性好、水下续航能力强和潜航时间长，是潜艇家族中重要力量之一。我国于 2004 年成功研制了 039 序列斯特林 AIP 常规动力潜艇，凭借斯特林发动机技术，实现潜艇水下噪声低，且潜航时间很长、隐蔽能力极强。2021 年 12 月 21 日，《中国船舶报》对外报道了一则消息，中国船舶集团下属的第 711 研究所成功研制出大缸径斯特林基础样机，而且成功通过所有试验。这类斯特林发动机，额定功率高达 320 kW，仅仅是一台发动机就可以比肩日本苍龙级整体 4 台斯特林发动机的功率总和 300 kW，也远超瑞典 V4-275R 斯特林发动机单台功率 100 kW，真正成为该领域全球领先。

【实验目的】

1. 理解热机原理及热循环过程。
2. 测量不同输入功率下热功转换效率，验证卡诺定理。
3. 测量热机输出功率随负载的变化关系，计算热机实际效率。

【实验仪器】

空气热机实验仪，空气热机测试仪，电加热器和电源，双踪示波器。

【实验原理】

1）理论基础

空气热机的结构及工作原理可用图 5.3.1 说明。热机主机由高温区、低温区、工作活塞及汽缸、位移活塞及汽缸、飞轮、连杆、热源等部分组成。

热机中部为飞轮与连杆机构，工作活塞与位移活塞通过连杆与飞轮连接。飞轮的下方为工作活塞与工作汽缸，飞轮的右方为位移活塞与位移汽缸，工作汽缸与位移汽缸之间用通气管连接。位移汽缸的右边是高温区，可用电热方式或酒精灯加热，位移汽缸的左边有散热片，构成低温区。

工作活塞使汽缸内气体封闭，并在气体的推动下对外做功。位移活塞是非封闭的占位活塞，其作用是在循环过程中使气体在高温区与低温区间不断交换，气体可通过位移活塞与位移汽缸间的间隙流动。工作活塞与位移活塞的运动是不同步的，当某一活塞处于位置极值时，它本身的速度最小，而另一个活塞的速度最大。

热机工作过程包括四个步骤：① 当工作活塞处于最底端时，位移活塞迅速左移，使汽缸内气体向高温区流动，如图 5.3.1（a）所示；② 进入高温区的气体温度升高，使汽缸内压强增大并推动工作活塞向上运动，在此过程中热能转换为飞轮转动的机械能，如图 5.3.1（b）所示；③ 工作活塞在最顶端时，位移活塞迅速右移，使汽缸内气体向低温区流动，如图 5.3.1（c）所示；④ 进入低温区的气体温度降低，使汽缸内压强减小，同时工作活塞在飞轮惯性力的作用下向下运动，如图 5.3.1（d）所示，完成循环。

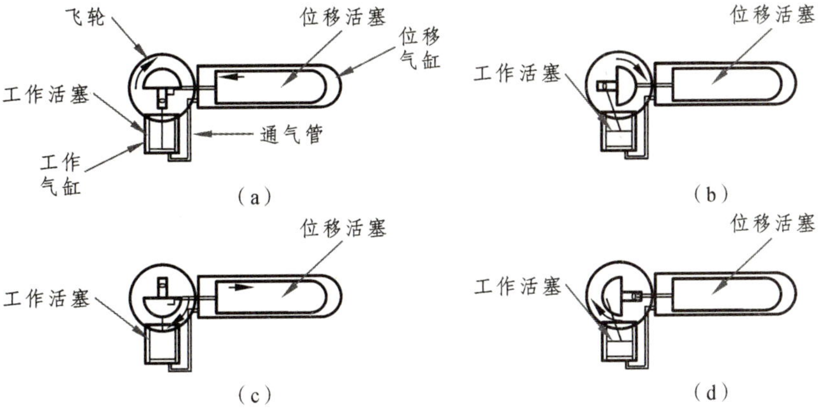

图 5.3.1　空气热机工作原理

对于循环过程可逆的理想热机，热功转换效率为

$$\eta = A/Q_1 = (Q_1 - Q_2)/Q_1 = (T_1 - T_2)/T_1 = \Delta T/T_1 \tag{5.3.1}$$

式中，A 为每一循环中热机做的功；Q_1 为热机每一循环从热源吸收的热量；Q_2 为热机每一循环向冷源放出的热量；T_1 为热源的绝对温度；T_2 为冷源的绝对温度。

实际的热机都不可能是理想热机，由热力学第二定律可以证明，循环过程不可逆的实际热机，其效率不可能高于理想热机，此时热机效率为

$$\eta \leqslant \Delta T/T_1 \tag{5.3.2}$$

卡诺定理指出了提高热机效率的途径，就过程而言，应当使实际的不可逆机尽量接近可逆机。就温度而言，应尽量提高冷热源的温度差。

热机每一循环从热源吸收的热量 Q_1 正比于$\Delta T/n$，n 为热机转速，η 正比于 $nA/\Delta T$。n，A，T_1 及ΔT 均可测量，测量不同冷热端温度时的 $nA/\Delta T$，观察它与$\Delta T/T_1$ 的关系，可验证卡诺定理。

本实验中，电热功率可以计算，由热能转换的机械功率由 P-V 图面积与热机每秒转速相乘而得，测量并计算不同冷热端温度时热功转换效率，可验证卡诺定理。

当热机带负载时，热机向负载输出的功率可由力矩计测量计算而得，且热机实际输出

功率的大小随负载的变化而变化。在这种情况下，可测量计算出不同负载大小时的热机实际效率。

热机输出功率为

$$P_o = 2\pi nM$$

式中，n 表示热机每秒的转速，即输出功率为单位时间内的角位移与力矩的乘积；M 表示摩擦力矩，由力矩计读出。

2）实验仪器介绍及其工作原理

本实验仪器主要包括空气热机实验仪（实验装置部分）和空气热机测试仪两部分。

（1）空气热机实验仪。

① 电加热型热机实验仪如图 5.3.2 所示。

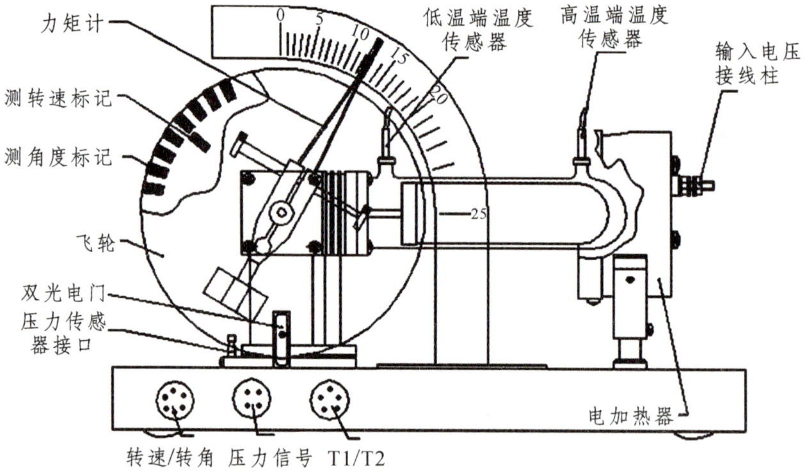

图 5.3.2 电加热型热机实验装置图

飞轮下部装有双光电门，上边的光电门用以定位工作活塞的最低位置，下边的光电门用以测量飞轮转动角度。热机实验仪以光电门信号为采样触发信号。

汽缸的体积随工作活塞的位移而变化，而工作活塞的位移与飞轮的位置有对应关系，在飞轮边缘均匀排列 45 个挡光片，采用光电门信号上下沿均触发方式，飞轮每转 4 度给出一个触发信号，由光电门信号可确定飞轮位置，进而计算汽缸体积。

压力传感器通过管道在工作汽缸底部与汽缸连通，测量汽缸内的压力。在高温和低温区都装有温度传感器，测量高低温区的温度。底座上的 3 个插座分别输出转速/转角信号、压力信号和高低端温度信号，使用专门的线和实验测试以主机相连，传送实时的测量信号。电加热器上的输入电压接线柱分别使用黄、黑两种线连接到电加热器电源的电压输出的正负极上。

热机实验仪采集光电门信号、压力信号和温度信号，经微处理器处理后，在仪器显示窗口显示热机转速和高低温区的温度。在仪器前面板上提供压力和体积的模拟信号，供连接示波器显示 P-V 图。所有信号均可经仪器前面板上的串行接口连接到计算机。

加热器电源为加热电阻提供能量，输出电压在 24 V ~ 36 V 连续可调，可以根据实验的实际需要进行调节加热电压。

力矩计悬挂在飞轮轴上，调节螺钉可调节力矩计与轮轴之间的摩擦力，由力矩计可读出摩擦力矩 M，进而算出摩擦力和热机克服摩擦力所做的功。经简单推导可得热机输出功率 $P=2\pi nM$，式中 n 为热机每秒的转速，即输出功率为单位时间内的角位移与力矩的乘积。

② 加热器电源前面板如图 5.3.3 所示。

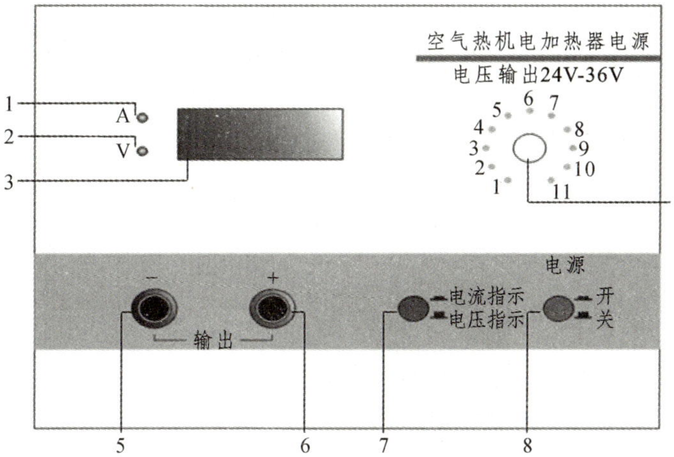

图 5.3.3　加热器电源前面板示意图

其中：

1—电流输出指示灯：当显示表显示电流输出时，该指示灯亮；

2—电压输出指示灯：当显示表显示电压输出时，该指示灯亮；

3—电流电压输出显示表：可以按切换方式显示加热器的电流或电压；

4—电压输出旋钮：可以根据加热需要调节电源的输出电压，调节范围为“24 V ~ 36 V”，共分做 11 档；

5—电压输出“－”接线柱：加热器的加热电压的负端接口；

6—电压输出“＋”接线柱：加热器的加热电压的正端接口；

7—电流电压切换按键：按下显示表显示电流，弹出显示表显示电压；

8—电源开关按键：打开和关闭仪器。

③ 加热器电源后面板如图 5.3.4 所示。

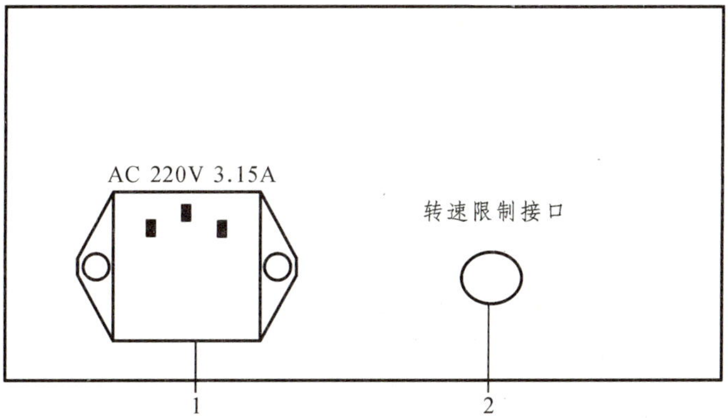

图 5.3.4　加热器电源后面板示意图

其中：

1—电源输入插座：输入 AC 220 V 电源，配 3.15 A 保险丝；

2—转速限制接口：当热机转速超过 15 n/s 后，主机会输出信号将电加热器电源输出电压断开，停止加热。

（2）空气热机测试仪。

空气热机测试仪分为微机型和智能型两种。微机型测试仪可以通过串口和计算机通讯，并配有热机软件，可以通过该软件在计算机上显示并读取 *P-V* 图面积等参数和观测热机波形；本实验用智能型测试仪，不能和计算机通信，只能用示波器观测热机波形。

① 测试仪前面板如图 5.3.5 所示。

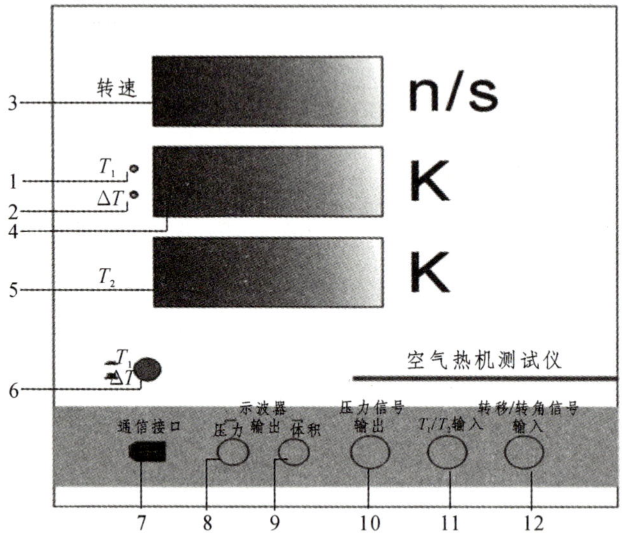

图 5.3.5　主机前面板示意图

其中：

1—T_1 指示灯：该灯亮表示当前的显示数值为热源端绝对温度；

2—ΔT 指示灯：该灯亮表示当前显示数值为热源端和冷源端绝对温度差；

3—转速显示：显示热机的实时转速，单位为“转/秒（n/s）”；

4—$T_1/\Delta T$ 显示：根据需要，可显示热源端绝对温度或冷热两端绝对温度差，单位为“开尔文（K）”；

5—T_2 显示：显示冷源端的绝对温度值，单位为“开尔文（K）”；

6—$T_1/\Delta T$ 显示切换按键：按键通常为弹出状态，表示 4 中显示的数值为热源端绝对温度 T_1，同时 T_1 指示灯亮，当按键按下后，显示为冷热端绝对温度差ΔT，同时ΔT 指示灯亮；

7—通信接口：使用 1394 线热机通信器相连，再用 USB 线将通信器和计算机 USB 接口相连，如此可以通过热机软件观测热机运转参数和热机波形（仅适用于微机型）；

8—示波器压力接口：通过 Q_9 线和示波器 Y 通道连接，可以观测压力信号波形；

9—示波器体积接口：通过 Q_9 线和示波器 X 通道连接，可以观测体积信号波形；

10—压力信号输入口（四芯）：用四芯连接线和热机相应的接口相连，输入压力信号；

11—T_1/T_2输入口（五芯）：用六芯连接线和热机相应的接口相连，输入 T_1/T_2温度信号；

12—转速/转角信号输入口（五芯）：用五芯连接线和热机相应的接口相连，输入转速/转角信号。

② 测试仪后面板如图 5.3.6 所示。

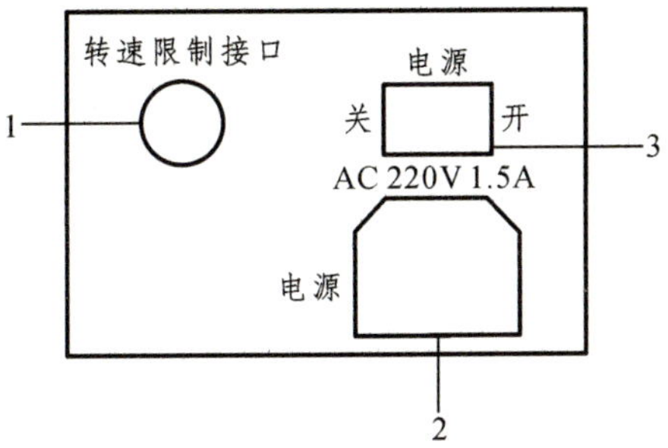

图 5.3.6　主机后面板示意图

其中：

1—转速限制接口：加热源为电加热器时使用的限制热机最高转速的接口，当热机转速超过 15 n/s（会伴随发出间断蜂鸣声）后，热机测试仪会自动将电加热器电源输出断开，停止加热；

2—电源输入插座：输入 AC 220 V 电源，配 1.25 A 保险丝；

3—电源开关：打开和关闭仪器。

（3）各部分仪器的连接方法。

将各部分仪器安装摆放好后，根据实验仪上的标识使用配套的连接线将各部分仪器装置连接起来。其连接方法如下：

① 用一根 Q_9 线将主机测试仪的压力信号和双踪示波器的 Y 通道连接，再用另一根 Q_9 线将主机测试仪的体积信号和双踪示波器的 X 通道连接。

② 用两芯的连接线将主机测试仪后面板上的“转速限制接口”和电加热器电源后面板上的“转速限制接口”连接起来。

③ 用鱼叉线将电加热器电源的输出接线柱和电加热器的“输入电压接线柱”连接起来，黑色线对黑色接线柱，黄色线对红色接线柱，而在电加热器上的两个接线柱不需要区分颜色，可以任意连接。

【实验步骤】

1. 据实验仪面板上的标识，将各部分仪器连接起来，确认正确连接后打开实验仪和电加热器电源的电源开关，开始实验。

2. 用手顺时针拨动飞轮，结合图 5.3.1，仔细观察热机循环过程中工作活塞与位移活塞的运动情况，切实理解空气热机的工作原理。

3. 按图 5.3.2 连接实验装置，将力矩计调松减小摩擦力。将加热电压加到 36 V。等待约 10 min，加热电阻丝已发红后，用手顺时针拨动飞轮，热机即可运转（若运转不起来，可看看热机实验仪显示的温度，冷热端温度差在 50 度以上时易于起动）。

4. 减小加热电压至 24 V，测量加热电压和电流。等待约 10 min，温度和转速平衡后，在示波器上观察压力和容积信号，以及压力和容积信号之间的相位关系等，然后从热机实验仪（或计算机）上读取温度和转速，从双踪示波器显示的 P-V 图估算（或计算机上读取）P-V 图面积，记入表 5.3.1 中。

5. 逐步加大加热功率，等待约 10 min，温度和转速平衡后，重复以上测量，记入表 5.3.1 中。

6. 以$\Delta T/T_1$为横坐标，$nA/\Delta T$为纵坐标，在坐标纸上作$nA/\Delta T$与$\Delta T/T_1$的关系图，验证卡诺定理。

7. 在最大加热功率下，用手轻触飞轮让热机停止运转，然后将力矩计装在飞轮轴上，拨动飞轮，让热机继续运转。调节力矩计的摩擦力（不要停机），待输出力矩、转速、温度稳定后，读取并记录各项参数，填入表 5.3.2 中。

8. 保持输入功率不变，逐步增大输出力矩，重复以上测量至少 5 次。

9. 以 n 为横坐标，P_o为纵坐标，在坐标纸上作 P_o与 n 的关系图，表示同一输入功率下，输出偶合不同时输出功率或效率随偶合的变化关系。

【注意事项】

1. 加热端在工作时温度很高，而且在停止加热后 1 h 内仍然会有很高温度，请小心操作，否则会被烫伤。

2. 热机在没有运转状态下，严禁长时间大功率加热，若热机运转过程中因各种原因停止转动，必须用手拨动飞轮帮助其重新运转或立即关闭电源，否则会损坏仪器。

3. 热机汽缸等部位为玻璃制造，容易损坏，请谨慎操作。

4. 记录测量数据前须保证已基本达到热平衡，避免出现较大误差。等待热机稳定读数的时间一般在 10 min 左右。

5. 在读力矩的时候，力矩计可能会摇摆。这时可以用手轻托力矩计底部，缓慢放手后可以稳定力矩计。如还有轻微摇摆，读取中间值。

6. 飞轮在运转时，应谨慎操作，避免被飞轮边沿割伤。

【课前预习】

1. 空气热机主机由____________、____________、工作活塞及汽缸、位移活塞及汽缸、____________、连杆、____________等部分组成。

2. 对于循环过程可逆的理想热机，热功转换效率：$\eta = A/Q_1 = (Q_1 - Q_2)/Q_1 = (T_1 - T_2)/T_1 = \Delta T/T_1$。式中，$A$ 为每一循环中________，Q_1 为热机每一循环从__________，Q_2 为热机每一循环向____________，T_1 为__________的绝对温度，T_2 为___________的绝对温度。

3. 电加热型热机实验仪中____________部件，在工作时温度很高，而且在停止加热后 1 小时内仍然会有很高温度，请小心操作，否则会被烫伤。

4. __________在运转时，应谨慎操作，避免被__________边沿割伤。

【数据记录】

表 5.3.1、表 5.3.2 中的热端温度 T_1、温差ΔT、转速 n、加热电压 U、加热电流 I、输出力矩 M 可以直接从仪器上读出来，P-V 图面积 A 可以根据示波器上的图形估算得到，也可以从计算机软件直接读出（仅适用于微机型热机测试仪），其单位为焦耳；其他的数值可以根据前面的读数计算得到。

示波器 P-V 图面积的估算方法如下：根据仪器介绍和说明，用 Q_9 线将仪器上的示波器输出信号和双踪示波器的 X，Y 通道相连。将 X 通道的调幅旋钮旋到"0.1V"挡，将 Y 通道的调幅旋钮旋到"0.2V"挡，然后将两个通道都打到交流挡位，并在"X-Y"挡观测 P-V 图，再调节左右和上下移动旋钮，可以观测到比较理想的 P-V 图。再根据示波器上的刻度，在坐标纸上描绘出 P-V 图，如图 5.3.7 所示。以图中椭圆所围部分每个小格为单位，采用割补法、近似法（如近似三角形、近似梯形、近似平行四边形等）等方法估算出每小格的面积，再将所有小格的面积加起来，得到 P-V 图的近似面积，单位为"2V"。根据容积 V、压强 P 与输出电压的关系，可以换算为焦耳。容积（X 通道）为 $1.333\times10^{-5}\ \text{m}^3$，压力（Y 通道）为 $2.164\times10^4\ \text{Pa}$，则 $1\text{V}^2 = 0.288\ \text{J}$。

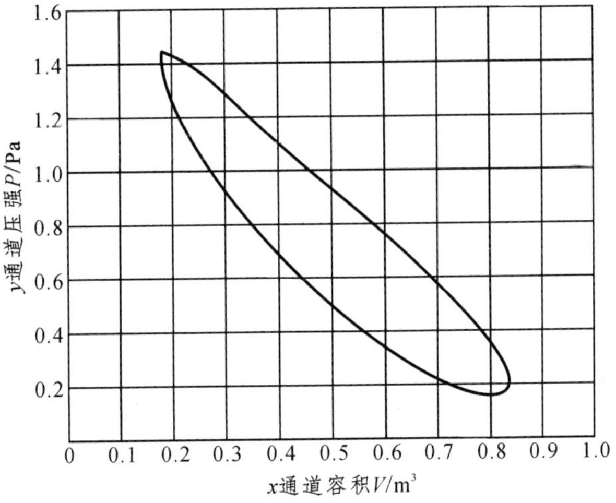

图 5.3.7　示波器观测的热机实验 P-V 图

表 5.3.1　不同冷热端温度时的热功转换

加热电压 U/V	热端温度 T_1/°C	温度差 ΔT/°C	$\Delta T/T_1$	A（P-V 图面积）	热机转速 n	$nA/\Delta T$

表 5.3.2　热机输出功率随负载及转速的变化关系

热端温度 T_1/°C	温度差 ΔT/°C	输出力矩 M	热机转速 n	输出功率 P_o/W	输出效率 $\eta_{o/i}=\dfrac{P_o}{P_i}$

注：输入功率 $P_i=VI$。

【数据处理】

1. 验证卡诺定理。测量不同冷热端温度时的热功转换值（见表 5.3.1），作 $nA/\Delta T$ 与 $\Delta T/T_1$ 的关系图，验证卡诺定理。

2. 测量热机输出功率随负载及转速的变化关系（见表 5.3.2），以 $\Delta T/T_1$ 为横坐标，$nA/\Delta T$ 为纵坐标，得到二者的关系图，并作图加以分析。在外加负载不变的情况下，随着热功率增大，$nA/\Delta T$ 与 $\Delta T/T_1$ 基本呈线性关系，由此验证了卡诺定理。

【思考题】

为什么 P-V 图面积等于热机在一次循环过程中将热能转换为机械能的数值？

【实验心得】（不少于 100 字）

5.4　受迫振动与共振的研究

实际的振动系统总会受到各种阻力。系统的振动因为要克服内在或外在的各种阻尼而消耗自身的能量。如果系统没有补充能量，振动就会衰减，最终停止振动。要使振动能持续下去，就必须对系统振子施加持续的周期性外力，以补充因各种阻尼而损失的能量。振子在周期性外力作用下产生的振动叫作受迫振动。当外加的驱动力的频率与振子的固有频率满足一定关系时，会产生共振现象。音叉是一个典型的振动系统，其双臂对称、振动相反，而中心杆处于振动的节点位置，净受力为零而不振动，将它固定在音叉固定架上是不会引起振动衰减的。其固有频率可因其质量和音叉臂长短、粗细而不同。音叉广泛应用于多个行业，如用于产生标准的“纯音”、鉴别耳聋的性质、用于检测液位的传感器、用于检测液体密度的传感器，以及计时等。本实验借助于音叉，研究受迫振动及共振现象。用带铁芯的电磁线圈产生不同频率的电磁力，作为驱动力，同样用电磁线圈来检测音叉振幅，测量受迫振动系统振动与驱动力频率的关系，研究受迫振动与共振现象及其规律。它具有不直接接触音叉，测量灵敏度高等特点。

阅读材料：

我国唐代《刘宾客嘉话录》里，记载了这样一个有趣的故事：洛阳的一座古庙里，某和尚房间里的一个磬，敲击时可以发出悦耳的声音。但这个磬经常不敲却自鸣，和尚很害怕，反复琢磨也找不出原因来。后来，和尚把磬锁在一间空房子里，它仍然不敲自鸣。和尚百思不得其解，竟因此吓得大病一场。他的朋友曹绍夔听说后，特地去看望他，问明了事由，就仔细研究起来。他发现当寺院敲钟时，磬也响起来了，而且每次自鸣都出现在庙里敲钟的时候。第二天，曹绍夔用一把锉刀在磬上锉了两下，说句：“善哉，善哉。”那磬就不再自鸣了。和尚问其道理，曹绍夔笑道：“此磬与律合，故击此，彼应也。”这就是共鸣。

19 世纪中叶，在法国里昂附近有一座 102 米长的桥，一队士兵以整齐的步伐走在桥上。突然桥由于发生共振而倒塌，士兵们落入水中。在这次事件中，死亡 226 人。以后，部队过桥都不许齐步走，只许便步走。

共振在很多场合是有害的，必须设法防止。例如，有经验的人挑水的时候，总是把两头的绳子放长一些，这样挑起来要稳定些，同时还要在水面上放一片木板。放长了绳子可以使担子的固有频率变小，与人肩头摆动的频率错开；加上木板防止了水和肩头摆动发生共振，避免水溅到桶外。再如，火车轮和车轨缝相撞时也可能引起共振。在制造火车时必须考虑到车厢下弹簧的固有频率，防止发生共振。冲床、汽锤和各种机械在工作时都有一定的频率，工程师在设计厂房和安装设备时，也应当采取措施，避免发生共振。

【实验目的】

1. 研究音叉振动系统在驱动力作用下振幅与驱动力频率的关系，测量并绘制它们的关系曲线，求出共振频率和振动系统振动的锐度。

2. 通过对音叉双臂振动与对称双臂质量关系的测量，研究音叉共振频率与附在音叉双臂一定位置上相同物块质量的关系。

3. 通过测量共振频率的方法，测量附在音叉上的一对物块的未知质量。

4. 在音叉增加阻尼力情况下，测量音叉共振频率及锐度，并与小阻尼力情况下进行对比。

【实验仪器】

FD-VR-A 型受迫振动与共振实验仪（包括主机和音叉振动装置），加载质量块（成对），阻尼片，电子天平（共用），示波器（选做用）。

【实验原理】

1）理论基础

（1）简谐振动与阻尼振动。

许多振动系统如弹簧振子的振动、单摆的振动、扭摆的振动等，在振幅较小而且在空气阻尼可以忽视的情况下，都可作简谐振动处理。即此类振动满足简谐振动方程：

$$\frac{d^2x}{dt^2}+\omega_0^2x=0 \qquad (5.4.1)$$

解得

$$x = A\cos(\omega_0 t + \varphi) \tag{5.4.2}$$

对弹簧振子振动圆频率 $\omega_0 = \sqrt{\dfrac{K}{m+m_0}}$，$K$ 为弹簧劲度系数，m 为振子的质量，m_0 为弹簧的等效质量。弹簧振子的周期 T 满足：

$$T^2 = \frac{4\pi^2}{K}(m+m_0) \tag{5.4.3}$$

但实际的振动系统存在各种阻尼因素，因此式（5.4.1）左边须增加阻尼项。在小阻尼情况下，阻尼与速度成正比，表示为 $2\beta\dfrac{\mathrm{d}x}{\mathrm{d}t}$，则相应的阻尼振动方程为

$$\frac{\mathrm{d}^2x}{\mathrm{d}t^2} + 2\beta\frac{\mathrm{d}x}{\mathrm{d}t} + \omega_0^2 x = 0 \tag{5.4.4}$$

式中，β 为阻尼系数。当 $\beta < \omega_0$ 时，称为弱阻尼振动，其解为

$$x = A\mathrm{e}^{-\beta t}\cos(\omega t + \varphi) \tag{5.4.5}$$

式中，$\omega = \sqrt{\omega_0^2 - \beta^2}$ 。

（2）受迫振动与共振。

阻尼振动的振幅随时间会衰减，最后会停止振动。为了使振动持续下去，外界必须给系统一个周期变化的驱动力。一般采用的是随时间作正弦函数或余弦函数变化的驱动力，在驱动力作用下，振动系统的运动满足下列方程：

$$\frac{\mathrm{d}^2x}{\mathrm{d}t^2} + 2\beta\frac{\mathrm{d}x}{\mathrm{d}t} + \omega_0^2 x = \frac{F}{m'}\cos\omega_p t \tag{5.4.6}$$

式中，$m' = m + m_0$ 为振动系统的质量；F 为驱动力的振幅；ω_p 为驱动力的圆频率。

式（5.4.5）为振动系统作受迫振动的方程，它的解包括两项：第一项为瞬态振动，由于阻尼存在，振动开始后振幅不断衰减，最后较快地为零；第二项为稳态振动的解，即

$$x = A\cos(\omega_p t + \varphi) \tag{5.4.7}$$

式中

$$A = \frac{F/m'}{\sqrt{(\omega_0^2 - \omega^2)^2 + 4\beta^2\omega^2}}$$

当驱动力的圆频率 $\omega_r = \sqrt{\omega_0^2 - 2\beta^2}$ 时，振幅 A 出现极大值，此时称为位移共振。显然 β 越小，x-ω关系曲线的极值越大。描述这种曲线陡峭程度的物理量称为锐度，其值等于品质因素：

$$Q=\frac{\omega_r}{\omega_2-\omega_1}=\frac{f_r}{f_2-f_1} \tag{5.4.8}$$

式中，f_r 表示共振频率；f_1，f_2 表示半功率点的频率，即对应振幅为振幅最大值的 $\frac{1}{\sqrt{2}}$ 倍的频率。

2）实验仪器介绍及其工作原理

FD-VR-A 型受迫振动与共振实验仪主要由电磁激振驱动线圈、音叉、电磁线圈传感器、支座、低频信号发生器、交流数字电压表（0 ~ 1.999 V）等部件组成（见图 5.4.1）。

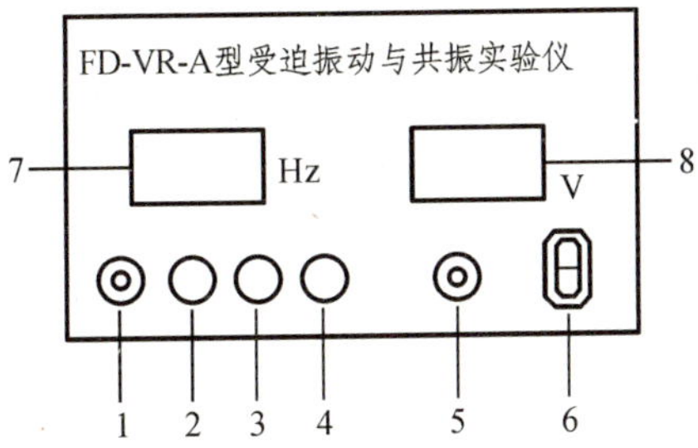

（a）主机部分

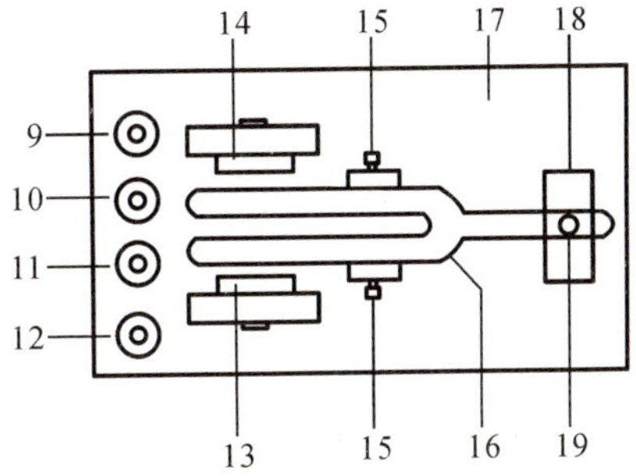

（b）音叉振动装置

1—低频信号输出接口；2—输出幅度调节钮；3—频率调节钮；4—频率微调钮；5—电压输入接口；6—电源开关；7—信号发生器频率显示窗；8—数字电压表显示窗；9—电压输出接口；10—示波器接口 Y；11—示波器接口 X；12—低频信号输入接口；13—电磁激振驱动线圈；14—电磁探测线圈传感器；15—质量块；16—音叉；17—底座；18—支架；19—固定螺丝。

图 5.4.1　FD-VR-A 型受迫振动与共振实验仪装置图

在音叉的两双臂外侧两端对称地放置两个激振线圈，其中一端激振线圈在由低频信号发生器供给的正弦交变电流作用下产生交变磁场激振音叉，使之产生正弦振动。当线圈中的电流最大时，吸力最大；电流为零时磁场消失，吸力为零，音叉被释放，因此音叉产生的振动频率与激振线圈中的电流有关。频率越高，磁场交变越快，音叉振动的频率越大；反之则小。另一端线圈因为变化的磁场产生感应电流，输出到交流数字电压表中。因为 $I = \mathrm{d}B/\mathrm{d}t$，而 $\mathrm{d}B/\mathrm{d}t$ 取决于音叉振动中的速度 υ，速度越快，磁场变化越快，产生电流越大，电压表显示的数值越大，即电压值和速度振幅成正比，因此可用电压表的示数代替速度振幅。由此可知，将探测线圈产生的电信号输入交流数字电压表，可研究音叉受迫振动系统在周期外力作用下振幅与驱动力频率的关系及其锐度，以及在增加音叉阻尼力的情况下，振幅与驱动力频率的关系及其锐度。

【实验步骤】

1. 必做实验。

（1）仪器接线用屏蔽导线把低频信号发生器输出端与激振线圈的信号（电压）输入端相接；用另一根屏蔽线将电磁激振线圈的信号（电压）输出端与交流数字电压表的输入端连接。

（2）接通电子仪器的电源，将输出幅度调节钮 2 逆时针调到最小，使仪器预热 15 min。

（3）测定共振频率 f_r 和振幅 A_r。在音叉臂空载，空气阻尼很小的情况下，将低频信号发生器的输出信号频率调节钮 3 由低到高缓慢调节（参考值约为 250 Hz），仔细观察交流数字电压表的读数，当交流电压表读数达最大值时，记录音叉共振时的频率 f_r 和共振时交流电压表的读数 A_r。

（4）测量共振频率 f_r 两边的数据。在信号发生器输出幅度保持不变的情况下，频率由低到高，测量数字电压表示值 A 与驱动力的频率 f_i 之间的关系。注意：应在共振频率附近，通过调节频率微调钮 4 多测几个点。总共测 20 ~ 26 个数据，记录在表 5.4.1 中。

（5）在音叉一臂上（近激振线圈）用小磁钢将一块阻尼片吸在臂上，用电磁力驱动音叉。在增加空气阻尼的情况下，按照步骤 3、4 测量音叉的共振频率，记录音叉振动频率 f_i 与交流电压表的读数 A，记录在表 5.4.2 中。

（6）在电子天平上称出（5 对）不同质量块的质量值，记录在表 5.4.3 中。

（7）将不同质量块分别加到音叉双臂指定的位置上，并用螺丝旋紧。测出音叉双臂对称加相同质量物块时，相对应的共振频率。记录 f_r-m 关系数据于表 5.4.3 中。

（8）用一对未知质量的物块 m_x 替代已知质量物块，测出音叉的共振频率 f_x，求出未知质量的物块 m_x。

2. 选做实验。

用示波器观测激振线圈的输入信号和电磁线圈传感器的输出信号，测量它们的相位关系。

【注意事项】

1. 本实验所绘制的曲线是在驱动力力幅恒定的条件下进行的。所以低频信号发生器的输出电压一经确定之后，在整个实验过程中都要保持这个电压不变，而且要及时核对调节。

2. 注意信号源的输出不要短路，以防止烧坏仪器。

3. 请勿随意用工具将固定螺丝拧松，以避免电磁线圈引线断裂。

4. 传感器部位是敏感部位，外面有保护罩防护，使用者不可以将保护罩拆去，或用工具伸入保护罩，以免损坏电磁线圈传感器及引线。

5. 适当调节幅度调节钮，使信号发生器输出电压不宜过大，避免共振时因输出振幅过大而超出数字电压表量程，或造成音叉响度过大，给人耳带来不适。

【课前预习】

1. 弹簧振子的振动、单摆的振动、扭摆的振动等振动系统，在振幅较小而且在空气阻尼可以忽视的情况下，都可作简谐振动处理，此类振动满足简谐振动方程：______________。

2. 对于弹簧振子振动圆频率 $\omega_0 = \sqrt{\dfrac{K}{m+m_0}}$，$K$ 为______________，m 为______________，m_0 为______________。弹簧振子的周期 T 满足：______________。

3. 阻尼振动的振幅随时间会衰减，最后会停止振动。为了使振动持续下去，外界必须给系统一个周期变化的驱动力。一般采用的是随时间作正弦函数或余弦函数变化的驱动力，在驱动力作用下，振动系统的运动满足下列方程：______________________________，式中，$m' = m + m_0$ 为______________，F 为______________，ω 为______________。

4. FD-VR-A 型受迫振动与共振实验仪主要由__________、__________、__________、__________、__________、__________等部件组成。

5. 传感器部位是敏感部位，外面有保护罩防护，使用者不可以将保护罩拆去，或用工具伸入保护罩，以免损坏__________及__________。

6. 适当调节幅度调节钮，使信号发生器输出__________不宜过大，避免共振时因输出振幅过大而超出数字电压表量程，或造成__________过大，给__________带来不适。

【数据记录及处理】

1. 共振频率 f_r 和振幅 A_r 的关系。

（1）在音叉臂空载，空气阻尼很小的情况下，记录音叉振动的频率 f_i 与交流电压表的读数 A，记录在表 5.4.1 中。

（2）根据表 5.4.1 的数据绘制 A-f_i 关系曲线，测出共振频率，求出两个半功率点 f_2 和 f_1，计算音叉的锐度（Q 值）。

（3）在音叉臂上加薄片，增加空气阻尼时，记录音叉振动的频率 f_i 与交流电压表的读数 A，记录在表 5.4.2 中，绘制 A-f_i 关系曲线，测出共振频率，计算音叉的锐度（Q 值），并与阻尼很小的情况（见表 5.4.1）进行比较说明。

表 5.4.1　空气阻尼很小时频率 f_i 和振幅 A 的关系

f_i/Hz									
A/V									
f_i/Hz									
A/V									

表 5.4.2　空气阻尼较大时频率 f_i 和振幅 A 的关系

f_i/Hz									
A/V									
f_i/Hz									
A/V									

2. 音叉的共振频率与双臂质量的关系。

（1）将逐次加载的质量块 m 与音叉的共振频率 f_i 记录在表 5.4.3 中。

（2）根据表 5.4.3 数据绘制 T^2-m 关系曲线图，求出直线斜率 B 和在 m 轴上的截距 m_0。

（3）用音叉共振法测物块质量测得共振频率 f_r = ________Hz，利用 T^2-m 关系曲线测得未知物块质量 m_x = ________g。

表 5.4.3　共振频率 f_i 与双臂质量 m 的关系

m/g									
f_i/Hz									
$T^2\times10^{-5}/s^2$									

【思考题】

1. 在测量振动频率与振幅间关系的过程中，为什么低频信号发生器输出幅度要保持不变？

2. 从实验所绘制的共振曲线来看，在驱动力力幅不变的情况下，欲降低振动系统的共振幅度应采取什么措施？有何实际价值？

3. 举例说明共振现象在实际生活中的应用。

【实验心得】（不少于 100 字）

5.5　常用电路元器件伏安特性的测量

电路中有各种电学元件，如线性电阻、半导体二极管和三极管，以及光敏、热敏和压敏等元件。知道这些元件的伏安特性，对正确地使用它们是至关重要的。利用滑线变阻器的分压接法，通过电压和电流表正确地测出它们的电压与电流的变化关系称为伏安测量法（简称伏安法）。伏安法是电学中常用的一种基本测量方法。

阅读材料：

电子元器件行业是电子信息产业的基础支撑，1883 年美国发明家爱迪生发现了热电效应，1904 年佛莱明利用热电效应成功制作了二极管，1906 年美国德弗雷斯发明了电子三极，1946 年在美国诞生了第一台电脑，名叫 ENIAC，其使用了 18 800 个电子管，占地 170 平方米，重达 30 吨。我国从 20 世纪 90 年代才开始发展电子元器件产业，经历了从无到有的过程，通信设备、消费电子产品、电脑计算机、互联网技术应用产品、汽车电子产品、机顶盒等行业发展迅速，随着国际制造行业向我国转移，我国大陆电子元器件行业获得了迅猛发展趋势。据电子商情网数据信息，现阶段在我国电子元器件行业总产值占电子信息产业的五分之一，电子元器件行业已变成支撑我国电子信息产业发展的关键。未来，新型元器件将继续向微小型化、集成化、柔性化、系统化方向发展。

【实验目的】

1. 了解分压器电路的调节特性。
2. 验证欧姆定律。
3. 掌握测量伏安特性的基本方法。
4. 学会直流电源、滑线变阻器、电压表、电流表、电阻箱等仪器的正确使用方法。

【实验仪器】

直流电源，滑线变阻器，电压表，电流表，500 Ω的电阻，68 Ω的保护电阻，二极管，单刀双掷开关及导线若干等。

【实验原理】

1）分压电路及其调节特性

（1）分压电路的接法。

如图 5.5.1 所示，将变阻器 R 的两个固定端 A 和 B 接到直流电源 E 上，而将滑动端 C 和任一固定端（A 或 B，图中为 B）作为分压的两个输出端接至负载 R_L。图中，B 端电位最低，C 端电位较高，CB 间的分压 U 随滑动端 C 的位置改变而改变，U 值可用电压表来测量。滑线变阻器的这种接法通常称为分压接法。分压器的安全位置一般是将 C 滑至 B 端，这时分压为零。

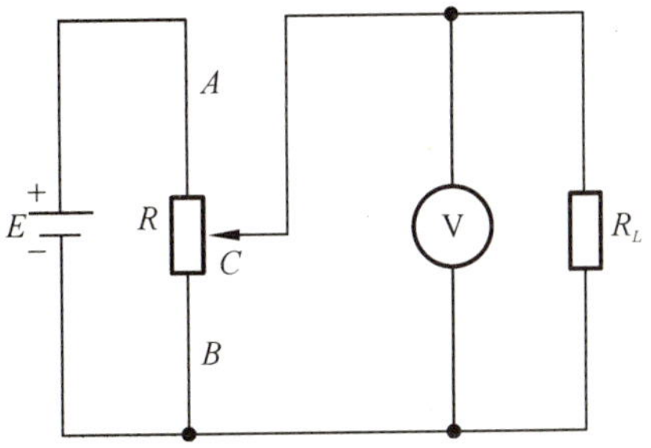

图 5.5.1　分压电路示意图

（2）分压电路的调节特性。

如果电压表的内阻大到可忽略它对电路的影响，根据欧姆定律，很容易得出分压：

$$U=\frac{R_{BC}R_L}{RR_L+(R-R_{BC})R_{BC}}E \tag{5.5.1}$$

从式（5.5.1）可见，因为电阻 R_{BC} 可以从零变到 R，所以分压 U 的调节范围为 $0\sim E$，分压曲线与负载电阻 R_L 的大小有关。理想情况下，即当 $R_L>>R$ 时，$U=ER_{BC}/R$，分压 U 与阻值 R_{BC} 成正比，亦即随着滑动端 C 从 B 滑至 A，分压 U 从 $0\sim E$ 线性增大。当 R_L 不是比 R 大很多时，分压电路输出电压就不再与滑动端的位移成正比了。实验研究和理论计算都表明，分压与滑动端位置之间的关系如图 5.5.2 所示。R_L/R 越小，曲线越弯曲，这就是说当滑动端从 B 端开始移动，在很大一段范围内分压增加很小，接近 A 端时，分压急剧增大，这样调节起来不太方便。因此，作为分压电路的变阻器通常要根据外接负载的大小来选用，必要时，还要同时考虑电压表内阻对分压的影响。

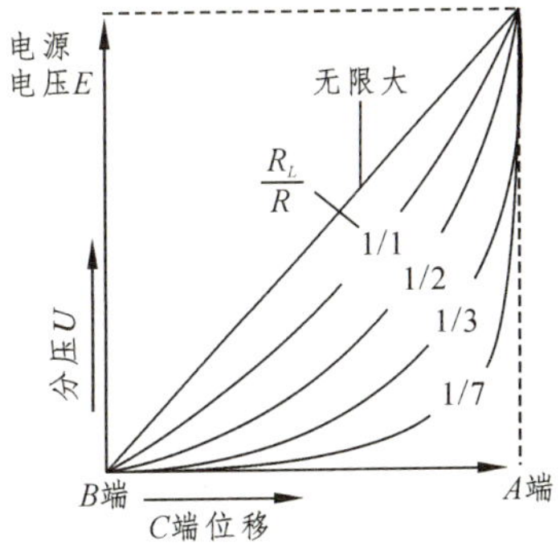

图 5.5.2　分压电路输出电压与滑动端位置的关系

2）电学元件的伏安特性

在某一电学元件两端加上直流电压，在元件内就会有电流通过，通过元件的电流与端电压之间的关系称为电学元件的伏安特性。在欧姆定律 $U=IR$ 中，电压 U 的单位为 V，电流 I 的单位为 A，电阻 R 的单位为Ω。一般以电压为横坐标，以电流为纵坐标，作出元件的电压—电流关系曲线，称为该元件的伏安特性曲线。

对于碳膜电阻、金属膜电阻、线绕电阻等电学元件，在通常情况下，通过元件的电流与加在元件两端的电压成正比关系变化，即其伏安特性曲线为一直线，这类元件称为线性元件，图 5.5.3 所示为某线性元件的伏安特性。半导体二极管、稳压二极管等元件，通过元件的电流与加在元件两端的电压不成线性关系变化，其伏安特性为一曲线，这类元件称为非线性元件，图 5.5.4 所示为某非线性元件的伏安特性。

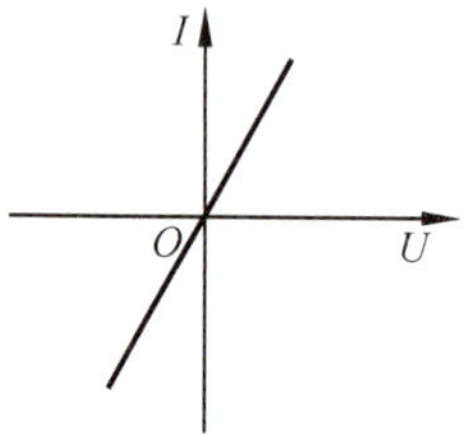

图 5.5.3　线性元件的伏安特性图

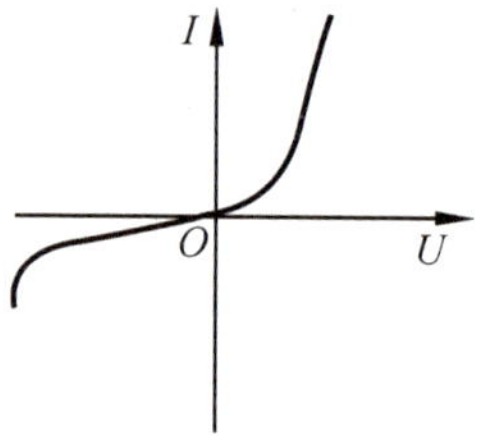

图 5.5.4　非线性元件的伏安特性图

在设计测量电学元件伏安特性的线路时，必须了解待测元件的规格，使加在它上面的电压和通过的电流均不超过额定值。此外，还必须了解测量时所需其他仪器的规格（如电源、电压表、电流表、滑线变阻器等的规格），也不得超过其量程或使用范围。根据这些条件所设计的线路，可以将测量误差减到最小。

3）实验线路的比较与选择

在测量电阻 R 的伏安特性的线路中，常有两种接法，即图 5.5.5（a）中电流表内接法和图 5.5.5（b）中电流表外接法。电压表和电流表都有一定的内阻（分别设为 R_V 和 R_A）。简化处理时，直接用电压表读数 U 除以电流表读数 I 来得到被测电阻值 R，即 $R=U/I$，这样会引入一定的系统性误差。当电流表内接时，电压表读数比电阻端电压值大，即

$$R=\frac{U}{I}-R_A \tag{5.5.2}$$

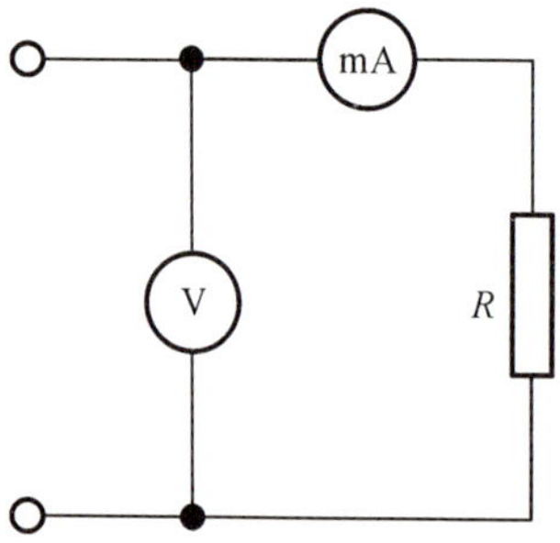

（a）电流表内接

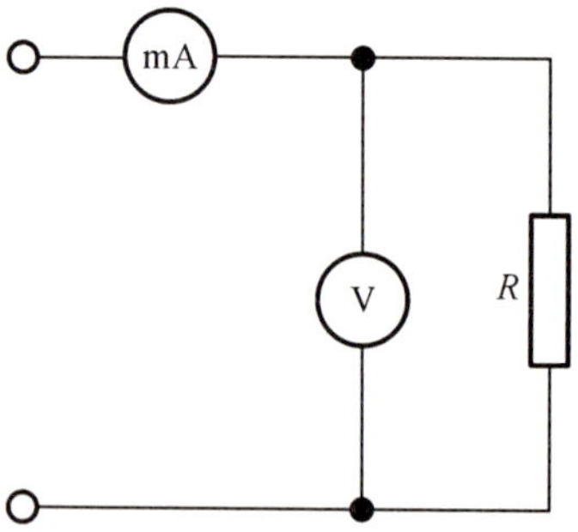

（b）电流表外接

图 5.5.5　电流表的内、外接线路

当电流表外接时，电流表读数比电阻 R 中流过的电流大，这时应有

$$\frac{1}{R}=\frac{1}{U}-\frac{1}{R_V} \tag{5.5.3}$$

式（5.5.2）和式（5.5.3）中，R_A 和 R_V 分别代表安培表和伏特表的内阻。比较电流表的内接法和外接法，显然，如果简单地用 U/I 值作为被测电阻值，电流表内接法的结果偏大，而电流表外接法的结果偏小，都有一定的系统性误差。除了需要这样简化处理的实验场合，为了减少上述系统性误差，测量电阻的线路方案可以粗略地按下列办法选择：

（1）当 $R \ll R_V$，且 R 较 R_A 大得不多时，宜选用电流表外接；

（2）当 $R \gg R_A$，且 R 较 R_V 相差不多时，宜选用电流表内接；

（3）当 $R \gg R_A$，且 $R \ll R_V$，则必须先用电流表内接法和外接法测量，然后再比较电流表的读数变化大还是电压表的读数变化大，根据比较结果再决定采用内接法还是外接法。

如果要得到待测电阻的准确值，则必须测出电表内阻并按式（5.5.2）和式（5.5.3）进行修正，本实验不进行这种修正。

4）实验仪器介绍及其工作原理

（1）直流电源。

直流电源分为化学电源和直流稳压电源，用符号 DC 表示。化学电源是将化学能转换成电能的装置，亦称化学电池。直流稳压电源是将交流电转换成直流电的设备。实验室常用的稳压电源多为直流 5 A 以下三路输出型直流电源。直流电源具有恒压、恒流工作功能（CV/CC），且这两种模式可随着负载变化而进行自动转换。

直流稳压电源工作原理包括：

① 换挡原理：由于输出电压的变化范围 0 ~ 32 V，所以采用变压器次级输出的交流电压换挡后加至整流器。这个过程是由换挡控制电路及驱动电路来完成的。换挡时刻是由输出电压的变化过程决定的。恒压、恒流工作的相互转换原理：当恒压工作时，电压比较放大器对整流管处于优先控制状态。在实际转换中存在转换交迭区。当然这个交迭区越小，恒压、恒流的转换特性越好。

② 调整电路：调整电路是串联线性调节器，由误差放大器控制，使之对输出参数进行线性调整。

③ 比较放大器：比较放大器相对于调整级来说，其馈电方式为全悬浮式。该电路的优点是调整范围大，精度高，电路简单，可靠性高，不怕过载或短路。

④ 基准源：由 2DW7C 类的零温度系数基准电压二极管构成，具有电路简单可靠、精度稳定度高的特点。

⑤ 指示电路：由两块高灵敏度磁电式仪表组成，可由面板上的琴键开关控制，对输出电压或电流进行指示。其指示精度为 2.5 级。

⑥ 串联主从跟踪工作原理：当直流电源处于恒压工作模式，其输出电流达到恒流点设定值时，则恒流比较放大器对调整管的起控处于优先级，直流电源的工作模式转向恒流工作模式。

（2）电表。

电表的种类很多，按其测量机构的工作原理不同可分为磁电式、电磁式、电动式、热电式、感应式等。每种类型的电表的特性不同，用途也不同。物理实验中常用的电表多数为磁电式。这种电表具有较高的灵敏度和准确度，功耗小，刻度均匀，读数方便，一般用于直流测量。

磁电式电表的测量机构为磁电式电流计。磁电式电流计如图 5.5.6 所示，其基本结构包括永久磁铁、极掌、圆柱形铁心、线圈、指针、游丝、半轴、调零螺杆、平衡锤等。永久磁铁的两极上联有带圆筒孔腔的极掌，极掌间装有圆柱形软铁心，铁心的作用是增强极掌与铁心间的空隙的磁场，并使磁场均匀地沿径向分布。极掌与铁芯间装有长方形线圈，线圈长轴方向上装有转轴，轴尖被支承在轴承上，使线圈中通电后可自由转动。轴上固定有一根轻质指针，指针指向刻度盘，供读数使用，线圈上固定有游丝。

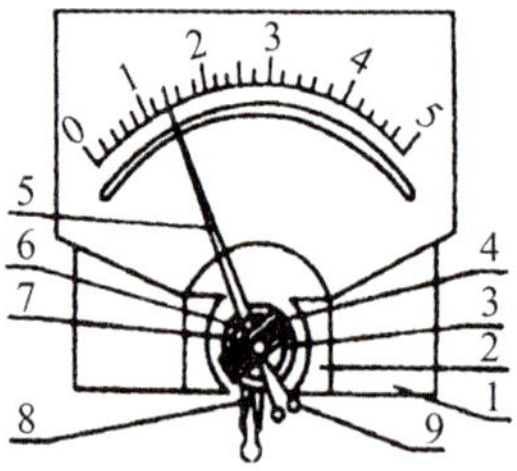

1—永久磁铁；2—极掌；3—圆柱形铁心；4—线圈；5—指针；6—游丝；
7—半轴；8—调零螺杆；9—平衡锤。

图 5.5.6　磁电式电流计

磁电式电流计的工作原理如下：通电线圈在极掌与铁心间的磁场中受到磁力矩的作用发生偏转，由于磁场强度、线圈面积和匝数一定，偏转角度与通电线圈的电流强度成正比，偏转至磁力矩与游丝弹性恢复力矩平衡时，指针停留在某一确定位置，由刻度盘的刻度读出相应数值。

磁电式电流计所能允许通过的电流较小，它可直接用于检验电路中有无电流流过，这种用法的电流计称为灵敏电流计。对于较小的电流，也可以直接进行测量。对于大电流、电压的测量，必须采用分流、分压方法将其组装成不同的电流表、电压表，其基本测量原理相同。

（3）数字式电表。

数字式电表由于具有内阻大（大约在 MΩ数量级）、精度高（一般均在三位半以上）和自动过载保护电路等优点，现有着逐步取代指针式电表的趋势而被广泛应用于各种电路测量场合。它的使用方式基本上等同于指针式电表的使用方式，具体技术指标见使用说明书。

（4）电阻器。

在实验中，常使用电阻器来调节电路中的电压和电流，或组成特定电路，实验室常用的电阻器是滑线变阻器和直流电阻箱。

① 滑线变阻器。滑线变阻器的外形和结构如图 5.5.7 所示。把电阻丝（如镍铬丝）绕

在瓷筒上，然后将电阻丝两端和接线柱 A，B 相连，因此 A，B 之间的电阻即总电阻。在瓷筒上方的滑动接头 C 可在粗铜棒上移动，它的下端在移动时始终和瓷筒上的电阻丝接触。铜棒的一端（或两端）装有接线柱 C'和 C''，它们与 C 等电位，可代替接头 C 以利于连线。改变滑动接头 C 的位置，就可以改变 AC 之间和 BC 之间的电阻。不同规格的滑线变阻器，其总电阻（A，B 间的电阻）不同，额定电流（即允许通过的最大电流）亦不同，使用时应注意。此外使用变阻器时，还应考虑其阻值与负载电阻的配比问题。

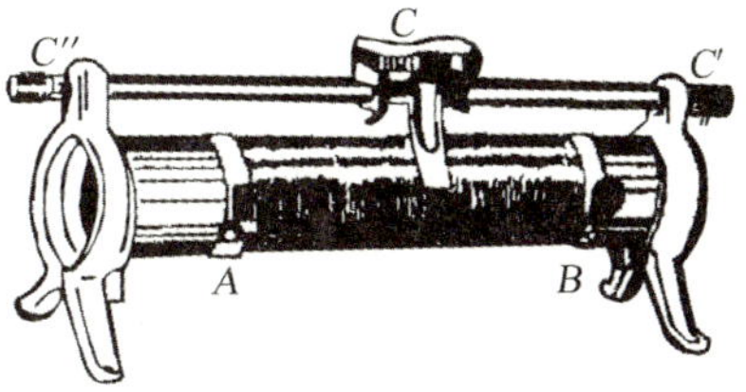

图 5.5.7　滑线电阻器

② 直流电阻箱。电阻箱是由若干个准确的固定电阻元件，按照一定的组合方式接在特殊的变换开关装置上构成的。利用电阻箱可以在电路中准确调节电阻值。准确度级别高的电阻箱还可作任意值的电阻标准量具。图 5.5.8 是一种电阻箱的内部电路和面板示意图。在电阻箱面板上有 6 个旋钮和 4 个接线柱，每个旋钮的边级上都标有 0,1,2,3,⋯,9 等数字，靠旋钮边缘的面板上刻有标志，并有 ×0.1,×1,⋯,×10 000 等字样，称为倍率。当某个旋钮上的数字旋钮对准倍率处所示的△时，用倍率乘上旋钮上的数字，即所对应的电阻。图 5.5.8（a）中电阻箱面板上每个旋钮所对应的电阻分别为 3×0.1、4×1、5×10、6×100、$7\times1\,000$、$8\times10\,000$，总电阻为 $3\times0.1+4\times1+5\times10+6\times100+7\times1\,000+8\times10\,000=87\,654.3\ (\Omega)$。四个接线柱上标有 0、0.9、9.9、99 999.9 等字样，表示 0 与 0.9 两接线柱的阻值调整范围为 $0\sim9\times0.1\ \Omega$；0 与 9.9 两接线柱的阻值调整范围为 $0\sim9\times(0.1+1)\ \Omega$；0 与 9 999.9 两接线柱的阻值调整范围为 $0\sim9\times(0.1+1+10+100+1\,000+10\,000)\ \Omega$。在使用时，如只需要 $0.1\sim0.9\ \Omega$或 $9.9\ \Omega$的阻值变化，则将导线接到“0”和“0.9”或“9.9”接线柱上。这种接法可以避免电阻箱其余部分的接触电阻和导线电阻对低阻值带来了不可忽略的误差。电阻箱各挡允许通过的电流是不同的。

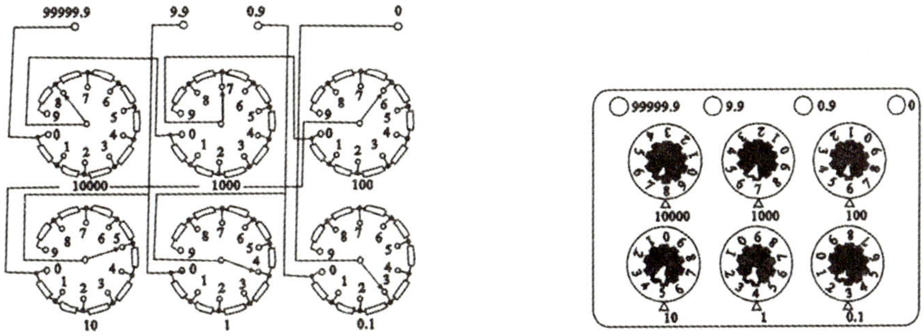

（a）内部电路图　　（b）面板图

图 5.5.8　电阻箱

（5）二极管。

二极管是用半导体材料（硅、硒、锗等）制成的一种电子器件。它具有单向导电性能，即给二极管阳极加上正向电压时，二极管导通。当给阳极和阴极加上反向电压时，二极管截止。

二极管的原理：在本征半导体（一种完全纯净的、结构完整的半导体晶体）的两个不同区域掺入三价和五价杂质元素，便形成了 P 型区和 N 型区，根据 N 型半导体和 P 型半导体的特性，可知在它们的交界处就出现了电子和空穴的浓度差异，电子和空穴都要从浓度高的区域向浓度低的区域扩散，它们的扩散使原来交界处的电中性被破坏，在 PN 结外加正向电压 V，在这个外加电场的作用下，PN 结的平衡状态被打破，P 区中的空穴和 N 区的电子都往 PN 结方向移动，空穴和 PN 结 P 区的负离子中和，电子和 PN 结 N 区的正离子中和，这样就使 PN 结变窄。随着外加电场的增加，扩散运动进一步增强，漂移运动减弱。当外加电压超过门槛电压，PN 结相当于一个阻值很小的电阻，也就是 PN 结导通。

二极管有两个电极，由 P 区引出的电极是正极，又叫阳极；由 N 区引出的电极是负极，又叫阴极。三角箭头方向表示正向电流的方向，二极管的文字符号用 VD 表示。晶体二极管是典型的非线性元件，通常用符号 —▷|— 表示。它的正反两方向的电阻差异很大，其正向电阻只有几欧姆到几百欧姆，而反向电阻却在几千欧姆以上。如图 5.5.9 所示，当二极管加正向电压时，管子呈低阻状态，在 *OA* 段，外加电压不足以克服 P-N 结内电场对多数载流子的扩散所造成的阻力，正向电流较小，二极管的电阻较大。在 *AB* 段，外加电压超过阈值电压（锗管约为 0.3 V，硅管约为 0.7 V）后，内电场大大削弱，二极管的电阻变得很小（约几十欧姆），电流迅速上升，二极管呈导通状态。相反，若二极管加上反向电压时，当电压较小时，反向电流很小，在曲线 *OC* 段，管子呈高阻状态（截止）。当电压继续增加到该二极管的击穿电压时，电流剧增（*CD* 段，本实验所用硅管大致为 $U = 4.7$ V）二极管被击穿，此时电阻趋于零值。

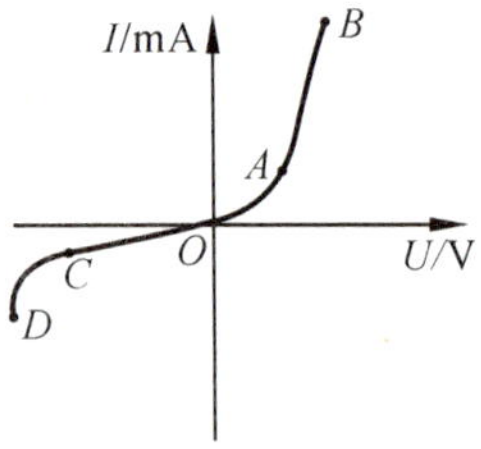

图 5.5.9　晶体二极管伏安特性曲线

【实验步骤】

1. 定性观察分压电路的调节特性。

根据电磁学实验接线规则按图 5.5.1 接线（按回路接线），以电阻箱作为外接负载 R_L，根据变阻器和负载 R_L 的额定电流（或功率），选择电源输出电压挡和电压表的量程。当 R_L/R 取不同比值时，定性观察输出电压随滑动端位移变化的情况（只定性观察，不作出曲线）。

2. 测一线性电阻的伏安特性并作出伏安特性曲线，从图上求出电阻值。

（1）按图 5.5.10 接线，其中 R 为 500 Ω的电阻。

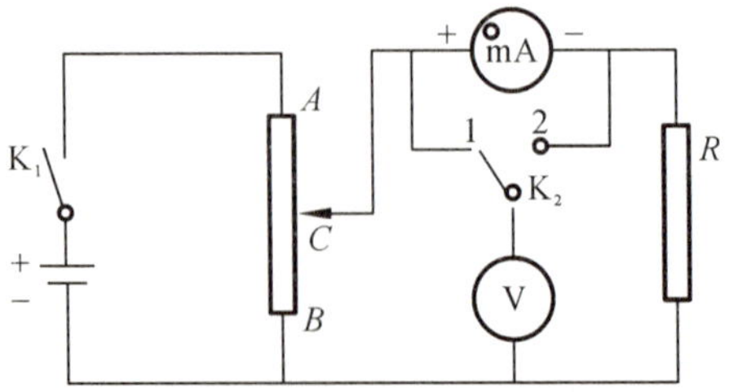

图 5.5.10　电流表内、外接判断法

（2）依此选择电源的输出电压挡为 15 V，电流表和电压表的量程分别为 20 mA 和 20 V，分压输出滑动端 C 置于 B 端（为什么？注意本实验中 B 端皆指接于电源负极的公共端）。然后自己复核电路无误后，请教师检查。

（3）选择测量线路。将 K_2 置于位置 1 并合上 K_1，调节分压输出滑动端 C，使电压表（可设置电压值 $U_1 = 5$ V）和电流表有一合适的指示值，记下这时的电压表示值 U_1 和电流表示值 I_1，然后将 K_2 置于位置 2，调节分压输出滑动端 C，使电压表示值不变，记下电压表示值 U_2 和电流表示值 I_2。将 U_1，I_1 与 U_2，I_2 进行比较，若电流表示值有显著变化（增大），R 为高阻（相对电流表内阻而言），则采用电流表内接法。若电压表示值有显著变化（减小），R 为低阻（相对电压表内阻而言），则采用电流表外接法。按照系统误差较小的连接方式接通电路（即确定电流表内接还是外接）。但无论电流表内接还是外接，电流表示值和电压表示值均没有显著变化，则采用任何一种连接方式均可。（为什么会产生这样的现象？）

（4）选定测量线路后，取合适的电压变化值（如从 3 V 变化到 10 V，变化步长取为 1 V），改变电压测量 8 个测量点，将对应的电压与电流值记录列表，以便作图。

3. 测定二极管正向伏安特性，并作出伏安特性曲线。

（1）连线前，先记录所用晶体管型号和主要参数（即最大正向电流和最大反向电压）。然后用万用表欧姆挡测量其正、反向阻值，从而判断晶体二极管的正、负极（万用表处于欧姆挡时，负笔为正电位，正笔为负电位。指针式、数字式则相反）。想一想，如何利用万用表判别二极管的正负极？还有其他判别二极管极性的办法吗？在本实验中，我们实际上可以直接根据在二极管元件上的标志来判断其正、反向（正、负极）的。

（2）测晶体二极管正向特性：因为二极管正向电阻小，可采用图 5.5.11 所示的电路，图中 R 为保护电阻，用以限流。接通电源前应调节电源 E 使其输出电压为 3 V 左右，并将分压输出滑动端 C 置于 B 端（这与图 5.5.10 是一样的）。然后缓慢地增加电压，如取 0.00 V，0.10 V，0.20 V，…（到电流变化大的地方，如硅管约 0.6 ~ 0.8 V 可适当减小测量间隔），读出相应电流值，将数据记入相应表格。最后关断电源（此实验中，硅管电压范围在 1 V 以内，电流应小于最大正向电流，可据此选用电表量程。表格上方应注明各电表量程及相应误差）。

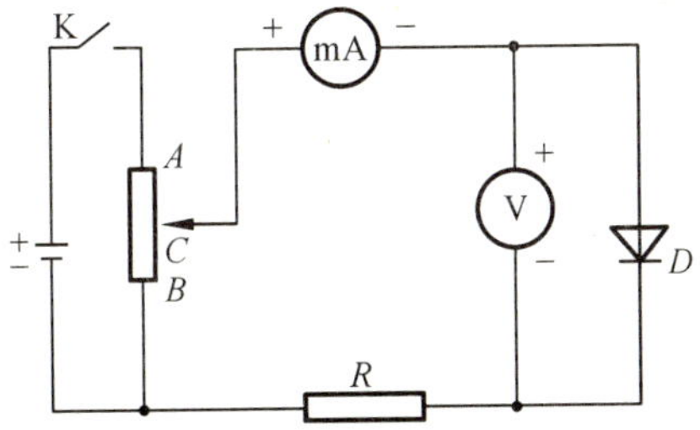

图 5.5.11　测晶体二极管正向特性

【注意事项】

1. 电磁学实验仪器使用前应大致了解仪器基本构造、工作原理、技术特性、使用条件和注意事项等，做到心中有数。

2. 根据测量要求选择精度等级适合的仪器。过高选择时造成仪器低效能使用，过低选择时又达不到测量要求。

3. 合理使用仪器量程。一般情况下，被测值应达到仪器量程的三分之二以上，但不能超量程使用。

4. 接线时应断开电源开关、仪器开关和电路内部开关，经检查确认无误后再从电源端闭合开关。

5. 接通电源后要作瞬态试验，根据仪器仪表指示判断有无异常情况，若有异常应立即断电进行检查。

6. 使用完毕应依次切断电路内部开关、仪器开关及电源开关，然后再拆去线路，严防电源、仪器出现短路。

7. 电路接线时，首先必须了解线路图中每个符号代表的意思，弄清楚各个仪器的作用，然后按照“走线合理，操作方便，易于观察，实验安全”的原则布置仪器。因此仪器不一定按照电路中的位置排列，一般将经常要调整或者要读数的仪器放在近处，当使用几种电源时，高压电源要远离人身。

8. 要注意从电源正极开始按回路接线。当线路复杂时，可将电路分成几个回路，而后对逐个回路一一连接。接线时应充分利用电路中的等电位点，避免在一个接线柱上集中过多的导线接线片（最好不超过 3 个）。

9. 在实验中还必须遵守“先接线路，后接电源；先断电源，后拆线路”的操作原则。按电路图接好线路后，先自行仔细检查，再请教师复查，经教师认可后，才能接通电源。接电源时，必须全面观察线路上的所有仪器，如发现有不正常现象（如指针超出电表的量限、指针反转、焦臭等），应立即切断电源，重新检查，分析原因。若电路正常，可用较小的电压或电流先观察实验现象，然后才开始测读数据。为便于记忆，这一操作规程可概括为“手合电源，眼观全局，先看现象，再读数据”。测得实验数据后，应当用理论知识来判断数据是否合理，有无遗漏，是否达到了预期目的。在确认无疑又经教师复核后，方可拆除线路，并整理好仪器用具。

【课前预习】

1. 在某一电学元件两端加上直流电压，在元件内就会有电流通过，通过元件的电流与端电压之间的关系称为电学元件的________________。一般以电压为横坐标和电流为纵坐标作出元件的电压-电流关系曲线，称为该元件的________________曲线。

2. 通过电阻等电学元件的电流与加在元件两端的电压成正比关系变化，即其伏安特性曲线为一直线，这类元件称为__________；通过半导体二极管、稳压管等元件的电流与加在元件两端的电压不成线性关系变化，其伏安特性为一曲线，这类元件称为__________。

3. 在设计测量电学元件伏安特性的线路时，必须了解待测元件的规格，使加在它上面的电压和通过的电流均不超过__________。必须了解测量时所需其他仪器的规格（如电源、电压表、电流表、滑线变阻器等的规格），也不得超过其________或________，被测值应达到仪器量程的__________以上。根据这些条件所设计的线路，可以将测量误差减到最小。

4. R_A和R_V分别代表安培表和伏特表的内阻，为了减少上述系统性误差，测量电阻的线路方案可以粗略地按下列办法来选择：

（1）当$R \ll R_V$，且R较R_A大得不多时，宜选用电流表______________接；

（2）当$R \gg R_A$，且R较R_V相差不多时，宜选用电流表______________接；

（3）当$R \gg R_A$，且$R \ll R_V$，则必须先用电流表内、外接法测量，然后再比较电流表的读数变化大还是电压表的读数变化大，根据比较结果再决定采用内接法还是外接法。

5. 电路接线时，首先必须了解线路图中每个符号代表的意思，弄清楚各个仪器的作用，然后按照“_______合理，_______方便，易于_______，实验_______”的原则布置仪器；在实验中还必须遵守“先接________，后接________；先断________，后拆_______”的操作原则。

【数据记录】

表 5.5.1　测量线路的选择及误差分析

电流表内接（K_2合 1）	U_1	I_1	$R_1=\frac{U_1}{I_1}$	$\Delta R_1/R_1$	$R_1 \pm \Delta R_1$
电流表外接（K_2合 2）	U_2	I_2	$R_2=\frac{U_2}{I_2}$	$\Delta R_2/R_2$	$R_2 \pm \Delta R_2$

表 5.5.2　电阻伏安特性测定

测量次数	1	2	3	4	5	6	7	8
U/V								
I/mA								

表 5.5.3　二极管正、反向伏安特性曲线测定

测量次数	1	2	3	4	5	6	7	8
U/V								
I/mA								

【数据处理】

1. 定性观察分压电路的调节特点。

表 5.5.1 中，ΔR，ΔU，ΔI 的计算公式如下：

$$\frac{\Delta R}{R}=\sqrt{\left(\frac{\Delta U}{U}\right)^2+\left(\frac{\Delta I}{I}\right)^2} \tag{5.5.4}$$

式中，ΔU为电压表示值误差；U为测得的电压值；ΔI为电流表示值误差；I为测得的电流值。

数字式电表以最后显示位最大值的一半作为仪器的示值误差，如最后显示为 0.01 V，则仪器误差记作 0.005 V。由此可见，使电表读数尽可能接近满量程时，测量电阻的准确度高。

将 U_1，I_1 与 U_2，I_2 进行直接比较，确定电流表内接还是外接。

2. 电阻伏安特性测定。

（1）按表 5.5.2 的数据进行等精度作图（复习等精度作图规则）。以自变量 U 为横坐标，因变量 I 为纵坐标，根据等精度原则作 U-I 图。

（2）从 U-I 图上求电阻 R 值。在 U-I 图上选取两点 A 和 B（不要与测量点数据相同，且尽可能相距远些，为什么？请思考），由

$$R=\frac{U_B-U_B}{I_B-I_A} \tag{5.5.5}$$

求出 R 值。

3. 二极管正、反向伏安特性曲线测定。

按表 5.5.3 的数据进行等精度作图，画出二极管正向伏安特性曲线。

【思考题】

1. 电流表或电压表面板上的符号各代表什么意义？电表的准确度等级是怎样定义的？怎样确定电表读数的示值误差和读数的有效数字？

2. 实验接线的基本原则是什么？电学实验基本的操作规程是什么？

3. 滑线变阻器在电路中主要有几种基本接法？它们的功能分别是什么？在图 5.5.10 和图 5.5.12 所示的线路中滑线变阻器各起什么作用？在图 5.5.12 中，当滑动端 C 移至 A 或 B 时，电压表读数的变化与图 5.5.10 中移动至 C 点时的变化是否相同？

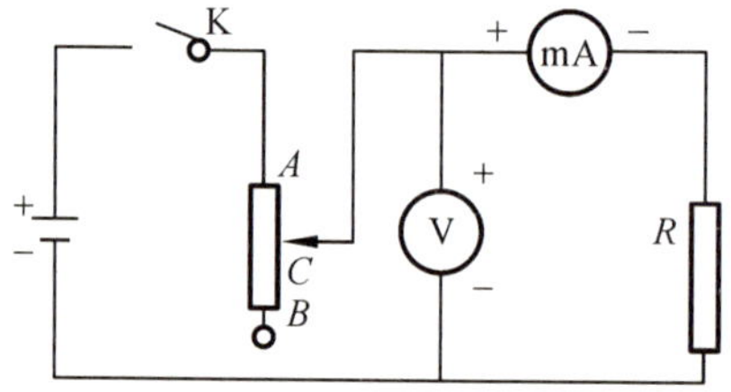

图 5.5.12　变阻器的限流接法

4. 1.5 级 0 ~ 3 V 的电压表表面共有 60 分格，如以 V 为单位，它的读数应读到小数点后第几位？2.5 级 0 ~ 10 mA 的毫安表表面共有 50 分格，如以 mA 为单位，它的读数又应读到小数点后第几位？

5. 有一个 0.5 级、量限为 100 mA 的电流表，它的最小分度值一般应是多少？最大绝对误差是多少？当读数为 50.0 mA 时，相对误差是多少？若电表还有 200 mA 的量限，上列各项分别是多少？

6. 用量限为 1.5/3.0/7.5/15 V 的电压表和 50/500/1 000 mA 的电流表测量额定电压为 6.3 V，额定电流为 300 mA 的小电珠的伏安特性，电压表和电流表应选哪一量限？若欲测另一额定电压为 12 V 的小电珠，额定电流不知道，这时电压表和电流表的量程如何选取？

7. 检流计在测量电路中的作用是什么？它的表面和指针有什么特点？

8. 为了保护检流计不致过载，在使用时应怎样做？为了保证检流计有足够的灵敏度，上述措施还应具有什么功能？

9. 提供下列仪表：0 ~ 6 V 可调直流稳压电源；滑线电阻器 $R_0 = 100\ \Omega$（2 A）及 1 kΩ（0.5 A）各 1 只；0.5 级多量程电流表；0.5 级多量程电压表；待测电阻 1 个；待校 1.5 级电压表 1 只。已知电表内阻如表 5.5.4 ~ 表 5.5.5 所示。

表 5.5.4　电流表参数

电流表	量程/mA	7.5	15	30	75
	内阻 R_A/Ω	3.43	2.31	1.26	0.4

表 5.5.5　电压表参数

电压表	量程/V	3	7.5	15
	内阻 R_V/Ω	×500		

（1）设计一个伏安法测电阻的控制电路，待测电阻 200 Ω，电流表内接，电流调节范围 20 ~ 30 mA，画出电路，并注明电路中各元件的参数。

（2）设计一个校正电压表的控制电路，待校表量程 5 V，内阻 50 kΩ，画出电路，并注明电路中各元件的参数。

【实验心得】（不少于 100 字）

5.6　板式电位差计测量电池的电动势和内阻

电位差计又叫电位计，它有多种类型。其中，十一线电位差计是一种教学仪器，它结构简单、直观性强，便于学习和掌握；而箱式电位差计是测量电位差的专用仪器，它使用方便、测量准确、稳定性好，在科学实验和工业生产中经常用到。它用途很广泛，不但可以用来精确测量电动势、电压，与标准电阻配合，也可以精确测量电流、电阻和功率等，还可以用来校准精密电表和直流电桥等直读式仪表，有些电器仪表厂则用它来确定产品的准确度和定标，而且在非电参量（如温度、压力、位移和速度等）的电测法中也占有极其重要的地位。因此，在工业测量自动控制系统的电路中电位计得到普遍的应用。

阅读材料：

标准电池是一种化学电池，由于其电动势比较稳定、复现性好，长期以来在国际上用作电压标准。在测量和校准各种电池的电压时，用作标准的辅助电池。根据电池中硫酸镉溶液的情况，分饱和式和不饱和式两种。在 20 °C 时，饱和式的电动势应在 1.018 5 ~ 1.186 8 V 范围内；不饱和式的电动势应在 1.018 60 ~ 1.019 60 V 范围内。前者电动势稳定、温度系数（温度对电动势变化）较大；后者温度系数较小，使用方便。一般供工业和实验室用。它是由美国电气工程师韦斯顿（E. Weston）在 1892 年发明的，故又称韦斯顿电池。

温度变化对标准电池的电动势影响很大，这种影响有两种形式：一是电动势随温度变化，二是滞后影响。标准电池不允许晃动、侧放，并避免剧烈振动或倒置，否则会引起不可逆的变化，甚至损坏。标准电池不能作为输出电功率的原电池，在使用时通过标准电池的电流一般不能超过 1 mA。过大的电流将使电动势产生不可恢复的改变。

【实验目的】

1. 掌握用电位差计测量电动势的原理。
2. 掌握测量干电池电动势和内阻的方法。

【实验仪器】

板式电位差计，标准电池，待测电池，检流计，滑线变阻器，电阻箱，稳压电源。

【实验原理】

1）电位差计测量电池的电动势原理

电位差计主要是利用补偿原理测量电动势（或电压）的一种精密仪器。板式电位差计的使用直观性较强，测量精度较高，便于学习和掌握。

准确测量某一未知电动势 E_X，可以采用下面的方法，即只要有一个大于 E_X，已知可调的电源 E_0，连接电路图（见图 5.6.1），调节 E_0，使检流计指针指零，就表示待测电动势 E_X 与此时的 E_0 大小相等、方向相反，这时称电路达到补偿，这种测量电动势或电压的方法叫作补偿法。由此原理构成的仪器称为电位差计。实际应用电位差计测量电池的电动势时对 E_0 的具体要求有：

（1）E_0 稳定，数值标准，便于读出准确的伏特数。

（2）数值可调，能使它和 E_X 补偿。

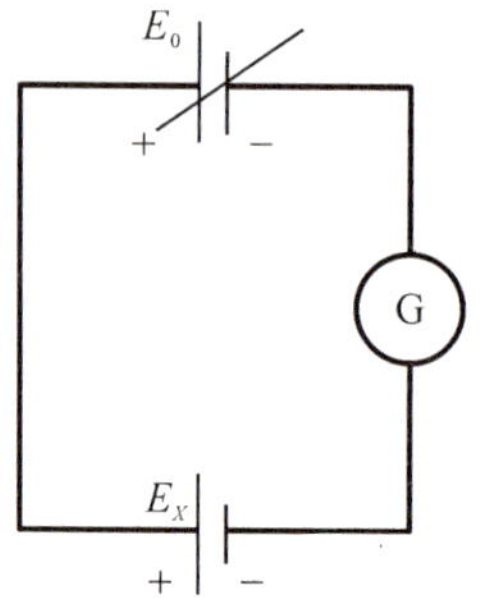

图 5.6.1　板式电位差计测量原理图

板式电位差计的电路原理如图 5.6.2 所示。图中，MN 为一根粗细非常均匀的电阻丝，它与可变电阻 R_P 以及工作电池 E、电源开关 K_E 串联构成闭合回路，称为辅助回路；由检流计 G、标准电池 E_S（或待测 E_X）、开关 K_G 构成的回路称为补偿回路；当调节 R_P 使电阻丝 MN 上有一恒定的标准电流 I 通过，则电阻丝 MN 上的电位降落也是恒定的标准值；当变动滑动头的位置时，ab 间的电位差 V_{ab} 也随之改变，由于 R_{ab} 精确可知，I 是标准值，所以 V_{ab} 也能准确地知道，这样，就可以看成满足上述要求的电源 E_S，测量时 I 保持恒定不变，把 V_{ab} 与未知电动势 E_X 进行比较。

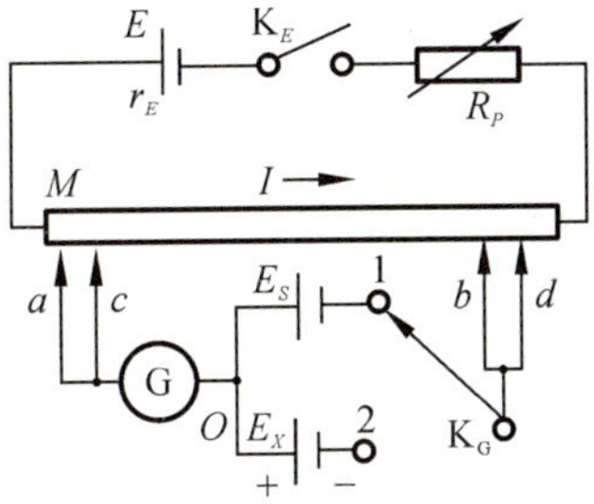

图 5.6.2　板式电位差计的电路原理图

（1）校准电位差计。

使电阻丝 MN 上流过的电流准确达到标准值 I，方法如图 5.6.2 所示，将 K_G 倒向“1”，根据标准电池电动势 E_S 的大小，取 ab 间的电阻 R_S，使 $R_S = E_S/I$，调节 R_P 改变辅助回路中的电流 I，当检流计指向零时，R_S 上的电位差恰与标准电池的电动势 E_S 相等。由于 E_S 和 R_S 都准确已知，这时辅助回路中的电流就被准确地校准到所需的 I 值。

（2）测量未知电动势 E_X。

如图 5.6.3 所示，将 K_G 倒向“2”，只要 $E_X \leqslant IR_{MN}$，调节 a，b 就一定能找到一个位置（如 c，d），使检流计再次无偏转，这时，cd 间的电阻设为 R_X，则 $E_X = IR_X$。因为 I 已被校准，E_X 就被测出。

因为

$$I = \frac{E_S}{R_S}$$

所以

$$E_X = IR_X = \frac{R_X}{R_S} E_S \tag{5.6.1}$$

又

$$R = \rho \frac{L}{S}$$

故

$$E_X = \frac{R_X}{R_S} E_S = \frac{L_X}{L_S} E_S$$

同理，如果要测任一电路两点间的电压，只需将待测两点接入补偿电路中代替 E_X 即可。

本实验中测量电动势电路图如图 5.6.3 中虚线框所示，板式电位差计又称十一线电位差计，电阻丝全长 11 m，分成 11 段，每段长 1 m，导线和插头可与 1,2,3,⋯,10 等 10 个插座中任何一个相连，电阻丝 BA_0 旁附带有毫米刻度的米尺，C 端是滑动块与铜片接触点的引出端，其活动范围为 1.000 m，在电位差计调节平衡时起微调的作用，滑块与电阻丝接触有 C 点电位，由顶端接线柱引出，滑块的箭头指示滑块的位置，由米尺读出。如果电位差计的灵敏度足够高，则 L 可读到 mm 位。例如：若要取 $L_S = 10.186\ 6$ m 时，可将 A 插入“10”插座，C 移动到“0.186 6 m”的位置，其中最后一位数“6”属于估计位，在测 E_X 时，将电位差计调到平衡，其中 A 的位置是 5，C 的位置指示数值是 0.085 3 m，那么待测电池的电动势（$t = 20$ °C）为

$$E_X = \frac{L_X}{L_S} E_S = \frac{5.085\ 3}{10.186\ 6} \times 1.018\ 66 = 0.508\ 53\ (\text{V})$$

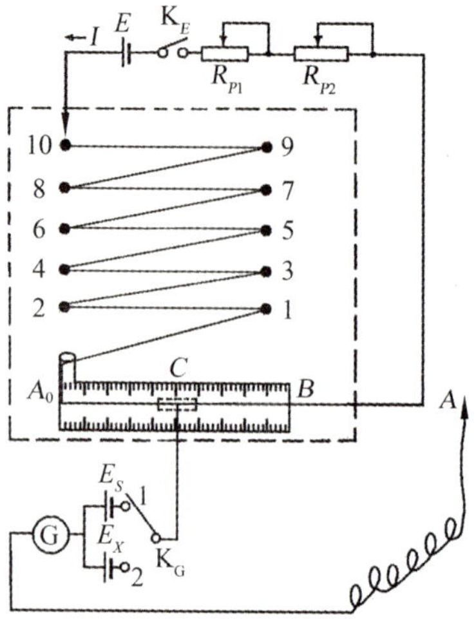

图 5.6.3　测量干电池的电动势电路图

2）电位差计测量电池的内阻原理

在用电位差计测量电池的内阻时，将 E_X 所接的 0，2 两个端钮接成图 5.6.4 所示的线路图。图中，R'_S 为 0.1 级的电阻箱，r_X 为待测电池的内阻，用电位差计测得 R'_S 的端电压 V_{02}，由欧姆定律知

$$I = V_{02}/R'_S$$

则

$$Ir_X = E_X - V_{02}$$

所以

$$r_X = \frac{E_X - V_{02}}{V_{02}} R'_S \qquad (5.6.2)$$

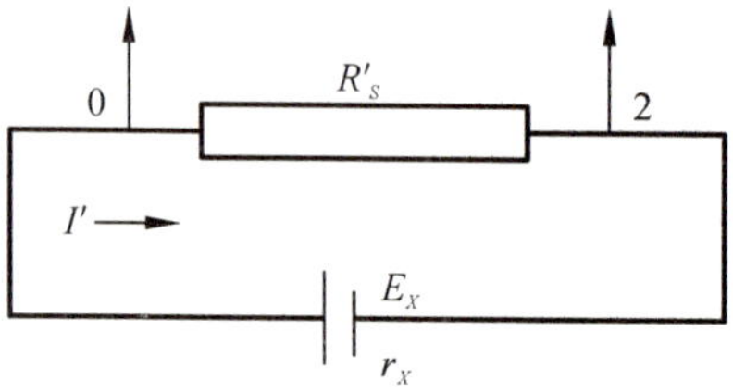

图 5.6.4　电位差计测量电池的内阻原理图

【实验步骤】

1）测量干电池的电动势

按图 5.6.3 接线，图中 R_{P1}，R_{P2} 是两只阻值相差较大的滑线变阻器，E_S 和 E_X 分别为标准电池和待测电池的电动势，虚框内为十一线板式电位差计，*A* 为粗调接线柱，*C* 为细调滑动块。

（1）校准电位差计：合上 K_E，将插头 *A* 插在第 *n* 孔，K_G 倒向“1”，接通滑块 *C*，调

节 R_{P1}（粗调）和 R_{P2}（细调），使检流计指针大概指向 0，再缓慢地移动 C（微调），使检流计完全指到 0，记下此时 AC 段电阻丝上的长度 L。

（2）测量干电池的电动势：保持工作电流 I 不变，即保持 R_{P1}，R_{P2} 不变，将插头 A 插在插孔 $n+1$ 或 $n+2$。K_G 倒向“2”，将 C 在 BA_0 间移动，直到检流计指到“0”为止，记下此时电阻丝的长度 L_X，共测 6 次，记录在表 5.6.1 中。

（3）数据处理：根据式（5.6.1）求出 E_X，利用误差理论得出 $\bar{E}_X \pm U(E_X)$。

2）测量电池的内阻

将图 5.6.4 接入图 5.6.3 中的 0，2 两个端钮，即并联在 E_X 的两端。

（1）测量 E_X 和 R_S' 的端电压 V_{02} 分别测 6 次，数据记录在表 5.6.2 中。

（2）根据误差理论和式（5.6.2）求出 $\bar{r}_X$（取 $R_S' = 100\ 00\ \Omega$），即 $\bar{r}_X = \dfrac{\bar{E}_X - \bar{V}_{02}}{\bar{V}_{02}} R_S'$。

【注意事项】

1. 标准电池的电压跟环境温度有关，其校正公式可表示为

$$E_S(t) = E_S(20) - [a(t-20) + \beta(t-20)^2 - \gamma(t-20)^3] \times 10^{-6}$$

$T = 20\ ^\circ\mathrm{C}$ 时，标准电池的电动势 $E_S(20) = 1.018\ 66\ \mathrm{V}$，$\alpha = 40.6$，$\beta = 0.95$，$\gamma = 0.01$。

2. E, E_X, E_S 的极性不能接错，且 $E > E_X$，$E > E_S$。

3. 为了使电流的标准化调节方便和精细，R_P 应采用大、小两种阻值可变的电阻器串联起来使用，而一旦电流标准化调节完毕，在测量 E_X 或 R_S' 的端电压 V_{02} 时，不能再更动 R_P，更不能调节工作电源 E，否则读数不准确，测量结果存在系统误差或错误。

4. 为了避免在测量过程中由于工作电池 E 不稳定所造成的影响，每次测量前必须校准工作电流。

5. 由于板式电位差计的十一根电阻丝长度不完全可能相等，因此长度测量存在着系统误差。

【课前预习】

1. 为什么要进行电流标准调节？

2. 为什么电位差计能测量待测电池的电动势？而不是电池的端电压？

【数据记录及处理】

表 5.6.1　电池电动势测量数据记录表　　$L_S =$ ______mm

	1	2	3	4	5	6
L_X/mm						
$\bar{E}_X$/V	$\bar{E}_X = \dfrac{\bar{L}_X}{L_S} E_S =$					
误差分析	电动势的合成不确定度：$\Delta E =$					
结果表示	$E_X = \bar{E}_X \pm \Delta E =$					

表 5.6.2　电池内阻测量数据记录表　　$R'_S =$ ______ Ω

	1	2	3	4	5	6
V_{02}/V						
电池内阻的阻值	$r_X = \frac{\bar{E}_X - \bar{V}_{02}}{\bar{V}_{02}} \bar{R}'_S =$					
误差分析	内阻的合成不确定度：$\Delta r_X =$					
结果表示	$r_X = \bar{r}_X \pm \Delta r =$					

【思考题】

1. 怎样用电位差计测量待测量电池的内阻?
2. 在电位差计调平衡时发现指针始终朝一个方向偏，这可能是什么原因?
3. 电位差计能扩大量程吗?

【实验心得】（不少于 100 字）

5.7　RLC 串联谐振电路的研究

在交流电路中，电阻 R、电容 C 和电感 L 是电路组成的基本元件。其中，当线路接通正弦交流电源足够长时间后，电路中的信号达到稳定状态，此时研究的是该电路的稳态特性，这些特性（特别是电路中的谐振现象）是构成放大、振荡、选频、滤波等功能电路的基础。这被广泛应用于无线电技术和电子电路中。

【实验目的】

1. 学习用实验方法绘制 R，L，C 串联电路的幅频特性曲线。
2. 加深理解电路发生谐振的条件、特点、掌握电路品质因数（电路 Q 值）的物理意义及其测定方法。

【实验仪器】

RLC 实验仪 1 套，双踪示波器 1 台，交流毫伏表 1 台，电阻器 3 只。

【实验原理】

在交流电路中，电容和电感的阻抗与频率相关，因此当回路达到稳态后（电路中信号波形的幅度和相位都达到稳定时，或电路接通时间大于电路时间常数的 5 ~ 10 倍后），电路输出也与频率相关。其中，电信号幅度和电源频率的关系称为电路的幅频特性，相位和频率的关系称为相频特性。

为方便后文表述，这里电路中各个器件的电压、电流统一表示如下：

电源 S 电压表示：$\tilde{U} = U e^{i(\omega t + \varphi_S)}$；

电阻 R 电压表示：$\tilde{U}_R = U_R e^{i(\omega t + \varphi_R)}$，$\tilde{\varphi}_R = \phi_R - \phi_S$；

电容 C 电压表示：$\tilde{U}_C = U_C e^{i(\omega t + \varphi_C)}$，$\tilde{\varphi}_C = \phi_C - \phi_S$；

电感 L 电压表示：$\tilde{U}_L = U_L e^{i(\omega t+\varphi_L)}$， $\tilde{\varphi}_L = \phi_L - \phi_S$；

环路电流 I 表示：$\tilde{I} = I_0 e^{i(\omega t+\varphi_I)}$， $\tilde{\varphi}_I = \phi_R$。

该实验中用到的电子元件主要是电阻、电容以及电感，无特殊说明，均视为理想元件。当非纯元件对实验影响较大时，另进行说明。

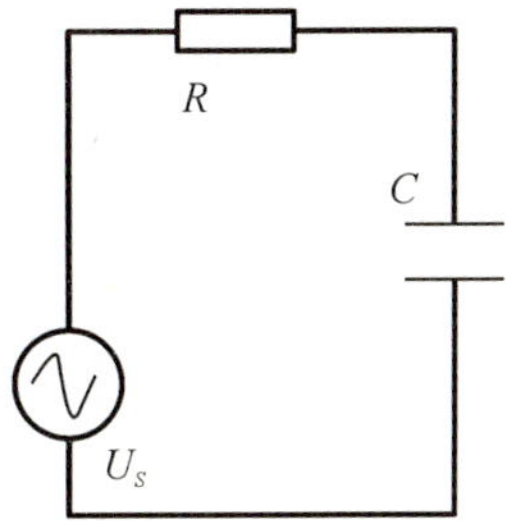

图 5.7.1　RC 串联电路图

1）RC 串联电路

RC 串联电路如图 5.7.1 所示。

利用矢量图解法或复数解法，可得

$$\begin{cases} \dfrac{U_R}{U} = \dfrac{1}{\sqrt{1+\left(\dfrac{1}{\omega CR}\right)^2}}, \varphi_R = \arctan\left(\dfrac{1}{\omega CR}\right) \\ \dfrac{U_C}{U} = \dfrac{1}{\sqrt{1+(\omega CR)^2}}, \varphi_C = -\dfrac{\pi}{2} + \arctan\left(\dfrac{1}{\omega CR}\right) \end{cases} \tag{5.7.1}$$

其中 $\omega = 2\pi f$ 为角频率。当 $U_R = U_C$ 时，定义等幅频率如下：

$$f_{U_R=U_C} = 1/2\pi RC \tag{5.7.2}$$

此时，$\varphi_R = \dfrac{\pi}{4}$，$\varphi_C = -\dfrac{\pi}{4}$，$U_R = U_C = U/\sqrt{2}$。

U_R 随频率的增加而增大，因此可用于制作高通电路；相应的，U_C 随频率的增加而减小，因此可用于制作低通电路。当把 $U/\sqrt{2}$ 视为高通或低通电路电压最低值时，等幅频率表示了高通滤波电路的频率下限和低通滤波电路的频率上限，因此也称 $f_{U_R=U_C}$ 为截止频率。

根据式（5.7.1），使用 MATLAB 按照参数（$R = 2\ 000\ \Omega$，$C = 47\text{nF}$）计算，结果如图 5.7.2 所示。

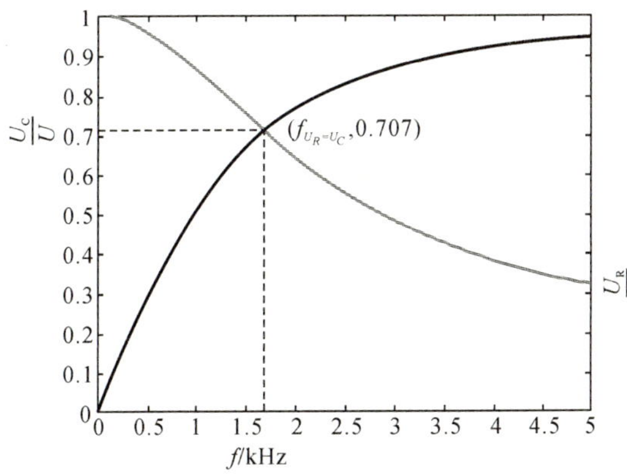

（a）RC 串联电路幅频特性

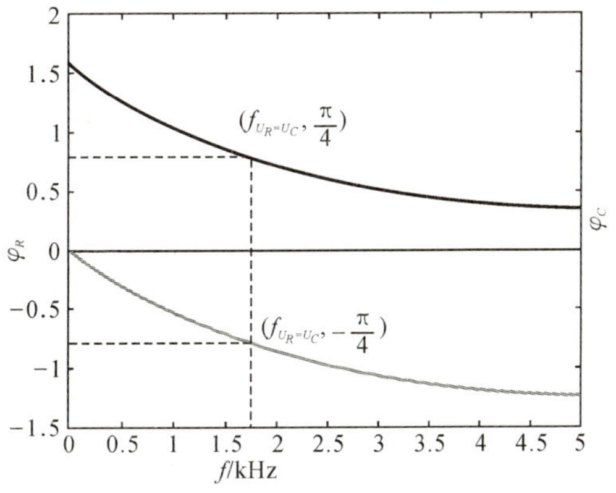

（b）RC 串联电路相频特性

图 5.7.2　RC 串联幅频和相频图

2）RL 串联电路

RL 串联电路如图 5.7.3 所示。

利用矢量图解法或复数解法，可得

$$\begin{cases}\dfrac{U_R}{U}=\dfrac{1}{\sqrt{1+\left(\dfrac{\omega L}{R}\right)^2}},\varphi_R=-\arctan\left(\dfrac{\omega L}{R}\right)\\[2ex]\dfrac{U_L}{U}=\dfrac{1}{\sqrt{1+\left(\dfrac{R}{\omega L}\right)^2}},\varphi_L=\dfrac{\pi}{2}-\arctan\left(\dfrac{\omega L}{R}\right)\end{cases}\tag{5.7.3}$$

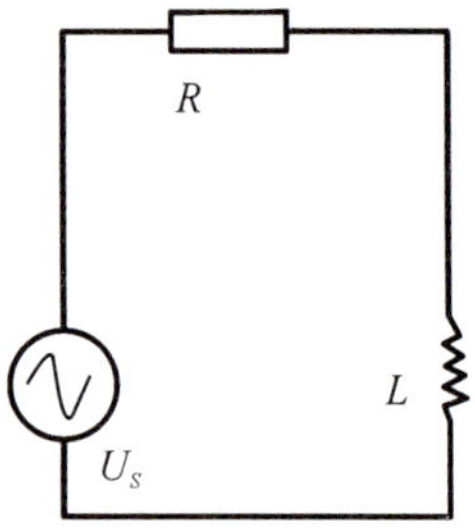

图 5.7.3　RL 串联电路图

相应的截止频率（等幅频率）如下：

$$f_{U_R=U_L}=\frac{R}{2\pi L}\tag{5.7.4}$$

式中，$\varphi_R=-\dfrac{\pi}{4}$，$\varphi_L=\dfrac{\pi}{4}$，$U_R=U_L=U/\sqrt{2}$。

根据式（5.7.3），使用 MATLAB 按照参数（$R=1\ 000\ \Omega$，$L=10\ \text{mH}$）计算，结果如图 5.7.4 所示。

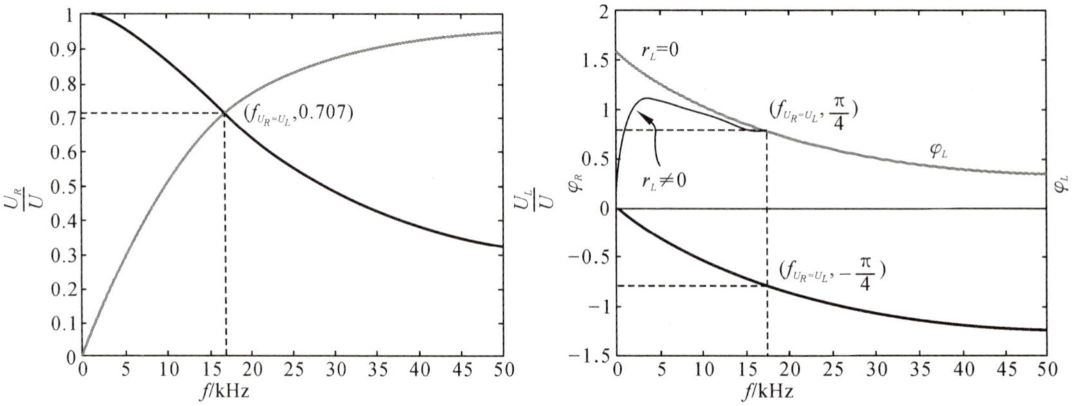

（a）RL 串联电路幅频特性　　（b）RL 串联电路相频特性

图 5.7.4　RL 串联幅频和相频图

注：实验中使用的是色环电感，这里需要考虑损耗电阻 r_L（视为串联入电路）。该电感由绕制在铁芯的线圈组成，因此存在绕线的直流电阻、高频工作时的屈服电阻（这里可忽略）、绕制的介质损耗、铁芯的磁滞和涡流损耗等。显然该损耗是和频率相关的，但其最终是等效到热效应上的，应视为纯阻。

3）RLC 串联电路

RLC 串联电路如图 5.7.5 所示。

利用矢量图解法或复数解法，可得

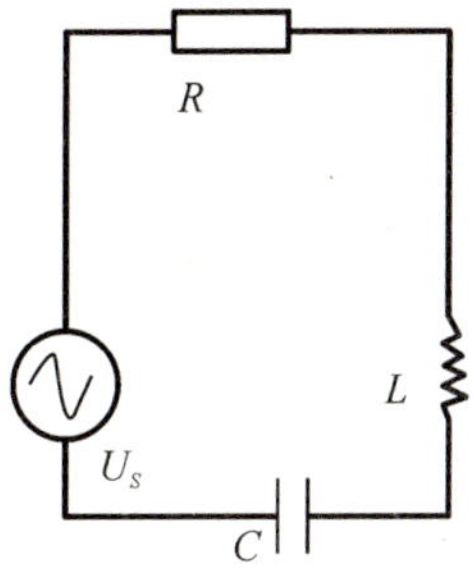

图 5.7.5　RLC 串联电路图

$$\begin{cases}\dfrac{U_R}{U}=\dfrac{1}{\sqrt{1+\left(\dfrac{\omega L-1/\omega C}{R}\right)^2}},\varphi_R=-\arctan\left(\dfrac{\omega L-1/\omega C}{R}\right)\\ \dfrac{U_L}{U}=\dfrac{\omega L}{\sqrt{1+\left(\dfrac{\omega L-1/\omega C}{R}\right)^2}},\dfrac{U_C}{U}=\dfrac{1}{\omega C\sqrt{1+\left(\dfrac{\omega L-1/\omega C}{R}\right)^2}}\end{cases} \quad (5.7.5)$$

根据幅频公式，当 $\omega_0=\dfrac{1}{\sqrt{LC}}\left(f_0=\dfrac{1}{2\pi\sqrt{LC}}\right)$时，

$$\begin{cases}\dfrac{U_R}{U}=1=\max\\ \varphi_R=0\\ U_L=\dfrac{\omega_0 L}{R}U=\dfrac{1}{\omega_0 CR}U=U_C=QU\\ Q=\dfrac{\omega_0 L}{R}=\dfrac{1}{\omega_0 CR}\end{cases}$$

式中，电阻 R 上电压最大（等于外加电压）；$\varphi_R=0$，整个线路可看作纯电阻；L，C 上电压为外加电压的 Q 倍，且反相。称 f_0 为谐振频率，称 Q 为品质因数。

根据式（5.7.5），使用 MATLAB 按照参数（$C=2.2$ nF，$L=10$ mH，R 值见图 5.7.6）计算，结果如图 5.7.6 所示。

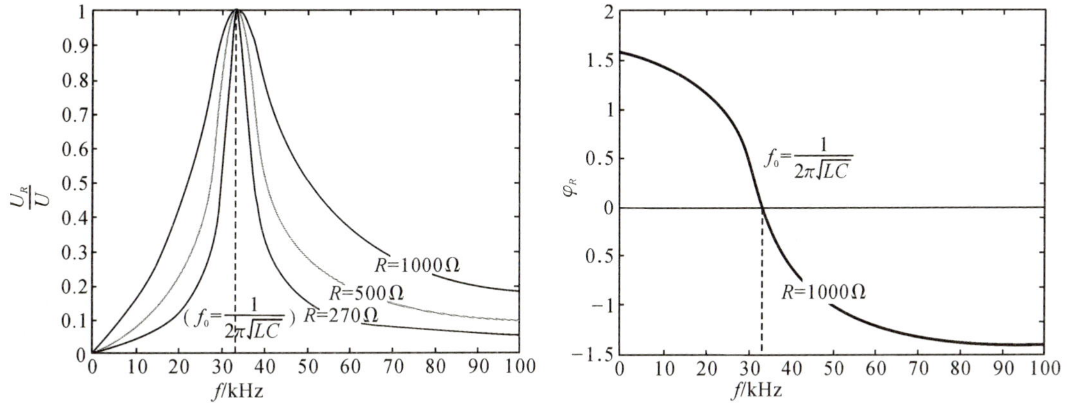

（a）RLC 串联电路幅频特性

（b）RLC 串联电路相频特性

图 5.7.6　RLC 串联幅频和相频图

另外，根据式（5.7.5）及图 5.7.6（b），当 $f<f_0$ 时，$\varphi_R>0$，呈现电容性［参考图 5.7.2（b）］；当 $f>f_0$ 时，$\varphi_R<0$，呈现电感性［参考图 5.7.6（b）］。

当不改变 L，C，只改变 R 值时，可以得到如图 5.7.6（a）所示的一组幅频曲线，此时谐振频率 f_0 不变，变化的是 Q 值，可见 Q 值越大，谐振曲线越尖锐，或者说电路的频率选择性越高。实际电路设计中，Q 值是一个十分重要的参数，下面简单介绍其物理意义。

（1）储能与耗能。

设电阻中损耗的能量为 W_R，在电容和电感之间来回振荡的能量为 W_{em}，根据交流电路功率知识，有

$$Q = 2\pi \frac{W_{em}}{W_R}$$

即 Q 值越高，存储的能量 W_{em} 相对耗散的能量 W_R 越多，或者说储能效率越高。

（2）频率选择性。

通常定义谐振峰两边等于 $0.707U_{max}$ 对应频率之间的宽度为频带宽度Δf，有

$$\frac{\Delta f}{f_0} = \frac{1}{Q} \tag{5.7.6}$$

即 Q 值越高，幅频曲线越尖锐，谐振电路选择性越强。

（3）电压的分配。

由于谐振时满足

$$U_L = U_C = QU \tag{5.7.7}$$

即电容电感上的电压是外加电压的 Q 倍。当 Q 值很高时，C，L 两端电压可以很高，例如回旋加速器中，就是利用高 Q 值产生的高谐振电压对带电粒子进行加速。

【实验步骤】

1. 图 5.7.7 为一种监视和测量电路，用交流毫伏表测取样电流，用示波器监视信号源输出，令其输出电压 $U_i \leqslant 3$ V，并保持不变。

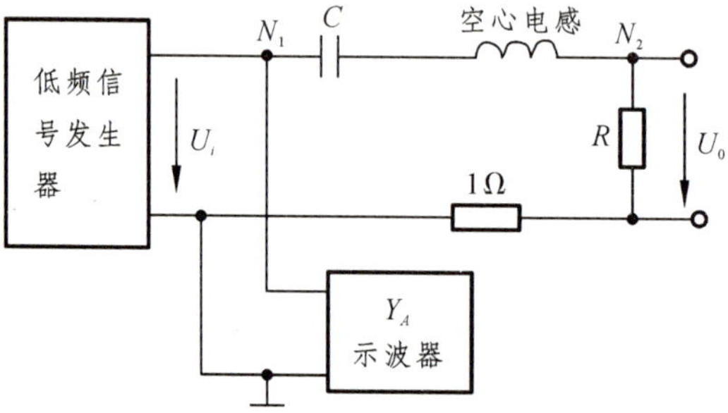

图 5.7.7　监视和测量电路

2. 找出电路的谐振频率 f_0，其方法是将毫伏表接在 R（680 Ω）两端，令信号源的频率由小逐渐变大（注意要维持信号源的输出幅度不变），当 I 的读数为最大时，读取示波器频率表上的频率值即电路的谐振频率 f_0，并测量 U_C 与 U_L 的值（注意，及时更换毫伏表的量限）。

3. 在谐振频率 f_0 两侧，按频率递增或递减 500 Hz 或 1 kHz，依次各取 8 个测量点，逐点测出 U_0，U_L，U_C 之值，记入数据表 5.7.1 中。

4. 改变电阻值，重复步骤 2、3 的测量过程，记录在数据表 5.7.2 中。

【注意事项】

1. 测试频率点的选择应在靠近谐振频率附近多取几点，在变换频率测试前，应调整信号输出幅度（用示波器监视输出幅度），使其维持在 3 V 输出。

2. 在测量 U_L 与 U 数值前，应将毫伏表的量程增大约 10 倍，而且在测量 U_L 与 U_C 时，毫伏表的“+”端接 C 与 L 的公共点，其接地端分别触及 L 和 C 的近地端 N_2 和 N_1。

【数据记录】

表 5.7.1　RLC 串联谐振数据记录（$R = 50\ \Omega$）

f/kHz								
U_0/V								
U_L/V								
U_C/V								
$U_i = 3$ V，$R = 50\ \Omega$，$f_0 =$　　，$Q =$　　，$f_2 - f_1 =$								

表 5.7.2　RLC 串联谐振数据记录（$R = 500\ \Omega$）

f/kHz								
U_0/V								
U_L/V								
U_C/V								
$U_i = 3$ V，$R = 500\ \Omega$，$f_0 =$　　，$Q =$　　，$f_2 - f_1 =$								

【思考题】

1. 本实验在谐振时，对应的 U_L 与 U_C 是否相等？如有差异，原因何在？

2. 根据实验线路板给出的元件参数值，估算电路的谐振频率。

【实验心得】（不少于 100 字）

5.8　燃料电池综合特性实验

燃料电池尤其是质子交换膜燃料电池（PEM），具有高功率、高能量转换效率、可低温启动、环境友好等优点。本实验就是研究燃料电池，测量燃料电池的输出特性，计算燃料电池的最大输出功率和效率，并验证法拉第电解定律。

阅读材料：

燃料电池以氢和氧为燃料，通过电化学反应直接产生电能，能量转换效率高于燃烧燃料的热机。燃料电池的反应生成物为水，对环境无污染，单位体积氢的储能密度远高于现有的其他电池。因此它的应用从最早的宇航等特殊领域，到现在人们积极研究将其应用到电动汽车，手机电池等日常生活的各个方面，各国都投入巨资进行研发。

1839年，英国人格罗夫（W. R. Grove）发明了燃料电池，历经近两百年，在材料、结构、工艺不断改进之后，进入了实用阶段。按燃料电池使用的电解质或燃料类型，可将现在和近期可行的燃料电池分为碱性燃料电池、质子交换膜燃料电池、直接甲醇燃料电池、磷酸燃料电池、熔融碳酸盐燃料电池、固体氧化物燃料电池6种主要类型，本实验研究其中的质子交换膜燃料电池。

燃料电池的燃料氢（反应所需的氧可从空气中获得）可电解水获得，也可由矿物或生物原料转化制成。本实验包含太阳能电池发电（光能-电能转换）、电解水制取氢气（电能-氢能转换）、燃料电池发电（氢能-电能转换）几个环节，形成了完整的能量转换、储存、使用的链条。实验内容丰富，实验内容紧密结合科技发展热点与实际应用，实验过程环保清洁。

能源为人类社会发展提供动力，长期依赖矿物能源使我们面临环境污染之害、资源枯竭之困。为了人类社会的持续健康发展，各国都致力于研究开发新型能源。未来的能源系统中，太阳能将作为主要的一次能源替代目前的煤、石油和天然气，而燃料电池将成为取代汽油、柴油和化学电池的清洁能源。

【实验目的】

1. 了解燃料电池的工作原理。
2. 观察仪器的能量转换过程。
3. 测量燃料电池输出特性，作出所测燃料电池的伏安特性（极化）曲线，电池输出功率随输出电压的变化曲线。计算燃料电池的最大输出功率及效率。
4. 测量质子交换膜电解池的特性，验证法拉第电解定律。

【实验仪器】

测试仪，燃料电池，电解池，太阳能电池，可变负载。

【实验原理】

1）燃料电池

质子交换膜（Proton Exchange Membrane，PEM）燃料电池在常温下工作，具有启动快速、结构紧凑的优点，最适宜作汽车或其他可移动设备的电源，近年来发展很快，其基本结构如图5.8.1所示。

目前广泛采用的全氟磺酸质子交换膜为固体聚合物薄膜，厚度0.05 ~ 0.1 mm，它提供氢离子（质子）从阳极到达阴极的通道，而电子或气体不能通过。催化层是将纳米量级的铂粒子用化学或物理的方法附着在质子交换膜表面，厚度约 0.03 mm，对阳极氢的氧化和阴极氧的还原起催化作用。膜两边的阳极和阴极由石墨化的碳纸或碳布做成，厚度 0.2 ~ 0.5 mm，导电性能良好，其上的微孔提供气体进入催化层的通道，又称为扩散层。

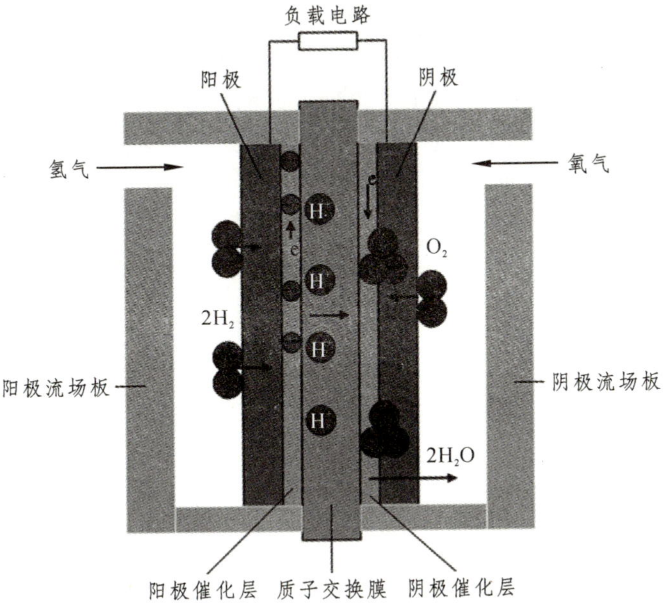

图 5.8.1　燃料电池结构示意图

商业燃料电池为了提供足够的输出电压和输出功率，需将若干单体电池串联或并联在一起，流场板一般由导电良好的石墨或金属做成，与单体电池的阳极和阴极形成良好的电接触，称为双极板，其上加工有供气体流通的通道。教学用燃料电池，为直观起见，采用有机玻璃做流场板。进入阳极的氢气通过电极上的扩散层到达质子交换膜。氢分子在阳极催化剂的作用下电离为 2 个氢离子，即质子，并释放出 2 个电子，阳极反应为

$$H_2 = 2H^+ + 2e \quad (5.8.1)$$

氢离子以水合质子 $H^+(nH_2O)$ 的形式，在质子交换膜中从一个磺酸基转移到另一个磺酸基，最后到达阴极，实现质子导电，质子的这种转移导致阳极带负电。

在电池的另一端，氧气或空气通过阴极扩散层到达阴极催化层，在阴极催化层的作用下，氧与氢离子、电子发生化学反应生成水，阴极发生的化学反应为

$$O_2 + 4H^+ + 4e = 2H_2O \quad (5.8.2)$$

阴极发生的化学反应使阴极缺少电子而带正电，导致在阴阳极间产生电势差，在阴阳极间接通外电路，就可以向负载输出电能。总的化学反应如下：

$$2H_2 + O_2 = 2H_2O \quad (5.8.3)$$

（阴极与阳极：在电化学中，失去电子的反应叫氧化反应，得到电子的反应叫还原反应。产生氧化反应的电极是阳极，产生还原反应的电极是阴极。对电池而言，阴极是电源的正极，阳极是电源的负极。）

2）水的电解

将水电解产生氢气和氧气，与燃料电池中氢气和氧气反应生成水，为互逆过程。水电

解装置同样因电解质的不同而不同，碱性溶液和质子交换膜是最好的电解质。若以质子交换膜为电解质，可在图 5.8.1 右边电极接电源正极形成电解的阳极，在其上产生氧化反应 $2H_2O = O_2\uparrow + 4H^+ + 4e$。左边电极接电源负极形成电解的阴极，阳极产生的氢离子通过质子交换膜到达阴极后，产生还原反应 $2H^+ + 2e = H_2\uparrow$。即在右边电极析出氧，左边电极析出氢。

作燃料电池或作电解器的电极在制造上通常有些差别，燃料电池的电极应利于气体吸纳，而电解器需要尽快排出气体。燃料电池阴极产生的水应随时排出，以免阻塞气体通道，而电解器的阳极必须被水淹没。

【实验步骤】

1）质子交换膜电解池的特性测量

若不考虑电解器的能量损失，在电解器上加 1.48 V 电压就可使水分解为氢气和氧气，实际上由于各种损失，输入电压高于 1.6 V 的情况下电解器才开始工作。

电解器的效率为

$$\eta_{电解} = \frac{1.48}{U_{输入}} \times 100\% \tag{5.8.4}$$

输入电压较低时，虽然能量利用率较高，但电流小，电解的速率低。通常使电解器输入电压在 2 V 左右。

根据法拉第电解定律，电解生成物的量与输入电量成正比。在标准状态下（温度为 0 °C，电解器产生的氢气保持在 1 个大气压），设电解电流为 I，经过时间 t 生产的氢气体积（氧气体积为氢气体积的一半）的理论值为

$$V_{氢气} = \frac{It}{2F} \times 22.4\ \text{L} \tag{5.8.5}$$

式中，$F = \text{eN} = 9.65 \times 10^4$ 库仑/摩尔（C/mol），为法拉第常数；$\text{e} = 1.602 \times 10^{-19}$ 库仑（C），为电子电量；$\text{N} = 6.022 \times 10^{23}$，为阿伏伽德罗常数；$\frac{It}{2F}$ 为产生的氢分子的摩尔（mol）数；22.4 L 为标准状态下气体的摩尔体积。

若实验时的摄氏温度为 T，所在地区气压为 P，根据理想气体状态方程，式（5.8.5）修正为

$$V_{氢气} = \frac{273.16 + T}{273.16} \cdot \frac{P_0}{P} \cdot \frac{It}{2F} \times 22.4\ \text{L} \tag{5.8.6}$$

式中，P_0 为标准大气压。自然环境中，大气压受各种因素的影响，如温度和海拔高度等，其中海拔对大气压的影响最为明显。由国家标准 GB/T 4797.2—2017 可查到，海拔每升高 1 000 m，大气压下降约 10%。

由于水的分子量为 18，且每克水的体积为 1 cm³，故电解池消耗的水的体积为

$$V_{水} = \frac{It}{2F} \times 18\ \text{cm}^3 = 9.33 It \times 10^{-5}\ \text{cm}^3 \tag{5.8.7}$$

应当指出，式（5.8.3）、式（5.8.4）的计算对燃料电池同样适用，其中 I 代表燃料电池输出电流，$V_{氢气}$ 代表燃料消耗量，$V_{水}$ 代表电池中水的生成量。确认气水塔水位在水位上限与下限之间。

将测试仪的电压源输出端串联电流表后接入电解池，将电压表并联到电解池两端。

将气水塔输气管止水夹关闭，调节恒流源输出到最大（旋钮顺时针旋转到底），让电解池迅速地产生气体。当气水塔下层的气体低于最低刻度线的时候，打开气水塔输气管止水夹，排出气水塔下层的空气。如此反复 2 ~ 3 次后，气水塔下层的空气基本排尽，剩下的就是纯净的氢气和氧气了。根据表 5.8.1 中的电解池输入电流大小，调节恒流源的输出电流，待电解池输出气体稳定后（约 1 min），关闭气水塔输气管。测量输入电流，电压及产生一定体积的气体的时间，记入表 5.8.1 中。

2）燃料电池输出特性的测量

在一定的温度与气体压力下，改变负载电阻的大小，测量燃料电池的输出电压与输出电流之间的关系，如图 5.8.2 所示。电化学家将其称为极化特性曲线，习惯以电压作纵坐标，以电流作横坐标。

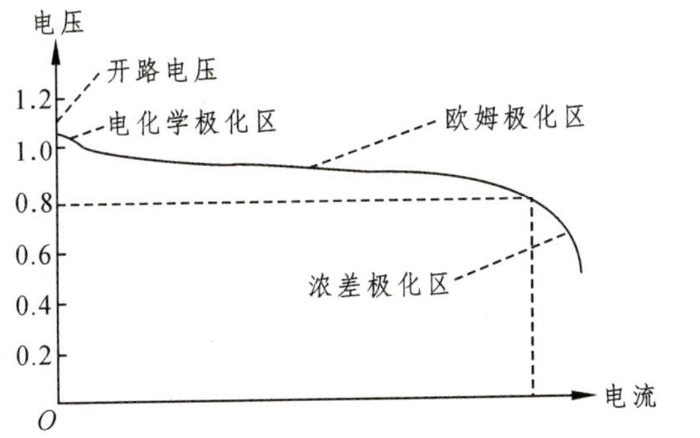

图 5.8.2　燃料电池的输出电压与输出电流之间的关系图

理论分析表明，如果燃料的所有能量都被转换成电能，则理想电动势为 1.48 V。实际燃料的能量不可能全部转换成电能，例如总有一部分能量转换成热能，少量的燃料分子或电子穿过质子交换膜形成内部短路电流等，故燃料电池的开路电压低于理想电动势。

随着电流从零开始增大，输出电压在一段区域内下降较快，主要是因为电极表面的反应速度有限，有电流输出时，电极表面的带电状态改变，驱动电子输出阳极或输入阴极时，产生的部分电压会被损耗掉，这一段被称为电化学极化区。

输出电压在线性下降区的电压降，主要是电子通过电极材料及各种连接部件，离子通过电解质的阻力引起的，这种电压降与电流成比例，所以被称为欧姆极化区。

输出电流过大时，燃料供应不足，电极表面的反应物浓度下降，使输出电压迅速降低，而输出电流基本不再增加，这一段被称为浓差极化区。

综合考虑燃料的利用率（恒流供应燃料时可表示为燃料电池电流与电解电流之比）及输出电压与理想电动势的差异，燃料电池的效率为

$$\eta_{电池}=\frac{I_{电池}}{I_{电解}}\cdot\frac{U_{输出}}{1.48}\times 100\%=\frac{P_{输出}}{1.48\times I_{电解}}100\% \tag{5.8.8}$$

某一输出电流时燃料电池的输出功率相当于图 5.8.2 中虚线框所代表的矩形区，在使用燃料电池时，应根据伏安特性曲线，选择适当的负载匹配，使效率与输出功率达到最大。

实验时电解池输入电流保持在 300 mA，关闭风扇。

将电压测量端口接到燃料电池输出端。打开燃料电池与气水塔之间的氢气、氧气连接开关，等待约 10 min，让电池中的燃料浓度达到平衡值，电压稳定后记录开路电压值。

将电流量程按钮切换到 200 mA。可变负载调至最大，电流测量端口与可变负载串联后接入燃料电池输出端，改变负载电阻的大小，输出电压值如表 5.8.2 所示（输出电压值可能无法精确到表中所示数值，只需相近即可），稳定后记录电压电流值。

负载电阻突然调得很低时，电流会突然升到很高，甚至超过电解电流值，这种情况是不稳定的，重新恢复稳定需较长时间。为避免出现这种情况，输出电流高于 210 mA 时每次调节减小电阻 0.5 Ω，输出电流高于 240 mA 时每次调节减小电阻 0.2 Ω，每测量一点的平衡时间稍长一些（约需 5 min）。稳定后记录电压电流值在表 5.8.2 中。实验完毕，关闭燃料电池与气水塔之间的氢气氧气连接开关，切断电解池输入电源。

【注意事项】

1. 使用前应首先详细阅读仪器说明书。
2. 该实验系统必须使用去离子水或二次蒸馏水，容器必须清洁干净，否则将损坏系统。
3. PEM 电解池的最高工作电压为 6 V，最大输入电流为 1 000 mA，否则将极大地伤害 PEM 电解池。
4. PEM 电解池所加的电源极性必须正确，否则将毁坏电解池并有起火燃烧的可能。
5. 绝不允许将任何电源加在 PEM 燃料电池输出端，否则将损坏燃料电池。
6. 气水塔中所加入的水面高度必须在上水位线与下水位线之间，以保证 PEM 燃料电池正常工作。
7. 该系统主体系有机玻璃制成，使用中需小心，以免打坏和损伤。
8. 配套“可变负载”所能承受的最大功率是 1 W，只能使用于该实验系统中。
9. 电流表的输入电流不得超过 2 A，否则将烧毁电流表。
10. 电压表的最高输入电压不得超过 25 V，否则将烧毁电压表。
11. 实验时必须关闭两个气水塔之间的连通管。

【数据记录及处理】

表 5.8.1　电解池的特性测量

输入电流 I/A	输入电压 U/V	时间 t/s	电量 It/C	氢气产生量测量值/L	氢气产生量理论值
0.10					
0.20					
0.30					

由式（5.8.3）计算氢气产生量的理论值。与氢气产生量的测量值比较。若不管输入电压与电流大小，氢气产生量只与电量成正比，且测量值与理论值接近，即验证了法拉第电解定律。

表 5.8.2　燃料电池输出特性的测量　　　　电解电流 = ____mA

输出电压 U/V	0.90	0.85	0.80	0.75	0.70	0.60
输出电流 I/mA						
功率 $P = UI$/mW						

1. 作出所测燃料电池的极化曲线。
2. 作出所测燃料电池输出功率随输出电压的变化曲线。
3. 所测燃料电池最大输出功率是多少？最大输出功率时对应的效率是多少？

【思考题】

1. 燃料电池的效率与哪些量有关？
2. 太阳能电池的开路电压 U_{oc}，短路电流 I_{sc} 是多少？最大输出功率 P_{max} 是多少？最大工作电压 U_{max}，最大工作电流 I_{max} 是多少？填充因子 FF 是多少？

【实验心得】（不少于 100 字）

5.9　光速测量实验

光速是物理学中一个具有代表性的基本常数。许多物理概念和物理量都与它有密切的联系。光速值的精确测量将关系到许多物理量值精确度的提高，所以长期以来对光速的测量是物理学家十分重视的课题。无论是哪一个时代，几乎都利用了最先进的科学技术对光速进行测量。尤其近几十年来天文测量、地球物理、空间技术的发展以及计量工作的需要，使得光速的精确测量已变得越来越重要。光的偏转和调制，为光速测量开辟了新的前景，并已成为当代光通信和光计算机技术的中心课题。

阅读材料：光速是怎样测量出来的，让我们来了解一下隐藏在其中的趣闻！

真空中的光速是一个物理常量，国际公认值为 $c = 299\ 792\ 458$ m/s。17 世纪前人们以为光速为无限大，意大利物理学家伽利略曾对此提出怀疑，并试图通过实验来验证他的设想，在距离很远的两个地方，两人互相用灯光传递信号，最终没能成功。

1676 年，丹麦天文学家奥劳斯·罗默（1644—1710 年）利用木星卫星的星蚀时间变化证实光是以有限速度传播的。

1849 年，法国物理学家 A. H. L. 菲佐用旋转齿轮法首次在地面实验室中成功地进行了光速测量，试验结果为 315 000 km/s。1862 年，法国实验物理学家莱昂·傅科根据阿拉戈的设想用旋转镜法测得光速为（298 000 ± 500）km/s。19 世纪中叶，麦克斯韦建立了电磁场理论，他根据电磁波动方程曾指出，电磁波在真空中的传播速度等于静电单位电量与电磁单位电量的比值，只要在实验上分别用这两种单位测量同一电量（或电流），就可算出电磁波的波速。1856 年，科尔劳施和韦伯完成了有关测量，麦克斯韦根据他们的数据计算出电磁波在真空中的波速值为 $3.107\ 4 \times 10^5$ km/s，此值与菲佐的结果十分接近，这对人们确认光是电磁波起过很大作用。

1926 年，美国物理学家迈克耳孙改进了傅科的实验，测得光速为（299 796 ± 4）千米/秒，他于 1929 年在真空中重做了此实验，测得光速为 299 774 km/s。1952 年，英国实验物理学家费罗姆用微波干涉仪法测得光速为（299 792.50 ± 0.10）km/s，此值于 1957 年被推荐为国际推荐值使用，直至 1973 年。后来，由于电子学的发展，用克尔盒、谐振腔、光电测距仪等方法，测定光速，比直接用光学方法又提高了一个数量级。60 年代镭射器发明，运用稳频镭射器，可以大大降低光速测量的不确定度。1973 年误差约 0.004 ppm。1983 年第十七届国际计量大会上作出决定，将真空中的光速定为精确值。

1983 年，光速取代了米被选作定义标准，约定为 299 792 458 m/s，数值与当时的米定义一致。秒和光速的定义值，表示 1 米从此定义为光在真空中 1/299 792 458 s 内走过的距离。因此自 1983 年以来，不管我们对光速的测量作了多少精确的修正，都不会影响到光速值，却会影响到米的长度。你有多高事实上是由光速定义的。

光速是一个重要而基本的物理常数，无论在经典物理还是现代物理中，许多物理量都与它有着直接或间接的关系。例如光谱学中的里德堡常数，电磁学中的真空电导率与真空磁导率的关系等都与光速相关。它的精确测定可以说在光学甚至于对整个物理学发展史都具有非比寻常的意义。由于光波的传播速度太快，频率高达10^{14} Hz，本实验巧妙地采用差频检相法测量光速。通过实验，可加深对光的传播速度的感性认识，同时了解调制和差频技术。

【实验目的】

1. 了解光的调制和差频的一般原理。
2. 测定光在空气中的传播速度。

【实验仪器】

FB801 型光速测量仪 1 台，Q9 线 2 根，双踪示波器 1 台。

【实验原理】

1）相位法测定调制波波长

一单色光受频率为 f_t 的正弦波调制，其在传播方向的强度表达式为

$$I = I_0 \cdot \left[1 + m \cdot \cos 2\pi f_t \left(t - \frac{x}{c}\right)\right] \tag{5.9.1}$$

式中，m 为调制度；$\cos 2\pi f_t (t - x/c)$ 表示光在传播的过程中，其强度的变化犹如一个频率为 f_t 的正弦波以光速 c 沿 x 方向传播，这个波为调制波。

从式（5.9.1）可以看出，调制波在传播过程中其相位是以 2π 为周期变化的。设沿调制波传播方向上两点 A 和 B 的位置坐标分别为 x_1 和 x_2，则两点间的调制波相位差满足

$$\varphi_1 - \varphi_2 = \frac{2\pi}{\lambda_t} \cdot (x_2 - x_1) \tag{5.9.2}$$

因此，只要测量 A 和 B 两点之间的距离 $(x_2 - x_1)$ 及相应的相位差 $(\varphi_1 - \varphi_2)$，就可根据上式求得调制波的波长 λ_t 为

$$\lambda_t = \frac{2\pi}{\varphi_1 - \varphi_2} \cdot (x_2 - x_1) \tag{5.9.3}$$

从而在已知调制波频率 f_t 的前提下，可得光速为

$$c = f_t \cdot \lambda_t \tag{5.9.4}$$

本实验采用的调制波频率为100 MHz(10^8 Hz)，要远小于可见光频率（约10^{14} Hz数量级），所以调制波波长 λ_t（10^0 m数量级）比可见光波长大得多。因此，测量调制波波长要比直接测量可见光波长容易得多，且具有较高的实验精度。

2）差频法测相位

由上述可知，只要测量出调制波相位差，即可测得光速。本实验所用的调制波频率为100 MHz，对于目前大多数测相仪器来说，这个信号频率还是太高了。例如，通常使用的BX21型数字式相位计中的检相电路的开关时间约40 ns，而100 MHz的被测信号周期 $T = 1/f = 10$ ns，比测相电路的开关时间短，仪器根本无法响应。此外，在实际相位测量中，被测信号频率较高时，测相系统的稳定性、工作速度以及高频寄生效应造成的附加相移等因素都会直接影响测相精度。因此，为了测量被测高频信号的相位差，首先需设法降低其频率。差频法是一种将高频信号降为中、低频信号的有效方法，它简单易行，且差频前后，信号具有相同的相位差。下面做简单证明。

若将两频率不同的正弦波信号，同时输入一个非线性元件（如二极管、三极管等）时，其输出端包含这两个信号的差频成分。非线性元件对输入信号 x 的响应可表示为

$$y(x) = A_0 + A_1 \cdot x + A_2 \cdot x^2 + \cdots \tag{5.9.5}$$

忽略上式中的高次项（大于等于三次项），可得二次项的混频效应。设有两个相同频率、不同相位的高频信号

$$u_1 = U_{10} \cdot \cos(2\pi f \cdot t + \varphi_0) \tag{5.9.6}$$

和

$$u_2 = U_{20} \cdot \cos(2\pi f \cdot t + \varphi_0 + \varphi) \tag{5.9.7}$$

它们的相位差为 φ。现引入一个本征高频信号

$$u' = U_0' \cos(2\pi f' \cdot t + \varphi_0') \tag{5.9.8}$$

使它分别与信号 u_1 和 u_2 叠加后输入非线性元件，得到输出量为

$$\begin{aligned} y(u_1 + u') &\approx A_0 + A_1 \cdot (u_1 + u') + A_2 \cdot (u_1 + u')^2 \\ &= A_0 + A_1 \cdot u_1 + A_1 \cdot u' + A_2 \cdot u_1^2 + A_2 \cdot u'^2 + 2A_2 \cdot u_1 \cdot u' \end{aligned} \tag{5.9.9}$$

将式（5.9.6）和式（5.9.8）代入式（5.9.9）中的交叉项，可得

$$\begin{aligned} 2A_2 \cdot u_1 \cdot u' &= 2U_{10} \cdot U_0' \cos(2\pi f \cdot t + \varphi_0) \cdot \cos(2\pi f' \cdot t + \varphi_0') \\ &= 2U_{10} U_0' [\cos(2\pi(f + f') + (\varphi_0 + \varphi_0')) + \cos(2\pi(f - f') + (\varphi_0 - \varphi_0'))] \end{aligned} \tag{5.9.10}$$

同理，将式（5.9.7）和式（5.9.8）代入式（5.9.9）中的交叉项，可得

$$\begin{aligned}2A_2\cdot u_2\cdot u' &= 2U_{20}\cdot U_0'\cdot\cos(2\pi f\cdot t+\varphi_0+\varphi)\cdot\cos(2\pi f'\cdot t+\varphi_0') \\ &= 2U_{20}\cdot U_0'\cdot[\cos(2\pi(f+f')+(\varphi_0+\varphi_0')+\varphi)+\cos(2\pi(f-f')+(\varphi_0-\varphi_0')-\varphi)]\end{aligned} \tag{5.9.11}$$

由上面的推导结果可以看出，当两个不同频率的正弦波信号叠加后作用于非线性元件，在输出信号的成分中除原来的两个基波和二次谐波外，还含有“差频信号”及“和频信号”。电子技术很容易将此“差频信号”从非线性元件的输出信号中分离出来，即

$$y_1 = 2U_{10}\cdot U_0'\cdot\cos(2\pi(f-f')+(\varphi_0-\varphi_0')) \tag{5.9.12}$$

$$y_2 = 2U_{20}\cdot U_0'\cdot\cos(2\pi(f-f')+(\varphi_0-\varphi_0')-\varphi) \tag{5.9.13}$$

由以上讨论可知，两个相同频率且相位差为 φ 的信号 u_1，u_2，分别与一本征高频信号 u' 混频后，可得两个差频信号如式（5.9.12）和式（5.9.13）。比较式（5.9.12）和式（5.9.13）可知，两个“差频信号”的相位差仍然为 φ。

实验工作原理如图 5.9.1 所示，由主控振荡器产生的100 MHz 调制信号经高频放大器放大后，一路经光源调制器转换为光波信号，由光学发射系统发射此路经调制的光波信号。另一路与本机振荡器产生的99.545 MHz 本征信号经混频器 1 混频，得到频率为 455 kHz 的差频基准信号 y_1。调制光波信号在其传播方向上经反射器（该反射器可在刻有标尺的导轨上移动）反射，被光学接收系统接收。经光电转换和放大后，与本征信号经混频器 2 混频，同样得到频率为 455 kHz 的差频被测信号 y_2。将差频基准信号 y_1 和差频被测信号 y_2 输入双踪示波器。当反射器移动 Δx，则被测信号的光程改变 $2\Delta x$，基准信号和被测信号的相位差改变：

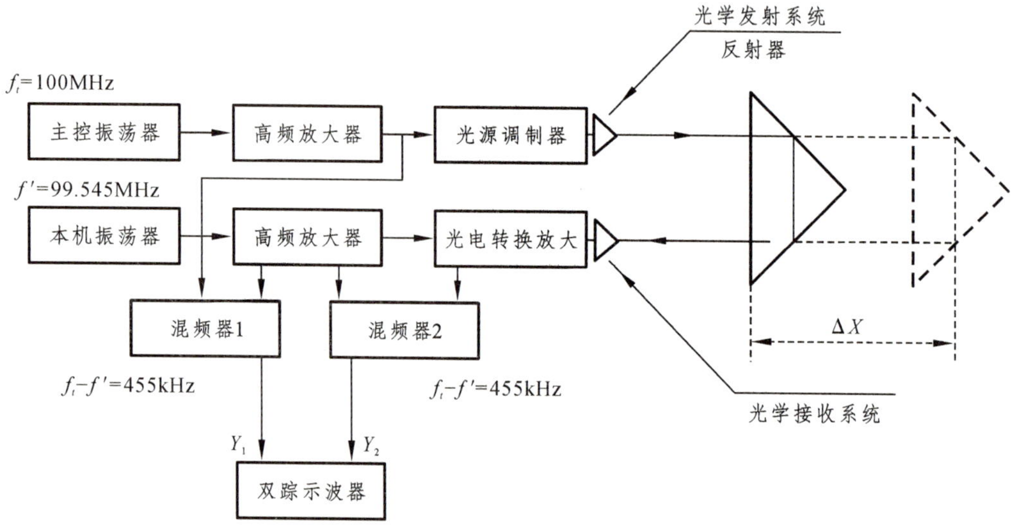

图 5.9.1　实验工作原理图

$$\Delta\varphi = \frac{2\pi}{\lambda_t}\cdot 2\Delta x \tag{5.9.14}$$

本实验用双踪示波器作为相位差仪，当反射器移动 Δx 时，在示波器上可观察到被测信号波形移动。读出移动的距离 Δt，就可求得反射器移动 Δx 引起的基准信号和被测信号的相位改变：

$$\Delta\varphi = \frac{\Delta t}{T}\cdot 2\pi \tag{5.9.15}$$

式中，T 为被测信号周期（$T = 1/455\ \text{kHz}$），也可在示波器上读得。因此联立式（5.9.14）、式（5.9.15），可得调制波波长为

$$\lambda_t = \frac{T}{\Delta t}\cdot 2\Delta x \tag{5.9.16}$$

再代入式（5.9.14）即可求得光速。

【实验步骤】

1）连接仪器

图 5.9.2 为 FB801 型光速测量仪实物图。本实验选用 YB4320 双踪示波器作为相位计，用以测量基准信号与被测信号之间的相位差。实验前，按图 5.9.3 所示，将光速测量仪的"基准信号"输出端 4 用 Q9 同轴线接到双踪示波器的 Y1（CH1）输入端，把"测相信号"输出端 7 用 Q9 同轴线接到双踪示波器的 Y2（CH2）输入端。

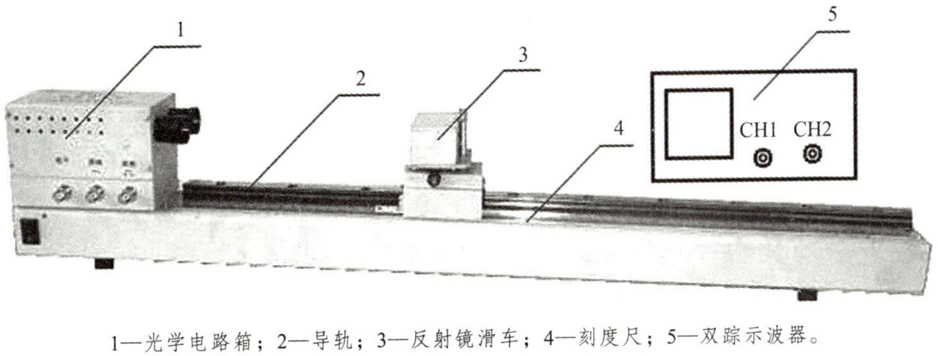

1—光学电路箱；2—导轨；3—反射镜滑车；4—刻度尺；5—双踪示波器。

图 5.9.2　光速测量仪实物图

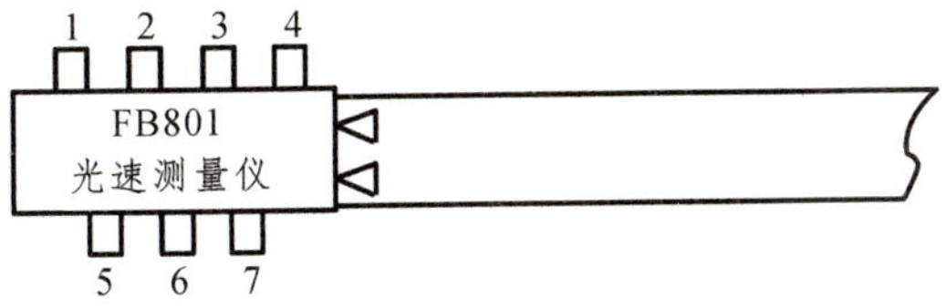

1—测频；2—调制；3—基准（正弦波）；4—基准（方波）；5—电平；
6—测相（正弦波）；7—测相（方波）。

图 5.9.3　光速测量仪示意图

2）准备实验

打开光速测量仪与 YB4320 双踪示波器的电源开关，让仪器预热 15 ~ 30 min。把示波器的亮度及聚焦调节到合适程度。并按以下步骤操作：

（1）用示波器本身附带的标准信号（1 kHz, 0.5 V_{p-p}）对示波器进行校准，使示波器显示屏上显示的波形电压值和周期与实际数值相对应。

（2）按下垂直控制板（VERTICAL）中的“CH1”和“CH2”按键，示波器显示屏上会显示出“基准信号”和“测相信号”方波波形。将“基准信号”和“测相信号”波形分别称为波形“A”波形“B”。

（3）把“CH1”和“CH2”通道灵敏度调到 2.00 V/div，扫描周期调节调节到 0.5 μs/div，使显示屏上可以观察到大约两个周期的完整波形。

（4）调节垂直控制“POSITION”旋钮，使“CH1”通道波形 A 和“CH2”通道波形 B 垂直中心位置均处于显示屏中心。

（5）将光速测量仪的反射器放置在导轨上某一固定位置，光速测量仪对准反射器并利用棱镜小车上的竖直微调旋钮使示波器上“波形 A”与“波形 B”清晰。

（6）观察示波器上的波形是否稳定，即检验光速仪是否处于良好的工作状态。

3）测量数据

（1）按照实验步骤，使示波器设置在上述状态，在示波器上观察波形 A（基准信号）和波形 B（被测信号），波形 B 可随反射器移动而移动，容易与波形 A 区分。

（2）测量基准信号的周期：调节垂直位移旋钮，让波形 A 以 X 轴（$Y=0$）上下对称分布，调节水平位移旋钮，使基准波形 A 的某一上升沿的中点对准示波器屏幕上的某根垂直线（对应时间读数为 t_A），接着读取相邻上升沿中点对准的刻度（对应时间读数为 t_B），那么信号的周期为 $T=t_B-t_A$（$T\approx 2.2$ μs）。

（3）由于“基准信号”和“测相信号”波形、周期完全相同，为了方便，可以只测量波形 B，具体操作步骤如下：

① 先把反射器的位置放在 $x_0=5$ cm 处，调节示波器水平位移旋钮，使波形 B 的某一上升沿的中点（“P”点）对准示波器的标尺某根垂直线，以坐标原点为零时刻，记录“P”点对应时间值 Δt_i，$\{\Delta t_i = S_X(\text{时间/每格})\times X(\text{离原点格数})\}$这一位置作为“P”点的起始点。（注意，只有扫描周期调节处于校正位置，时间轴的读数才是准确的。）

② 再分别把反射器移至 25 cm、30 cm、35 cm、40 cm、45 cm、50 cm 处，按顺序读取示波器上“P”点移动后的对应位置的时间值 Δt_i 值，记录在表 5.9.1 中。

（4）按公式 $\lambda_i=\dfrac{T\cdot 2\Delta x_i}{\Delta t_i}$ 计算 λ_i 值，填入表格。

（5）按公式 $\bar{\lambda}=\dfrac{1}{n}\sum\limits_{i=1}^{n}\lambda_i$ 计算 $\bar{\lambda}$ 值。

（6）将 $\bar{\lambda}$ 代入公式 $c=f_t\cdot\bar{\lambda}_i$，计算空气中的光速。

（7）把实验结果与光速的公认值比较，求相对误差。

【数据记录及处理】

表 5.9.1　数据记录表格

测量次数 i	1	2	3	4	5	6	7
$x_i/\times10^{-2}$ m	5.00	25.00	30.00	40.00	40.00	45.00	50.00
$\Delta x_i/\times10^{-2}$ m							
Δt_i/ns							
λ_i/m							

$$\lambda_i=\frac{T\cdot2\Delta x_i}{\Delta t_i}=$$

$$\overline{\lambda}=\frac{1}{n}\sum_{i=1}^{n}\lambda_i=$$

$$c=f_t\cdot\overline{\lambda_i}=$$

相对误差：$E=\frac{|c-c_0|}{c_0}\times100\%=$

注：本实验实际测得的是大气中光的传播速度 c，由于它与真空中的光速 c_0 的差值远小于实验误差，故在计算相对误差时，近似用真空中的光速公认值代替大气中光速的真值。（$c_0=2.998\times10^8$ m/s）

【思考题】

1. 通过实验观察，你认为波长测量的主要误差来源是什么？为提高测量精度需做哪些改进？

2. 本实验所测定的是频率100 MHz的调制光波，能否把实验装置改成直接发射频率为100 MHz的无线电波，并对它的波长进行绝对测量。为什么？

【实验心得】（不少于 100 字）

5.10　光电管特性的研究

光电管是应用光电效应原理实现光信号转换成电信号的一种传感器，具有灵敏度高、光谱特性好、使用寿命长、稳定性能高等特点，主要应用于各种自动化控制、光纤通信、太阳能电池等。

阅读材料：

光电效应首先由德国物理学家海因里希·赫兹于 1887 年发现，对发展量子理论及提出波粒二象性的设想起到了根本性的作用。菲利普·莱纳德做实验发现了光电效应的重要规律。阿尔伯特·爱因斯坦则提出了正确的理论机制。

1887 年，德国物理学者海因里希·赫兹做实验观察到光电效应、电磁波的发射与接收。但他没有对光电效应做进一步的研究。

1902 年，莱纳德发布了几个关于光电效应的重要实验结果。他发现，每单位时间从阴极发射的光电子数量与入射的辐照度成正比。光电子的最大动能与光波的光谱组成有关。光电子的最大动能与截止电压成正比，与辐射照度无关。

1905 年，爱因斯坦发表论文《关于光的产生和转化的一个试探性观点》，对于光电效应给出另外一种解释。他将光束描述为一群离散的量子，现称为光子，而不是连续性波动。爱因斯坦的论述极具想象力与说服力，却遭遇到学术界强烈的抗拒，这是因为它与詹姆斯·麦克斯韦的表述一致，而且与经过严格理论检验、通过精密实验证明的光的波动理论相互矛盾，它无法解释光波的折射性与相干性。更一般而言，它与物理系统的能量“无穷可分性假说”相互矛盾。甚至在实验证实爱因斯坦的光电效应方程正确无误之后，强烈抗拒仍旧延续多年。爱因斯坦的发现开启了的量子物理的大门，爱因斯坦因为“对理论物理学的成就，特别是光电效应定律的发现”荣获 1921 年诺贝尔物理学奖。

爱因斯坦的论文很快引起美国物理学者罗伯特·密立根的注意，但他也不赞同爱因斯坦的理论。之后十年，他花费很多时间做实验研究光电效应。他发现，增加阴极的温度，光电子最大能量不会跟着增加。他又证实光电疲劳现象是因氧化作用所产生的杂质造成，假若能够将清洁干净的阴极保存于高真空内，就不会出现这种现象了。1916 年，他证实了爱因斯坦的理论正确无误，并且应用光电效应直接计算出普朗克常数。密立根因为“关于基本电荷以及光电效应的工作”获颁 1923 年诺贝尔物理学奖。

【实验目的】

1. 研究光电管的光电流与其极间电压的关系，研究光电流与光通量之间的关系，验证光电效应第一定律。

2. 掌握光电管的一些主要特性，学会正确使用光电管。

【实验仪器】

暗箱（内含光电管、小灯泡及光源距离调节刻度尺），光电效应实验仪。

【实验原理】

金属或金属化合物在光的照射下有电子逸出的现象，称为光电效应，或称为光电发射。产生光电发射的物体表面通常接电源负极，又称为光电阴极，光电阴极往往并不用纯金属制成，而常用锑钯或银氧钯的复杂化合物制成，因为这些金属化合物阴极的电子逸出功远比纯金属小，这样就能在较小的光照下得到较大的光电流，把光电阴极和另一个金属电极（又称光电阳极）一起封装在抽成真空的玻璃壳里就成了光电管。光电管在现代科学技术中，如自动控制有声电影、电视以及光信号测量等都有重要的应用，实验中所用的光电管结构如图 5.10.1 所示，仪器接线原理图如图 5.10.2 所示。

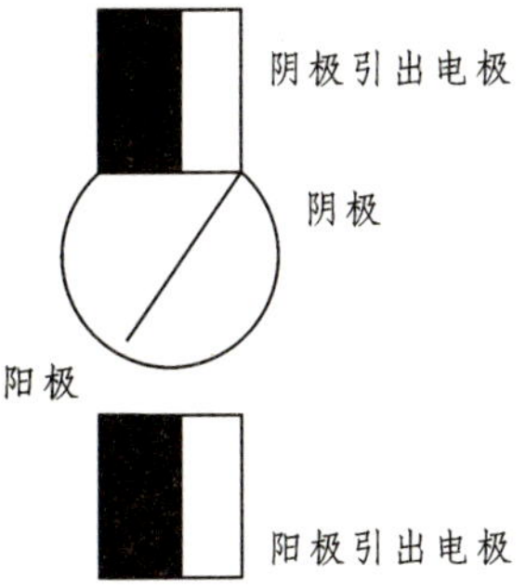

图 5.10.1　光电管结构图

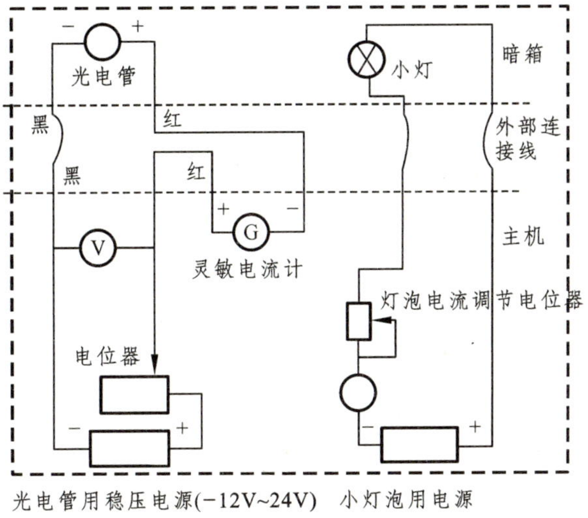

图 5.10.2　实验仪器接线原理图

图 5.10.2 中，阴极对于阳极有负电压，用适当频率的光照射于阴极时，阴极即发射出电子，这些电子称为光电子，光电子在阴极、阳极间电场的作用下到达阳极，于是回路里就有了电流，在微电流表上读数为 I，这个电流值与无光照射时电流 I_g（称暗电流）之差 I_Φ 叫光电流（$I_\Phi = I - I_g$）。每只光电管的暗电流均可测量。使用的 GD-51 型光电管因暗电流 I_g 很小，因而有 $I \approx I_\Phi$，所以可用回路里的电流 I 代替光电流 I_Φ，实验过程中不要求测暗电流 I_g。

光电流的大小是由光电管本身的性质（主要是阴极的性质）及外界条件（光的频率、强度和光电管极间电压大小）来决定的。要使用光电管，就必须了解光电流与上述这些条件的关系，就是光电管的一些特性。

1）伏安特性

当光照一定时（即阴极上所承受的各频率的光通量一定时），起初光电流是随着极间电压的增大而增大。（如图 5.10.3 的 ab 段），但是当电压加到某值之后继续增加极间电压，光电流却不再增加或增加很少，这时几乎所有光电子都参加了导电，这就是所谓的饱和现象（如图 5.10.3 的 bc 段），能使光电流饱和的最小极间电压称为饱和电压 U_b，此时的光电流称为饱和光电流 $I_{\Phi 0}$，当光通量增大时所需的饱和电压就高些，饱和光电流也大些。值得注意的是当极间电压等于零时，光电流并不等于零，这是因为电子从阴极逸出时还具有初动能的原因，只有加上一适当的反电压时，光电流才等于零，这一电压称为反向遏止电压 V_a。同理，可以作出反向饱和曲线。

2）光电特性

按照光电效应第一定律，当光源频率一定或光源频谱分布一定时，饱和光电流与光电阴极的光通量有严格的正比关系 $I_{\Phi 0} \propto \Phi$，其中 Φ 为光通量，$I_{\Phi 0}$ 为饱和光电流。

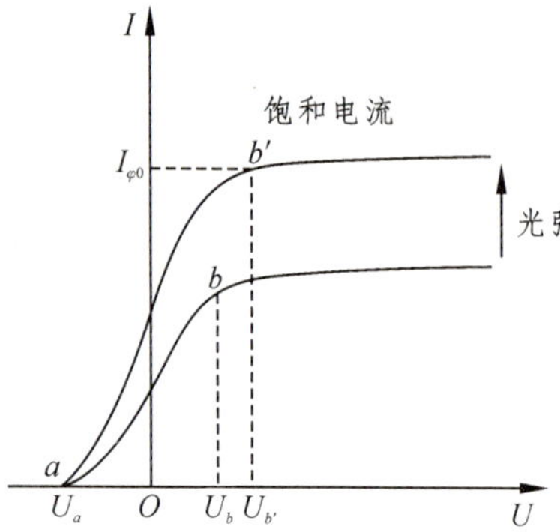

图 5.10.3　伏安特性曲线

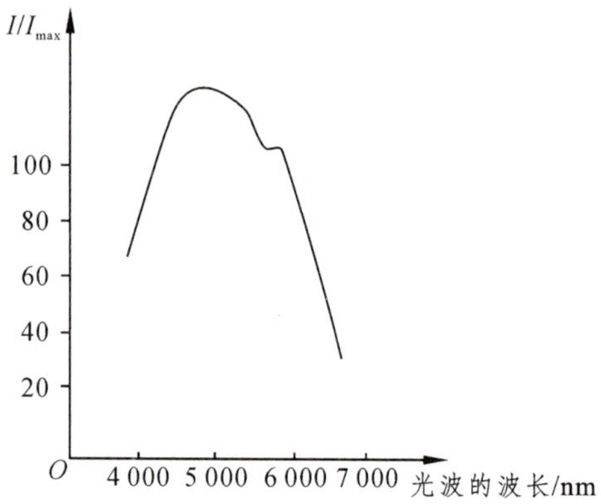

图 5.10.4　锑钯阴极光电管频谱特性

实验中验证这一定律的方法如下：

（1）当光源与光电管的距离一定时，即刻度尺的读数一定时，改变小灯泡的电流 I_L，则光通量 $\Phi \propto I_L$，即 $I_{\Phi 0} \propto I_L$，我们由实验求出 $I_{\Phi 0}$ 与 I_L 的一一对应关系，画出的关系曲线如果是一条直线，就验证了光电效应第一定律。

（2）强度为 E_0 的点光源，它在距离为 r、面积为 S 的阴极上的光通量（当 r>>阴极线度即刻度尺距离灯泡较远时）为 $\Phi = E_0 S/r^2$，因为 $E_0 \propto I_L$，如果保持小灯电流不变即 I_L 不变，而阴极面积 S 是固定的，那么 Φ 应正比于 $1/r^2$，所以有 $I_{\Phi 0} \propto 1/r^2$，也就是饱和光电流正比于 $1/r^2$ 了。由实验可求出 $I_{\Phi 0}$ 与 $1/r^2$ 的一一对应关系，画出的关系曲线如果是一条直线，就验证了光电效应第一定律。

3）积分灵敏度

各种不同类型的光电管，对于同样的光通量光电流不同。为了描述这种特性，引入“灵敏度”这一参量。在实际应用中最重要的积分灵敏度，它的定义是：在一定白色光源照射下，每单位光通量所产生的饱和光电流，其单位为 mA/lm。一般光电管的说明书上都给出了这种参量。GD-51 积分灵敏度一般为 100 μA/lm 左右。

4）频谱灵敏度

同一只光电管，对于强度相同而频率不同的光，灵敏度是不同的，描述这一特性的曲线叫光电管的“频谱特性曲线”。实验所用的锑钯阴极的光电管频谱特性曲线如图 5.10.4 所示，横坐标为波长、纵坐标为光电管的相对强度（即光电流相对于最大光电流的百分数）。可以看出，这种光电管对于波长为 4 500Å 左右的光电流最灵敏，而检测下限约 7 000Å。阴极材料不同，频谱灵敏度也不同，根据频谱特性曲线可以确定各种光电管的适用范围。在实际应用中除了真空光电管，还常用具有多个阴极的光电倍增管，它们的优点是灵敏度很高，主要缺点是应用的电路较复杂。

【实验步骤】

1. 测伏安特性。

（1）打开仪器电源开关，将微电流量程转换开关旋到“200 μA”（如实验数据较小可选择“20 μA”量程），检查确认仪器工作正常（电流调节应调至最小值）。

（2）根据原理图 5.10.2，接好线路（即仪器微电流输入连接线连接到仪器主机，微电流输入连接线“+”“-”分别接暗箱光电流输出“+”“-”；仪器光源电源“+”“-”分别接暗箱光源电源“+”“-”）；调节输出电流调节电位器使小灯电流为规定值 I_L，建议参考值为 500 mA，在实验过程中小灯泡电流要始终保持 I_L 不变；顺时针调节电压调节电位器，电压表显示值为正，此时在光电管上加正电压，逆时针调节电压调节电位器，电压表显示值为负，此时在光电管上加负电压。

（3）使光源与光电管阴极的距离为 $r = 10$ cm，调节“光电管电压调节”电位器，使光电管电压由零开始逐渐升高，同时测出若干个电压下的光电流 I_Φ。

（4）调节（逆时针）“光电管电压调节电位器”，在光电管两端加上反向电压（即负电压），调节光电管电压由零开始逐渐减小（即负的增加），测出若干个电压下的光电流 I_Φ。

光电流 I_Φ为 0 时的电压即反向截止电压 V_a。

（5）使距离变为 $r = 15$ cm，重复步骤（1）至（4）绘制两条伏安特性曲线。

2. 测光电特性。

连接好线路。调好灯泡电流使光强适当（建议值 $I_L = 500$ mA），将光电管极间电压调至最大 24 V（必须大于此时最大光强的饱和电压，否则实验曲线非线性），改变小灯泡与阴极的距离 r，测出若干个距离下的饱和光电流 I_Φ，最后以 $1/r^2$ 为横坐标，I_Φ为纵坐标，画出光电特性曲线。

实验完毕，切断电源整理好仪器。注意：因为小灯泡是用来模拟理想点光源的，所以应有 r>>小灯泡直径，小灯泡与阴极的距离很小时实验误差将很大。

【注意事项】

1. 灯泡电流的稳定与否对实验结果影响很大，必须做到接触良好。当发现光电流不稳定时，应首先检查灯泡插座及接触是否良好。

2. 高灵敏电流计十分灵敏，接线错误将导致微电流表读数错误或溢出。

3. 因为本实验仪用小灯泡模拟点光源，理论上刻度尺读数无穷大时小灯泡为点光源，所以当刻度尺读数很小时存在一定误差，刻度尺读数越大，误差越小。

4. 两路稳压电源的额定工作电流均为 500 mA 短时间可承受的最大电流为 1.0 A，如仅做光电效应实验，电流不会超过额定值，如将电源另作他用，要注意研究电源原理图。

5. 小灯泡电源不宜频繁开关，频繁开关将影响小灯泡寿命。

【数据记录及处理】

表 5.10.1　伏安特性数据记录表 1

$I_L = 500$ mA					距离 $r_1 = 10$ cm				
$+U$/V									
I_Φ									
$-U$/V									
I_Φ									

表 5.10.2　伏安特性数据记录表 2

	$I_L=500$ mA				距离 $r_2=15$ cm				
$+U$/V									
I_Φ									
$-U$/V									
I_Φ									

表 5.10.3　光电特性数据记录表（$I_L=500$ mA　$U=24$ V）

距离 r/m	0.10	0.15	0.20	0.25	0.30	0.35
I_Φ						
$1/r^2$						

【思考题】

1. 光电效应的定义是什么？
2. 查阅资料了解光电管在生活中的应用。
3. 用所学知识解释本次实验测得的曲线。
4. 分析实验误差产生的原因，实验中如何减小误差？请提出你的建议？

【实验心得】（不少于 100 字）

5.11　迈克尔逊干涉仪

迈克尔逊干涉仪，是 1883 年美国物理学家迈克尔逊和莫雷合作，为研究“以太”漂移而设计制造出来的精密光学仪器。它是利用分振幅法产生双光束以实现干涉。通过调整该干涉仪，可以产生等厚干涉条纹，也可以产生等频干涉条纹。它主要用于长度和折射率的测量。

阅读材料：

阿尔伯特·亚伯拉罕·迈克尔逊（Albert Abraham Michelson），1852 年 12 月 19 日出生于普鲁士斯特雷诺（今波兰斯特雷诺），1931 年 5 月 9 日在帕萨迪纳逝世。迈克尔逊主要从事光学和光谱学方面的研究，他以毕生精力从事光速的精密测量，在他的有生之年，一直是光速测定的国际中心人物。他发明了一种用以测定微小长度、折射率和光波波长的干涉仪（迈克尔逊干涉仪），在研究光谱线方面起着重要的作用。因发明精密光学仪器和借助这些仪器在光谱学和度量学的研究工作中所做出的贡献，被授予了 1907 年度诺贝尔物理学奖。

【实验目的】

1. 掌握迈克尔逊干涉仪的调节和使用方法。
2. 用迈克尔逊测量钠光的波长。
3. 学会用迈克尔逊干涉仪观察白光的干涉条纹。

【实验仪器】

迈克尔逊干涉仪，钠灯，He-Ne 激光器，低压钠灯，低压汞灯，干色滤波片毛玻璃屏，叉丝，白炽灯等。

【实验原理】

1）原理简介

迈克尔逊干涉仪的结构如图 5.11.1 所示，包括分光板 P_1、补偿板 P_2、可移动反射镜 M_1 和固定反射镜 M_2 等，透过读数窗可看到读数鼓轮，转动粗动手轮和微动手轮可使 M_1 在套轨上移动，套轨上有 0 ~ 50 mm 刻度。粗动手轮分度值为 0.01 mm，微动手轮分度值为 0.000 1 mm。使用该仪器时，绝对禁止用手接触光学元件，否则会损坏光学表面。

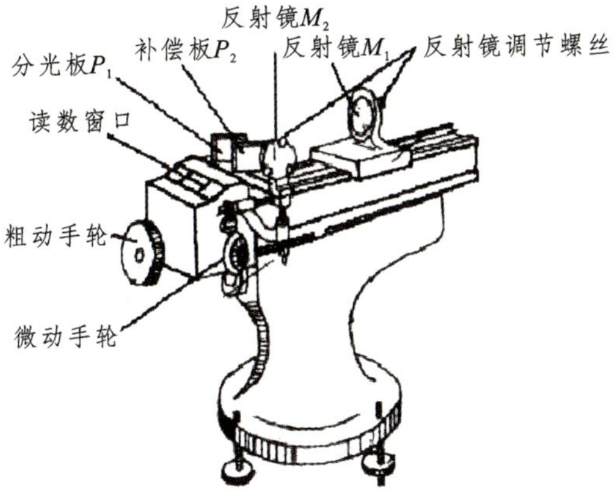

图 5.11.1　迈克尔逊干涉仪的结构图

2）干涉花样及波长测量原理

迈克尔逊干涉仪的光路如图 5.11.2 所示，从准单色光源 S 发出的光被分光板的半反射面分成相互垂直的两束光（1）和（2），这两束光分别由反射镜 M_1,M_2 反射后再经 P_1 的半反射面形成相互平行的两束光。P_2 为补偿板，其材料与 P_1 完全相同，且严格平行放置，其作用是补偿光束（2）的光程（光束 2 两次透过玻璃板）。设 M_2' 为 M_2 在半反射面 P_1 中的虚像。

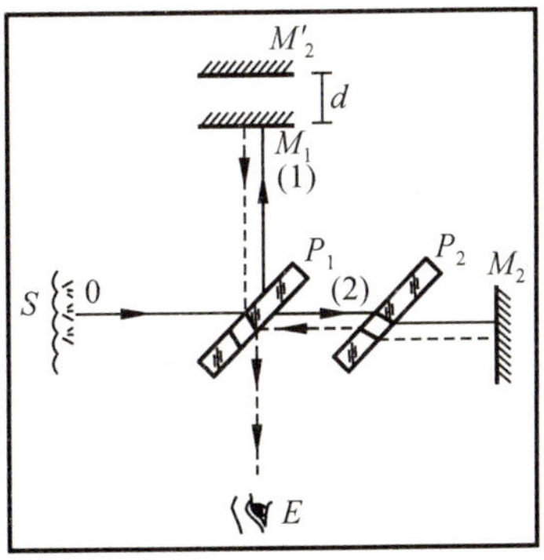

图 5.11.2　迈克尔逊干涉仪的光路图

（1）当 M_1 及 M_2' 严格平行时，所得的干涉为等频干涉。即在 E 点看到的干涉条纹是由 M_1 及 M_2' 之间的空气层两表面的反射光叠加形成的，其形状为一组同心圆。光线 1 和 2 到达 E 点的光程差为

$$\Delta = 2d\cos i \tag{5.11.1}$$

在圆心处干涉级别最高，$i=0$，光程差为

$$\Delta = 2d = k\lambda \tag{5.11.2}$$

旋转干涉移上的精密丝杆，可使 d 改变，当 d 增大时，可观察到干涉环从中心“冒出”；反之，当 d 减小时，干涉环逐个向中心缩进去。

由式（5.11.2）看出，每变化一个条纹，d 就变化 $\dfrac{\lambda}{2}$，则 M_1 移动的距离 Δd 和条纹级别改变值 N 之间的关系为

$$\Delta d = N.\frac{\lambda}{2} \tag{5.11.3}$$

式（5.11.3）可见，只要测出 M_1 移动的距离 Δd 和条纹级别改变值 N，就可算出波长 λ。

（2）当 M_1 及 M_2' 靠得很近且之间存在一个很小的夹角 α 时，所得的干涉为等厚干涉条纹。条纹定域在空气夹角棱上（或其附近），条纹形状是一组平行棱的直线条纹。随着 M_1 及 M_2' 之间的距离增大，由于入射角的变化带来的影响，使条纹弯曲，且背向棱的一边，观察等厚干涉时，可直接用眼睛向空气夹角调焦。

【实验步骤】

1. 调节干涉仪及干涉条纹。

（1）点亮钠灯 S，转动粗调手轮及微动手轮，使 M_1，M_2 到 P_1 的距离大致相等（使 $d \leqslant 5$ cm）。

（2）沿 EP_1 的方向观察，可看到钠灯灯丝产生的两个像。调节 M_2 后面的螺钉，使灯丝重合，此时在钠灯前放一块毛膜玻璃，即可看到干涉条纹。

（3）干涉条纹出现后，再仔细调节 M_2 的螺钉，出现同心圆时，进一步调节 M2 的微动螺钉，直到眼睛山下左右移动，圆心大小不变，仅圆心随眼睛的移动而移动，这时看到的就是严格的等频干涉条纹。

（4）转动微动螺旋，使 M_1 前后移动，观察条纹的变化，从条纹“冒”出或“缩”进说明 M_1 与 M_2' 之间的距离 d 是变大还是变小，并观察条纹粗细、密度与 d 的关系。

（5）在 M_1，M_2' 大致重合的位置，调节 M_2 的螺丝，使 M_1，M_2' 有一很小的交角，视场中就会出现等厚干涉条纹，条纹的间距随夹角的增大而减小，夹角过大条纹很密，这样会观察不到干涉条纹。

（6）观察白光的干涉条纹：先用钠灯照明，调节 M_2 的方位，使直线条的间距约 1 mm，然后转动粗调手轮和微调手轮，前后移动 M_1，观察干涉条纹（从弯曲变直到变弯曲），在干涉条纹即将变直之前，点燃白光光源（不要移动钠灯），转动微调螺钉，继续沿原方向移动 M_1 直到观察到彩色条纹为止。彩色条纹的中心就是 M_1，M_2' 的交线。由于白光条纹只有几条，调节时要耐心细致，不然就会一晃而过，极难察觉。

2. 钠光谱线波长的测定。

采用等频干涉条纹，调节如前所述。对人眼的视力，判断条纹缩进去更容易一些，测量时移动 M_1 来减少 d，同时数缩进去的条纹数，共 300 条，并且每数 50 条记录一次 M_1 的位置，然后用逐差法求 $m = 100$ 条时 Δd 的平均值，最后算出波长 λ。

【数据记录及处理】

表 5.11.1　测量钠光谱线的波长　　单位：mm

d_0	d_{50}	d_{100}	d_{150}	d_{200}	d_{250}	d_{300}

表 5.11.2　测量 Δd　　单位：mm

$\Delta d_1 = d_{100} - d_0$	$\Delta d_2 = d_{150} - d_{50}$	$\Delta d_3 = d_{200} - d_{100}$	$\Delta d_4 = d_{250} - d_{150}$	$\Delta d_5 = d_{300} - d_{200}$

测量 5 组数据，计算 $\lambda = \overline{\lambda} \pm U_A(\overline{\lambda})$。

【思考题】

1. 光的干涉条件是什么？
2. 如何利用干涉条纹的“冒出”和“缩进”现象，测定单色光的波长？

【实验心得】（不少于 100 字）

5.12　霍尔效应

用霍尔效应制备的各种传感器，已广泛应用于工业自动化技术、检测技术和信息处理各个方面。本实验的目的是了解霍尔效应原理以及有关霍尔器件对材料要求的知识，学习用“对称测量法”消除副效应影响，根据霍尔电压判断霍尔元件载流子类型，计算载流子的浓度和迁移速度。

阅读材料：

在磁场中，载流导体上出现横向电势差的现象是 24 岁的研究生霍尔（Edwin H. Hall）在 1879 年发现的，现在称之为霍尔效应。随着半导体物理学的迅猛发展，霍尔系数和电导率的测量已经成为研究半导体材料的主要方法之一。通过实验测量半导体材料的霍尔系数和电导率可以判断材料的导电类型、载流子浓度、载流子迁移率等主要参数。若能测得霍尔系数和电导率随温度变化的关系，还可以求出半导体材料的杂质电离能和材料的禁带宽度。

在霍尔效应发现约 100 年后，德国物理学家克利钦（Klaus Von Klitzing）等研究半导体在极低温度和强磁场中发现了量子霍尔效应，它不仅可作为一种新型电阻标准，还可以改进一些基本量的精确测定，是当代凝聚态物理学和磁学令人惊异的进展之一，克利青为此得了 1985 年诺贝尔物理学奖。其后美籍华裔物理学家崔琦（D. C. Tsui）和施特默在更强磁场下研究量子霍尔效应时发现了分数量子霍尔效应。它的发现使人们对宏观量子现象的认识更深入一步，他们为此获得了 1998 年诺贝尔物理学奖。

【实验目的】

1. 了解霍尔效应原理以及有关霍尔器件对材料要求的知识。
2. 学习用“对称测量法”消除副效应影响。
3. 根据霍尔电压判断霍尔元件载流子类型，计算载流子的浓度和迁移速度。

【实验仪器】

恒流源，电磁铁，霍尔样品和样品架，换向开关和接线柱，数字万用表，小磁针。

【实验原理】

1）霍尔效应基本理论

通过霍尔效应测量磁场霍尔效应，装置如图 5.12.1 和图 5.12.2 所示。将一个半导体薄片放在垂直于它的磁场中（B 的方向沿 z 轴方向），当沿 y 方向的电极 C，D 上施加电流 I 时，薄片内定向移动的载流子（设平均速率为 v）受到洛伦兹力 F_B 的作用，即

$$F_B = qvB \tag{5.12.1}$$

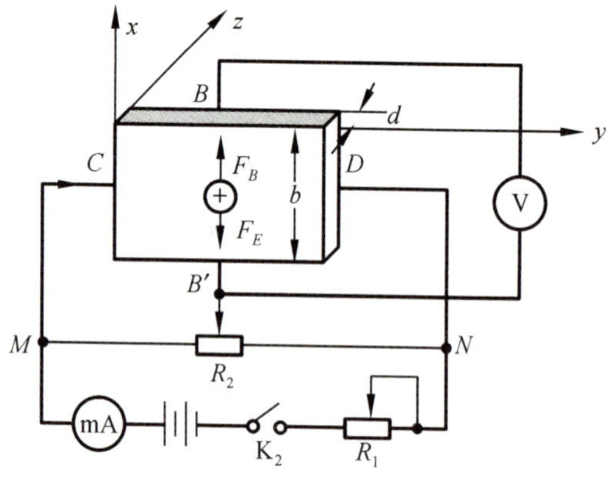

图 5.12.1　霍尔效应装置示意图 1

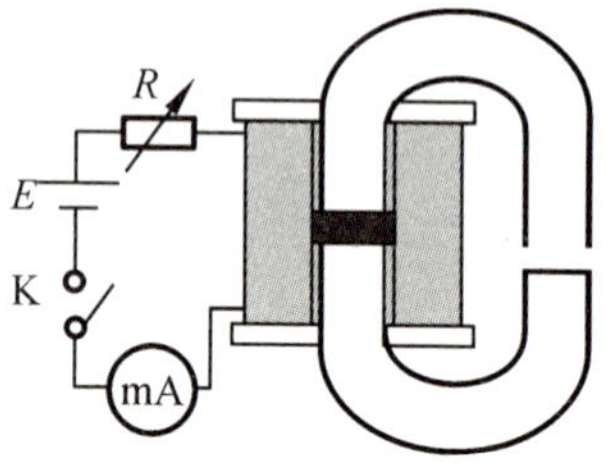

图 5.12.2　霍尔效应装置示意图 2

无论载流子是负电荷还是正电荷，F_B 的方向均沿着 x 方向，在磁力的作用下，载流子发生偏移，产生电荷积累，从而在薄片 B 和 B' 两侧产生一个电位差 V_H，形成一个电场 E。电场使载流子又受到一个与 F_B 方向相反的电场力 F_E，即

$$F_E = qE = qV_H / b \tag{5.12.2}$$

式中，b 为薄片宽度；F_E 随着电荷累积而增大。

当达到稳定状态时 $F_E = F_B$，即

$$F_B = qvB = qV_H / b \tag{5.12.3}$$

这时在 B 和 B' 两侧建立的电场称为霍尔电场，相应的电压称为霍尔电压，电极 B 和 B' 称

为霍尔电极。（注：磁感应强度 B 的大小与励磁电流 I_M 的关系由制造厂家给定并标明在实验仪上。需要时，请查阅仪器说明书）。另外，设载流子浓度为 n，薄片厚度为 d，则电流强度 I 与 v 的关系为

$$I = bdnqv \tag{5.12.4}$$

由式（5.12.3）和式（5.12.4）得

$$V_H = \frac{1}{nq}\frac{IB}{d} \tag{5.12.5}$$

令

$$R = \frac{1}{nq}$$

$$V_H = R\frac{IB}{d} \tag{5.12.6}$$

式中，R 为霍尔系数，它体现了材料的霍尔效应大小。根据霍尔效应制作的元件称为霍尔元件。在实际应用中，式（5.12.6）可表达为

$$V_H = K_H IB \tag{5.12.7}$$

式中，$K_H = \dfrac{R}{d} = \dfrac{1}{nqd}$ 称为霍尔元件灵敏度；I 称为控制电流。

由式（5.12.7）可见，若 I，K_H 已知，只要测出霍尔电压 V_H，即可算出磁场 B 的大小；并且，若已知载流子类型（N 型半导体多数载流子为电子，P 型半导体多数载流子为空穴），则由 V_H 的正负可测出磁场方向，反之，若已知磁场方向，则可判断载流子类型。

由于建立霍尔效应所需时间很短（$10^{-12} \sim 10^{-14}$ s），所以霍尔元件使用交流电或者直流电都可。当为交流电时，得到的霍尔电压也是交变的，式（5.12.7）中的 I 和 V_H 应理解为有效值。

2）霍尔效应的副效应

在实际应用中，伴随霍尔效应经常存在其他效应。例如实际中载流子迁移速率 V 服从统计分布规律，速度小的载流子受到的洛伦兹力小于霍尔电场作用力，向霍尔电场作用力方向偏转，速度大的载流子受到磁场作用力大于霍尔电场作用力，向洛伦兹力方向偏转。这样使得一侧高速载流子较多，相当于温度较高，而另一侧低速载流子较多，相当于温度较低。这种横向温差就是温差电动势 V_E，这种现象称为爱廷豪森效应。建立这种效应需要一定时间，如果采用直流电测量，会由此给霍尔电压测量带来误差；如果采用交流电，则由于交流变化快使得爱廷豪森效应来不及建立，可以减小测量误差。

此外，在使用霍尔元件时，还存在不等位电动势引起的误差，这是由霍尔电极 B 和 B' 不可能绝对对称地焊在霍尔片两侧造成的。由于目前生产工艺水平较高，不等位电动势很小，故一般可以忽略，也可以用一个电位器加以平衡，如图 5.12.1 中的电位器 R_1。

一般情况下，大多数副效应可以通过改变工作电流 I_S 和磁感应强度 B 的方向进行消除。具体说，在规定电流和磁场正反方向后，分别测量下列四组不同方向的 I_S 和 B 组合的 V_H，即

表 5.12.1　不同方向的 I_S 和 B 组合的 V_H

$+B$，$+I_S$	$V_H = V_1$
$-B$，$+I_S$	$V_H = -V_2$
$-B$，$-I_S$	$V_H = V_3$
$+B$，$-I_S$	$V_H = -V_4$

然后得到霍尔电压平均值，这样虽然不能消除所有的副效应，但其引入的误差不大，可以忽略不计。

3）电导率的测量

电导率测量示意图如图 5.12.3 所示。

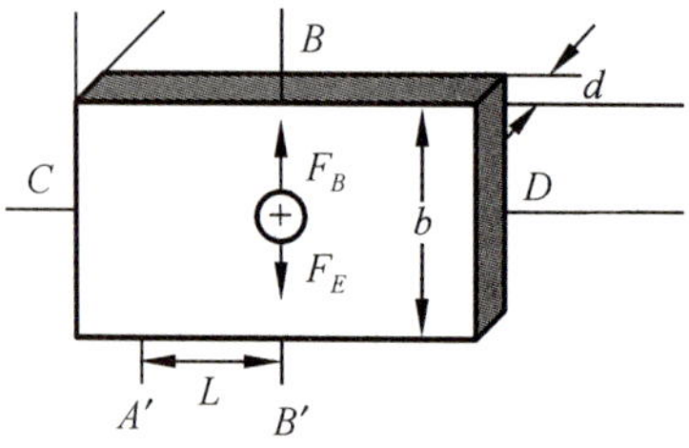

图 5.12.3　电导率测量示意图

设 B' 和 A' 间距离为 L，样品横截面面积为 $S = bd$，流经样品的电流为 I_S，在零磁场下测得两点间的电压为 $V_{B'A'}$，根据欧姆定律可以求出材料的电导率。其中，电导率 Q 与载流子浓度 n 及迁移率 v 之间有如下关系：

$$Q = nev \tag{5.12.8}$$

【实验步骤】

1. 必做实验：将六脚霍尔片接入电路中。

（1）保持 I_M 不变，取 $I_M = 0.45$ A，I_S 取 1.00 A，1.50 A，…，4.50 mA，测量 V_H，测绘 V_H-I_S 曲线，并计算霍尔系数 R 值。

（2）保持 I_S 不变，取 $I_S = 4.50$ mA，I_M 取 0.100 A，0.150 A，…，0.450 A，测量 V_H，测绘 V_H-I_M 曲线，并计算霍尔系数 R 值。

（3）在零磁场下，取 $I_S = 1.00$ mA，测 $V_{B'A'}$。

（4）确定样品导电类型，并求 R_H，Q，v。

2. 选做实验：将四脚锑化铟片（见图 5.12.4）接入电路中。

取 $I_S = 1.00$ mA，I_M 在 0 ~ 0.800 A 之间，测绘锑化铟片 V_H-I_M 曲线。（此实验 I_S，I_M 不用换向）

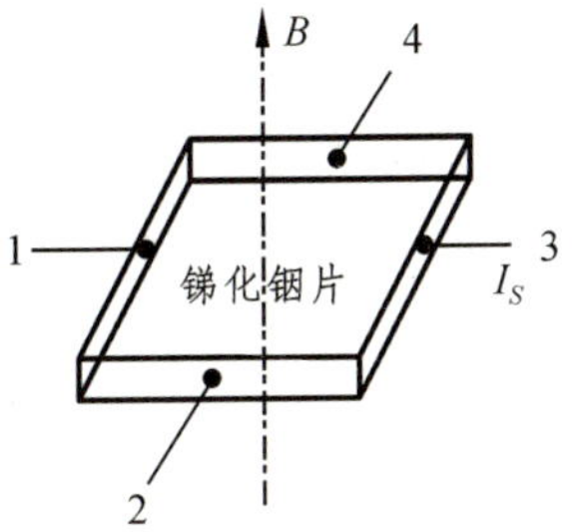

（a）结构示意图

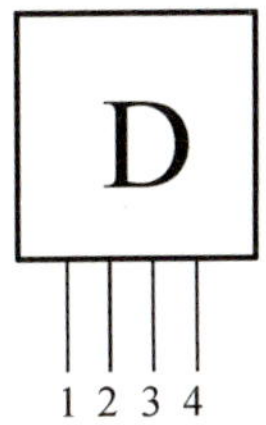

（b）符号图

图 5.12.4　锑化铟霍尔元件

【注意事项】

1. I_S，I_M 接线不可颠倒，以防烧坏样品。

2. 锑化铟片的工作电流小于 3.00 mA，线圈励磁电流小于 0.800 A。

3. 在做锑化铟片的霍尔效应实验时，I_S，I_M 换向时请按 on/off 键，此时恒流源没有电流输出。换向后再按 on/off 键，此时恒流源有电流输出。

4. 做锑化铟片的霍尔效应实验时，测霍尔电压时万用表的量程不要换挡。

【课前预习】

1. 将一个半导体薄片放在垂直于它的磁场中（B 的方向沿 z 轴方向），当沿 y 方向的电极 C, D 上施加电流 I 时，薄片内定向移动的载流子（设平均速率为 v）受到______的作用，表达式为___。

2. 在磁力的作用下，载流子发生偏移，产生电荷积累，从而在薄片两侧产生一个__________，形成一个电场 E。电场使载流子又受到一个与 F_B 方向相反的___________，为__________。

3. F_E 随着电荷累积而增大，当达到稳定状态时 $F_E = F_B$，即______________。设载流子浓度为 n，薄片厚度为 d，则电流强度 I 与 v 的关系为 $I =$ _____________。

【数据记录】

表 5.12.2　保持 $I_M = 0.45$ A 不变时的霍尔电压记录表

I_S/mA	V_{H1}/mV	V_{H2}/mV	V_{H3}/mV	V_{H4}/mV	平均值 V_H/mV
	$+B$，$+I_S$	$+B$，$-I_S$	$-B$，$+I_S$	$-B$，$-I_S$	
1.0					
1.5					
2.0					
2.5					
3.0					
3.5					
4.0					
4.5					

表 5.12.3　保持 $I_S=4.5$ mA 不变时的霍尔电压记录表

I_M/A	V_{H1}/mV	V_{H2}/mV	V_{H3}/mV	V_{H4}/mV	平均值 V_H/mV
	$+B$，$+I_S$	$+B$，$-I_S$	$-B$，$+I_S$	$-B$，$-I_S$	
0.10					
0.15					
0.20					
0.25					
0.30					
0.35					
0.40					
0.45					

【数据处理】

1. 采用换测法消除不等势电压。

2. 取电流和磁场的四种状态分别测电压得 V_{H1}，V_{H2}，V_{H3}，V_{H4}，求平均值。

3. 测绘 I_S-V_H 图与 I_M-V_H 图。

【思考题】

1. 若磁场不恰好与霍尔元件片的法线一致，对测量结果有何影响，如何用实验方法判断 B 与元件法线是否一致？

2. 能否用霍尔元件片测量交变磁场？

3. 若霍耳元件的几何尺寸为 4 mm × 6 mm，即控制电流两端距离为 6 mm，而电压两端的距离为 4 mm，问此霍耳片能否测量截面积为 5 mm × 5 mm 气隙的磁场？

【实验心得】（不少于 100 字）

5.13　密里根油滴实验

基本电荷的电荷量是一个基本的物理常数，对于它的准确测定具有重要意义。从 1906 年，美国著名物理学家密里根便开始致力测量带电油滴的电荷量，历时 11 年，测量了大量细小油滴，获得了大量的数据，从大量的数据中获得了基本电荷的电荷量，证实了电荷电量的量子化。密里根实验设计巧妙，通过本实验的学习，学生可以领会前人的聪明和智慧，且通过数据处理记录和数据，训练自身的科学素养，养成认真、仔细、严谨治学的科学态度。

阅读材料：

一个电子所带的电荷量是现代物理学重要的基本常数之一，对它的准确测量在物质组成、高能粒子等近代物理学的发展中具有里程碑意义。密里根油滴实验并非偶然，它是在当时的历史背景下应时而生的。1883 年，法拉第在研究电解溶液的通电量和析出（或溶解）的物质量之间的关系时，发现了电荷电量的不连续性。后来，1897 年英国的物理学家汤姆逊在研究放电管中一束阴极射线在电场和磁场作用下的轨迹时，确定了阴极射线的带电性以及射线的荷质比，这是历史上第一次发现电子。但是当时没有人知道电子电量的准确值。此时，美国的实验物理学家罗伯特·安德鲁·密里根在 1907—1913 年致力于研究在电场和重力场运动的带电油滴。发现所有油滴所带的电量均为某一最小电荷的整数倍，该最小电荷值就是电子的电荷。其用喷雾器，将油滴喷入两电极板之间，油滴经喷射后，摩擦带电。在不加电场时，油滴受重力作用而降落，当重力与空气的浮力和黏滞阻力平衡时，开始做匀速下滑运动。当外加电场时，总存在某些油滴受到的电场力和其重力刚好处于平衡状态，此时，该油滴保持静止。密里根通过经典力学的受力分析，将电子电荷的微观测量量与宏观测量量巧妙地结合在一起，经过反复实验与改良，通过受力分析和一系列推导，得到了电子电荷量的表达式，最终密里根完成了这项具有重要意义的工作。该实验的原理至今仍在当代物理科学研究的前沿中发挥着作用，例如，科学家用类似的方法确定出基本粒子——夸克的电量。后来，密里根又在 1916 年测量出当时最精确的普朗克常数 h 的数值，在实验上肯定了爱因斯坦的光电效应方程。1923 年，由于密里根在测量电荷和研究光电效应的杰出成就而获得 1923 年的诺贝尔物理学奖。密里根这位伟大的实验物理学家，因拥有求实、严谨、细致、富有创造性的实验作风而成为物理学界的楷模，他的治学精神值得我们每位同学学习。

【实验目的】

1. 学习密里根油滴实验的设计思路，加深理解电荷的“量子化”。

2. 掌握密里根实验的实验操作，通过测量带电油滴在重力场和静电场中的运动，验证电荷的不连续性，并测定基本电荷的电荷值。

3. 通过对实验仪器的调整、油滴的选取、跟踪与测量，以及实验数据的处理等，培养学生严谨的科学实验态度。

【实验仪器】

密里根油滴仪（带 CCD 电视显微镜光学系统），喷雾器，秒表，实验油。

【实验原理】

1）理论基础

油滴法测量电子的电荷，有静态测量法和动态测量法，一般采用静态测量法，本实验采用静态测量法测量电子电荷。

当油滴从喷雾器中喷出时，由于摩擦而带电，带电的油滴在两个带电平行极板之间，会受到电场力、重力、空气浮力和空气黏滞阻力的共同作用，通过调节电场力，可以改变油滴的运动状态，或静止，或匀速下滑，现对油滴的具体情况进行具体的受力分析。

当两个平行极板加电压时，设油滴的质量为 m，所带的电荷为 q，两个极板之间的距离为 d，两个极板之间的电压为 U，通过调节两极板之间的电压 U，使油滴处于静止状态。

此时，油滴在平行极板之间将只受到两个力，即重力 G 和静电场力 qE（空气浮力忽略不计），且这两种力大小相等，方向相反，油滴处于平衡状态，如图 5.13.1 所示。

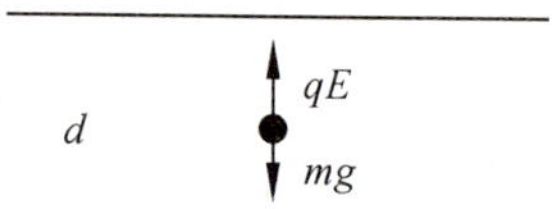

图 5.13.1　两平行极板之间的带电油滴受力分析图

这时，有

$$mg = qE = q\frac{U}{d} \tag{5.13.1}$$

由式（5.13.1）可得

$$q = mg\frac{d}{U} \tag{5.13.2}$$

式（5.13.1）中，油滴的质量非常小，很难直接测量，需换个思路测油滴的质量。油滴在表面张力影响下，可近似看作球状。设油滴的密度为 ρ，油滴的半径为 r，若实验能够测得油滴的半径，则油滴的质量为

$$m = \rho V = \frac{4}{3}\pi r^3 \rho \tag{5.13.3}$$

但是油滴的半径也非常小，也很难直接测量，只能间接测量。这时就需要利用油滴在空气中的流体力学来解决。撤去两个电极板之间的电压，此时油滴受到三种力作用，即重力、空气浮力和空气对油滴的黏滞阻力。由于油滴较小，忽略空气浮力不计，油滴先在重力作用下做加速下落运动，随着速度的增大，空气的黏滞阻力增大，最后两力达到平衡，油滴开始做匀速下落运动，根据流体力学的斯托克斯定律可知

$$mg = F_{黏} = 6\pi r\eta v \tag{5.13.4}$$

式中，η 是空气黏度系数；v 是油滴下落速度。

根据式（5.13.3）和式（5.13.4）可得

$$\frac{4}{3}\pi r^3 \rho g = 6\pi r\eta v \tag{5.13.5}$$

由式（5.13.5）可得

$$r = \sqrt{\frac{9\eta v}{2g\rho}} \tag{5.13.6}$$

另外，由于油滴极小，它的直径与空气分子间隙相当，空气已不能看作连续介质。因此，空气的黏度系数 η 修正为

$$\eta' = \frac{\eta}{1+\dfrac{b}{pr}} \tag{5.13.7}$$

式中，p 为大气压强；b 为修正系数。式（5.13.7）代入式（5.13.6）可得

$$r=\sqrt{\frac{9\eta v}{2g\rho\left(1+\frac{b}{pr}\right)}} \tag{5.13.8}$$

式（5.13.8）中还包括油滴半径 r，但因它还处于修正项中，不需要十分精确，故它仍可用式（5.13.6）计算。

将式（5.13.8）代入式（5.13.3），可得油滴质量为

$$m=\frac{4}{3}\rho\pi\left[\frac{9\eta v}{2\rho g}\cdot\frac{1}{1+\frac{b}{pr}}\right]^{3/2} \tag{5.13.9}$$

再将式（5.13.9）代入式（5.13.2），可得油滴的电荷量为

$$q=\frac{18\pi}{\sqrt{2\rho g}}\left[\frac{\eta v}{1+\frac{b}{pr}}\right]^{3/2}\frac{d}{U} \tag{5.13.10}$$

式中，v 是油滴匀速下落速度，可通过观测油滴下降一段距离 L 和所用时间 t 来测定，即

$$v=\frac{L}{t} \tag{5.13.11}$$

将式（5.13.11）代入式（5.13.10），得

$$q=\frac{18\pi}{\sqrt{2\rho g}}\left[\frac{\eta L}{t\left(1+\frac{b}{pr}\right)}\right]^{3/2}\frac{d}{U} \tag{5.13.12}$$

式（5.13.12）即静态测量法测定油滴所带电量的理论公式。式中，r 可表示为

$$r=\sqrt{\frac{9\eta L}{2g\rho t}} \tag{5.13.13}$$

由式（5.13.12）可知，欲测量一颗油滴的电荷量，只需测出它的平衡电压 U，然后撤去电压，让油滴在空气中自由下落，并在下降到匀速后，测出下降距离 L 时所用的时间 t。

2）实验仪器

密里根油滴实验装置示意图如图 5.13.2 所示，主要由喷雾器、油滴杯、油滴室、显微镜观测系统组成，其中核心部件是油滴室。油滴室上、下两个底面由两块精磨的平行金属电极板组成，上极板中央有一个约 0.4 mm 的小孔，油滴从油雾杯经油滴孔落入油滴室。油滴室的侧面由胶木圆环组成，胶木圆环上开有两个小孔，分别是进光孔和观察孔。整个油滴室放在一个有机玻璃防风罩中。照明装置通过进光孔对油滴室内的油滴进行照明，观

察孔连接显微镜，通过显微镜，可以观察平行板间的油滴，显微镜的目镜中装有分划板，用以测量油滴运动的距离。

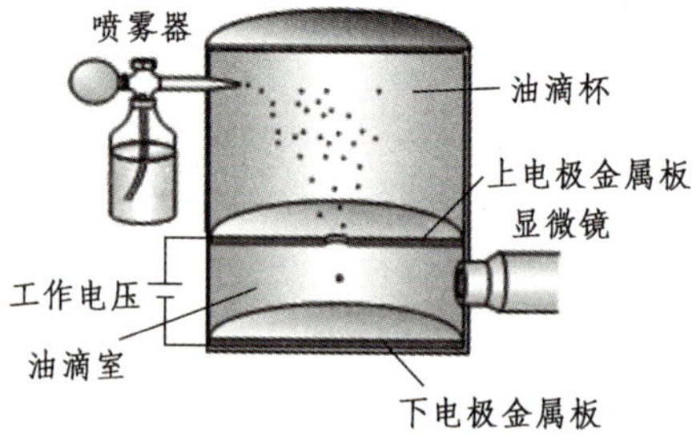

图 5.13.2　密里根油滴实验装置示意图

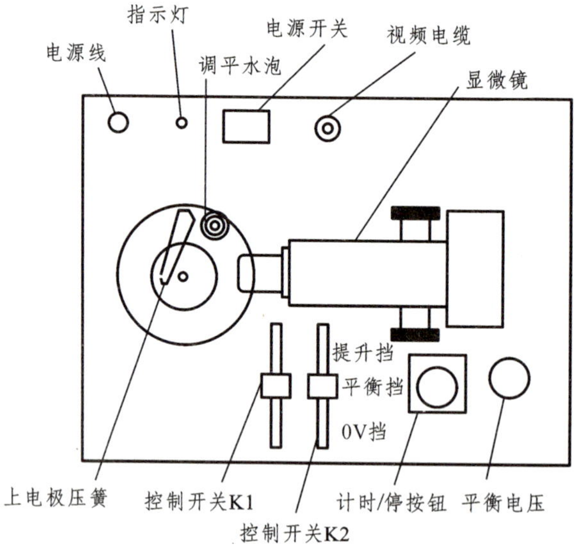

图 5.13.3　密里根油滴实验装置面板示意图

图 5.13.3 给出了密里根油滴实验装置面板的结构示意图。图中，K1 控制上极板电压极性，K2 控制上极板电压大小。K2 置于平衡挡时，可用平衡电压电位器在 0 ~ 500 V 之间调节直流平衡电压，并由监视器显示；K2 置于提升挡时，自动在平衡电压基础上，增加 200 ~ 300 V 提升电压。

【实验步骤】

1. 接通电源，对实验装置进行预热，预热时间一般不低于 10 min。

2. 利用水平泡，调节装置底部左右两只调平螺栓，将装置调节水平。

3. 打开 CCD，调节目镜，使 CCD 上的分划板调正且清晰。

4. 将开关达到“平衡”挡位上，调节平衡电压调节旋钮，使平衡电压在 100 V 以上，用喷雾器从油雾室小孔喷入油滴，打开落油孔开关，油滴从上电极板 0.4 mm 孔落入电场中。

5. 练习控制油滴。开关打到“平衡”挡位上，调节平衡电压，让油滴静止不动；开关再打到“0V”挡位上，使油滴自由下落；开关再达到“提升”档上，调节适当的提升电压，使油滴上升。如此反复操作，掌握控制油滴。

6. 练习油滴运动时间的测量。在掌握控制油滴的基础上，对下落或上升的油滴在某段距离内运动的时间进行测量，测量出油滴经过这一段距离所需要的时间，反复操作，掌握油滴运动时间的测量。

7. 练习选择油滴。在密里根油滴实验中，油滴的选取也非常重要。实验中，要选择质量适中、带电量不多的油滴。因为，如果油滴质量越大，则油滴所带的电荷就越多，下降的速度就越快，运动时间的测量误差就大，容易测不准。若油滴质量太小，则油滴受布朗运动影响越明显，也容易测不准。选油滴的原则是下降时间在 20 s 左右，油滴的带电荷小于 5 个。

8. 根据步骤 7 中的练习，选取一颗大小适中的油滴，调节显微镜聚焦手轮，使油滴在视场中变得更加清晰。关闭落油孔，调节平衡电压，使油滴在某设定位置处静止不动。

9. 将控制开关 K2 扳到 0 V，撤去两极板电压，油滴开始自由下落，仔细观测油滴，当油滴开始匀速下落时，选择某一个合适的位置，如显示屏分划板的某一横线上，打开电子秒表进行计时。当油滴下落至另一个合适的位置，一般情况，选择匀速下落距离为分划板上的 4 格，每格表示 0.5 mm，停止计时，将开关拨向“平衡”，记录下油滴匀速下落 2.0 mm 所需的时间。

10. 将开关拨向“提升”，使油滴回到原来高度。重复步骤 9，开始对油滴进行下次测量，每个油滴至少测量 6 次。

11. 再选择另外一个油滴，重复步骤 9 和步骤 10 进行测量。实验中，一般选择 5 个油滴进行测量。

【注意事项】

1. 实验时，应将电极板调水平，保证电场力与重力方向平行，防止油滴漂移。

2. 实验用油需满足如下 5 点：① 油要纯净；② 黏滞系数随温度的变化要小；③ 雾化时要容易带电，但带电量不能多；④ 挥发性要小；⑤ 密度随温度的变化要小。

3. 喷雾时，喷雾器应竖拿，喷雾器对准油雾室的喷雾口，轻轻喷入少许油即可，不可将喷雾器插入油雾室，甚至将油倒出来，更不应将油雾室拿掉后对准上电极板落油小孔喷油，以免导致落油小孔被堵。

4. 喷完雾后，测量须将喷雾口关闭。

【课前预习】

1. 油滴在自由下落时，受到哪些力：____________________，当电极板加电压时，油滴受到哪些力：____________________________________。

2. 所谓合适的油滴是指____。

3. 实验中，都做了哪些近似：______________________________________。

4. 实验中，需要测量的量是_____________、_____________、_____________。

【数据记录】

表 5.13.1　油滴实验数据记录表

油滴匀速下落的距离____mm

油滴编号	平衡电压 /V	时间 t/s						电量 q_i	基本电荷数 n	所测基本电荷值
		1	2	3	4	5	6			
1										
2										
3										
4										
5										

【数据处理】

1. 计算电荷量。

由式（5.13.12）和式（5.13.13），可得电荷量的计算公式：

$$q=\frac{18\pi}{\sqrt{2\rho g}}\left[\frac{\eta L}{t\left(1+\frac{b}{p}\sqrt{\frac{2g\rho t}{9\eta L}}\right)}\right]^{\frac{3}{2}}\frac{d}{U}$$

式中，常数 $g=9.80\ \text{m/s}^2$；$\rho=981\ \text{kg/m}^3$；$\eta=1.83\times10^{-5}\ \text{Pa}\cdot\text{s}$；$b=8.21\times10^{-3}\ \text{m}\cdot\text{Pa}$；$p=1.013\times10^{5}\ \text{Pa}$；$d=5.00\times10^{-3}\ \text{m}$；$L=2.00\times10^{-3}\ \text{m}$。将上述常数值代入上式中，可得近似的计算公式：

$$q=\frac{1.43\times10^{-14}}{[t(1+0.02\sqrt{t})]^{3/2}}\cdot\frac{1}{U}$$

因此，计算油滴的电荷量，仅需要测量平衡电压 U 和匀速下落 2.00 mm 距离所需要的时间 t。

2. 计算油滴的平均电荷量。

$$\bar{q}=\frac{1}{10}\sum_{i=1}^{10}q_i$$

3. 计算基本电荷的个数。

$$n=\frac{\bar{q}}{1.6\times10^{-19}}\ （取整）$$

4. 计算每个油滴的基本电荷值。

$$e_i=\frac{\bar{q}}{n}$$

5. 求出平均值。

$$\bar{e}=\frac{1}{5}\sum_{i=1}^{5}e_i$$

6. 计算百分误差。

$$\varepsilon=\frac{\left|\bar{e}-e_0\right|}{e_0}\times 100\%$$

其中 $e_0=1.602\times 10^{-19}\,\mathrm{C}$。

【思考题】

1. 密立根油滴实验说明了电荷具有什么特性？
2. 你认为密立根油滴实验设计巧妙的地方在哪里？

【实验心得】（不少于 100 字）

第 6 章 设计性实验

本章实验是研究性实验，学生在掌握实验原理、实验仪器、实验任务的前提下，独立设计实验、布置实验、设计实验步骤、完成实验数据的测量、分析实验数据、给出结论。通过引导式的教学方式，发挥学生的自主设计能力、创新能力。同时，有效训练学生的创新思维。

6.1 碰撞实验研究

碰撞是指两个做相对运动的物体，接触并迅速改变其运动状态的现象，具有作用时间短、状态改变明显的特点。碰撞既可以是宏观物体间的碰撞，如打夯、锻压、击球等，也可以是微观粒子如原子、分子、核子及亚原子粒子等基本粒子间的碰撞（散射）。经典力学中通常研究两个球的正碰，其相对速度在两个球心的连线上。由于碰撞过程十分短暂，两碰撞物体间的相互作用力（冲力）远远比其他物体给它们的力大，后者的作用可以忽略，这两物体组成的系统可视为孤立系统，满足动量守恒，但机械能不一定守恒。如果两球的弹性都很好，碰撞时因变形而储存的势能，在分离时能完全转换为动能，机械能没有损失，称为完全弹性碰撞，如两个钢球的碰撞接近这种情况。如果是塑性球间的碰撞，其形变完全不能恢复，碰撞后两球同速运动，很大部分的机械能通过内摩擦转化为内能，称完全非弹性碰撞，如泥球或蜡球的碰撞。介于两者之间的即两球分离时只部分恢复原状的，称非完全弹性碰撞，机械能的损失介于上述两类碰撞之间。微观粒子间的碰撞，如只有动能的交换，而无粒子的种类、数目或内部运动状态的改变，称为弹性散射；如不仅交换动能，还有粒子能态的跃迁或粒子的产生和湮没，则称为非弹性散射。在粒子物理学中借此获得有关粒子间相互作用的信息，是颇为重要的研究课题。因此对碰撞进行研究，掌握其实验技能和分析方法十分必要。

【实验目的】

1. 熟悉气垫导轨以及电脑通用计数器的使用方法和调节方法。
2. 研究一维碰撞的三种情况，验证动量守恒和能量守恒定律。
3. 测定不同物体间碰撞恢复系数及机械能损失，了解不同材料弹性属性。

【实验仪器】

气垫导轨装置，不同材质滑块，挡光片，MLJ-6B 型电脑通用计数器。

【实验原理】

实验中用两个质量分别为 m_1，m_2 的滑块来碰撞，如图 6.1.1 所示，若忽略阻力，根据动量守恒有

$$m_1v_{10}+m_2v_{20}=m_1v_1+m_2v_2 \tag{6.1.1}$$

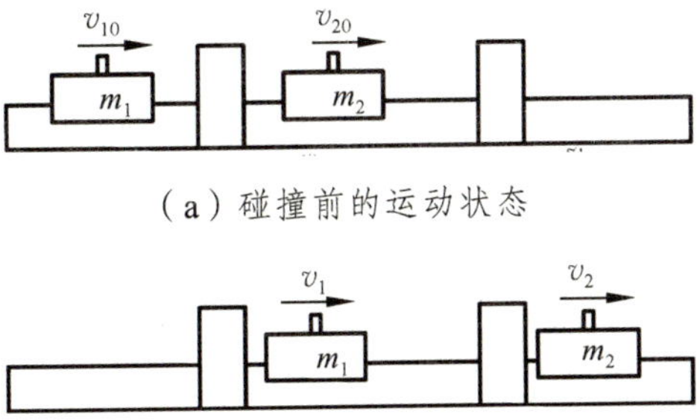

图 6.1.1　碰撞前后示意图

一般情况下，碰撞后一部分机械能将转变为其他形式的能量，机械能守恒在此情况已不适用。牛顿根据实验结果，提出了碰撞定律：碰撞前后两物体沿接触处法线方向上的分离速度 v_2-v_1 和接近速度 $v_{10}-v_{20}$ 之比，称为恢复系数 e，如式（6.1.2）所示，该恢复系数只与碰撞物体材料有关。当两个滑块的碰撞面具有良好的弹性时，e 近似等于 1，即碰撞前后动量守恒和机械能守恒，此类碰撞称为完全弹性碰撞；当两个滑块接触面弹性较差时，碰撞后粘在一起，以相同的速度运动，即 $v_1=v_2$，此时 e 等于 0，此类碰撞称为完全非弹性碰撞；一般情况下，碰撞处于上述两种情况之间，$0<e<1$，此类碰撞为非完全弹性碰撞。

$$e=\frac{v_2-v_1}{v_{10}-v_{20}} \tag{6.1.2}$$

对于完全弹性碰撞，要求两个滑行器的碰撞面有用弹性良好的弹簧组成的缓冲器，本实验采用钢圈作为完全弹性碰撞的碰撞滑块；对于完全非弹性碰撞，碰撞面可选用尼龙搭扣、橡皮泥等；一般的非弹性碰撞可选用一般金属如合金、铁等。为研究不同材质的碰撞恢复系数，可选用不同材质的滑块。实验中，无论是哪种碰撞面，实验时都必须保证是对心碰撞。

1）完全弹性碰撞

完全弹性碰撞即碰撞前后动量守恒和动能守恒，即除满足式（6.1.1）外，还满足

$$\frac{1}{2}m_1v_{10}^2+\frac{1}{2}m_2v_{20}^2=\frac{1}{2}m_1v_1^2+\frac{1}{2}m_2v_2^2 \tag{6.1.3}$$

由式（6.1.1）和式（6.1.3）可解得碰撞后的速度为

$$v_1=\frac{(m_1-m_2)v_{10}+2m_2v_{20}}{m_1+m_2} \tag{6.1.4}$$

$$v_2=\frac{(m_2-m_1)v_{20}+2m_1v_{10}}{m_1+m_2} \tag{6.1.5}$$

在实验中，令 $v_{20}=0$，则有

$$v_1=\frac{(m_1-m_2)v_{10}}{m_1+m_2} \tag{6.1.6}$$

$$v_2=\frac{2m_1v_{10}}{m_1+m_2} \tag{6.1.7}$$

理论上，完全弹性碰撞动量和动量损失都为零，但在实验中，由于空气阻力和气垫导轨本身的原因，不可能完全为零，但在一定误差范围内可认为是守恒的。根据实验数据，动量损失率和动能损失率分别为

$$\frac{\Delta p}{p}=\frac{p_0-(p_1+p_2)}{p_0}=\frac{m_1v_{10}-(m_1v_1+m_2v_2)}{m_1v_{10}} \tag{6.1.8}$$

$$\frac{\Delta E_k}{E_k}=\frac{E_0-(E_1+E_2)}{E_0}=\frac{\frac{1}{2}m_1v_{10}^2-\left(\frac{1}{2}m_1v_1^2+\frac{1}{2}m_2v_2^2\right)}{\frac{1}{2}m_1v_{10}^2} \tag{6.1.9}$$

2）完全非弹性碰撞

碰撞后，两滑块粘在一起以同一速度 v 运动，即完全非弹性碰撞。在完全非弹性碰撞中，系统动量守恒，动能不守恒。即

$$m_1v_{10}+m_2v_{20}=(m_1+m_2)v \tag{6.1.10}$$

在实验中，令 $v_{20}=0$，则有

$$m_1v_{10}=(m_1+m_2)v \tag{6.1.11}$$

$$v=\frac{m_1v_{10}}{m_1+m_2} \tag{6.1.12}$$

动量损失率为

$$\frac{\Delta p}{p}=\frac{p_0-(p_1+p_2)}{p_0}=1-\frac{(m_1+m_2)v}{m_1v_{10}} \tag{6.1.13}$$

动能损失率为

$$\frac{\Delta E_k}{E_k}=\frac{\frac{1}{2}m_1v_{10}^2-\frac{1}{2}(m_1+m_2)v^2}{\frac{1}{2}m_1v_{10}^2}=\frac{m_2}{m_1+m_2} \tag{6.1.14}$$

3）非完全弹性碰撞

非完全弹性碰撞是指两个运动的滑块在碰撞时发生了形变，且形变不能完全恢复，机械能损失，碰撞后两个滑块各自具有不同的速度。碰撞前后系统的动量守恒，总动能减小。系统损失的机械能处于完全弹性碰撞和完全非弹性碰撞之间。其恢复系数 $0<e<1$。如设两

个滑块的质量分别为 m_1，m_2，滑块 m_1 的初速度为 v_{10}，滑块 m_2 的初速度为 0，碰撞后，两个滑块的速度分别为 v_1 和 v_2，则其恢复系数、动量损失和动能损失为

$$e = \frac{v_2 - v_1}{v_{10}} \tag{6.1.15}$$

$$\frac{\Delta p}{p} = \frac{p_0 - (p_1 + p_2)}{p_0} = \frac{m_1 v_{10} - (m_1 v_1 + m_2 v_2)}{m_1 v_{10}} \tag{6.1.16}$$

$$\frac{\Delta E_k}{E_k} = \frac{E_0 - (E_1 + E_2)}{E_0} = \frac{\frac{1}{2} m_1 v_{10}^2 - \left(\frac{1}{2} m_1 v_1^2 + \frac{1}{2} m_2 v_2^2\right)}{\frac{1}{2} m_1 v_{10}^2} \tag{6.1.17}$$

【实验任务】

1. 研究三种碰撞状态下的恢复系数、动量损失和动能损失。

（1）取两个金属块作为滑块，且在滑块正碰的界面上装上弹簧钢圈，其质量分别为 m_1 和 m_2，且 $m_1>m_2$，用物理天平称 m_1，m_2 的质量（包括挡光片）。滑块 m_2 置于两光电门之间（两光电门距离不可太远），使其静止，用 m_1 碰 m_2，分别记下 m_1 通过第一个光电门的时间 Δt_{10} 和经过第二个光电门的时间 Δt_1，以及 m_2 通过第二个光电门的时间 Δt_2，重复 5 次，记录所测数据，数据表格自拟，计算 e，$\frac{\Delta p}{p}$，$\frac{\Delta E}{E}$。

（2）取两块橡皮泥块作为滑块，重复上述测量和计算。

（3）取两块金属块作为滑块，在正碰的界面上无须安装弹簧钢圈，重复上述测量和计算。

2. 研究不同材质滑块的碰撞恢复系数。

选用多种不同材质的滑块，设计滑块间的非完全弹性碰撞，通过实验数据，计算出各滑块的碰撞恢复系数，通过恢复系数，研究恢复系数与滑块材质之间的关系。

【思考题】

1. 碰撞前后系统总动量不相等，试分析其原因。

2. 恢复系数 e 的大小取决于哪些因素？

6.2 倾斜气垫导轨上滑块运动的研究

空气阻力、摩擦力是日常生活中常见的力。在生活中，若没有摩擦力，手就无法拿起杯子喝水，汽车就不会在路上行驶，人也无法行走；同样的，若没有空气阻力，航天员从太空进入大气层时，就会以重力加速度做自由落体。但有的时候，人们也会想尽办法减小摩擦力。例如铁路的钢轨，磁悬浮列车，机械零件涂抹润滑油等。在研究力学运动时，更需要减小摩擦力。为了减少摩擦力，人们发明了气垫装置。气垫装置应用广泛，如国防上的野牛级登陆气垫船；精密仪器中的三坐标测量仪、悬浮式轴承等；科研上的气垫导轨力学实验装置等。气垫装置可以将物体间的摩擦力降到很低，其原因是利用了高压气体使运动的物体悬浮在空中，即将两个相对运动的固体隔离开来，大大降低了摩擦力。以往很多

力学实验没有办法在实验室进行验证演示，就是由于相对运动中物体摩擦力太大，造成了巨大的误差。如果将气垫技术应用到物理实验中，就可以在气垫上观察和研究物体在近乎无阻力的状态下的运动规律，从而验证某些物理规律。

【实验目的】

1. 熟悉气垫导轨以及电脑通用计数器的使用方法和调节方法。
2. 利用气垫导轨测量重力加速度。
3. 验证机械能守恒定律。

【实验仪器】

气垫装置，滑块，砝码，细绳，挡光片，MLJ-6B 型电脑通用计数器。

【实验原理】

1）倾斜气垫导轨测量重力加速度

实验装置如图 6.2.1 所示。在气垫导轨的一端垫上一块垫片，使导轨面倾斜，导轨面与地面之间的夹角为 α 。在导轨的高端放置一个质量为 m 的滑块。在滑块自由下滑的过程中，观察滑块经过两个光电门时的速度 v_1 和 v_2 。对导轨上的滑块进行受力分析，可得滑块的合力大小为 $F_{合} = mg\sin\alpha$ ，方向沿导轨指向下。因此，沿着导轨方向，滑块的加速度为 $a = g\sin\alpha$ 。由运动学可知

$$2gS\sin\alpha = v_2^2 - v_1^2 \tag{6.2.1}$$

其中，S 为两个光电门 A 和 B 之间的距离。

由式（6.2.1），可得

$$g = \frac{v_2^2 - v_1^2}{2S\sin\alpha} \tag{6.2.2}$$

实验中，将测量的 v_1 ，v_1 ，S ，α 代入式（6.2.2）中，即可求得重力加速度。

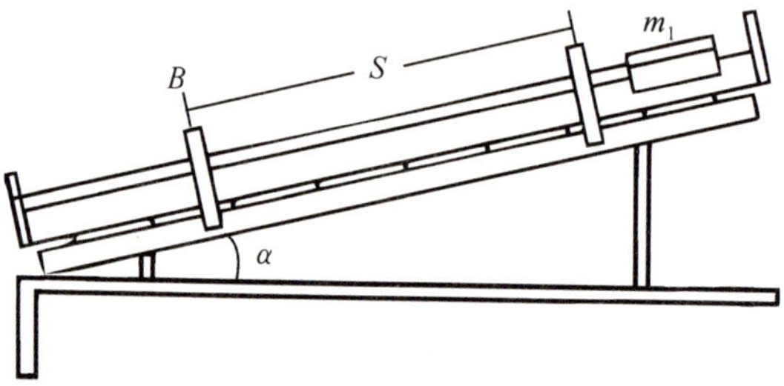

图 6.2.1　气垫导轨测重力加速度实验装置示意图

2）倾斜气垫导轨验证机械能守恒

如果一个力学系统，外力不做功，非保守内力不做功，只有保守内力做功，此时，系统的机械能守恒，即初态机械能等于末态机械能。实验装置如图 6.2.2 所示。设气垫导轨与水平面的夹角为 α ，滑块的质量为 m_1 ，放置到导轨的最高端，连接一根细绳，通过滑轮，

与一块质量为 m_2 的物体相连。在质量 m_2 的拉力下，滑块 m_1 开始从静止出发，加速运动到导轨的低端。在滑块运动的过程中，通过两个光电门，观察经过两个光电门时的速度 v_1 和 v_2。由机械能守恒条件，得

$$\frac{1}{2}(m_1+m_2)v_1^2+m_2gS=\frac{1}{2}(m_1+m_2)v_2^2+m_1gS\sin\alpha \tag{6.2.3}$$

实验中，将测得的参数代入式（6.2.3），若等式成立，即机械能守恒验证成功。

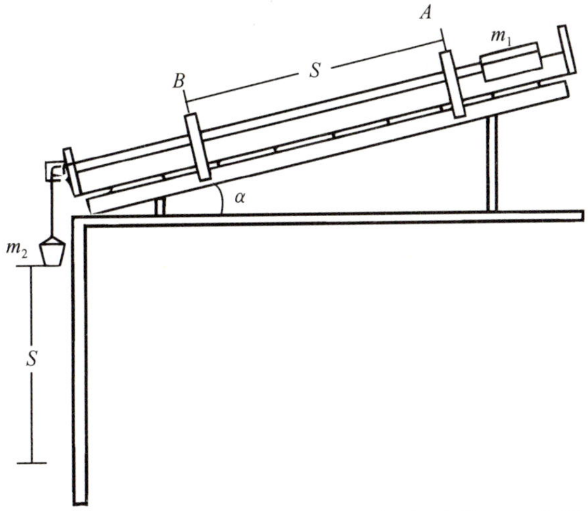

图 6.2.2　气垫导轨验证机械能守恒实验装置示意图

3）MLJ-6B 型电脑通用计数器

MLJ-6B 型电脑通用计数器以单片机为中央处理器，编入与气垫导轨等实验相适应的数据处理程序，具备多组实验的记忆储存功能，通过按键输入指令。p_1，p_2 光电输入口，采集数据信号，由中央处理器对采集数据进行处理，LED 数码显示屏显示各种测量结果。

（1）前面板（见图 6.2.3）。

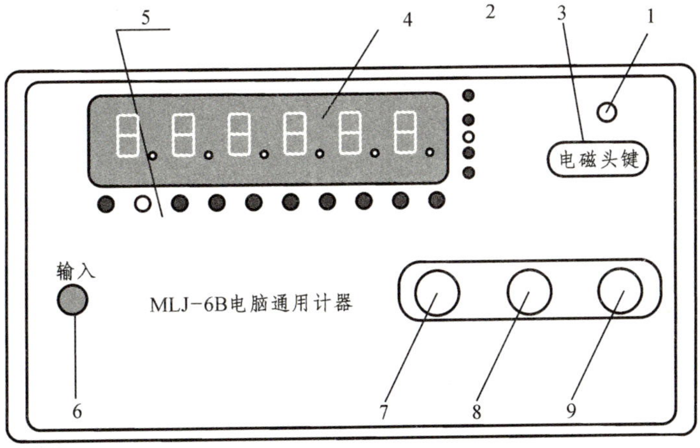

1—电磁铁开关指示灯；2—电磁铁键；3—测量单位指示灯；4—LED 显示屏；5—功能转换指示灯；6—测频输入；7—功能选择/复位键；8—数值转换键；9—取数键。

图 6.2.3　MLJ-6B 型电脑通用计数器前面板

（2）后面板（见图 6.2.4）。

（3）四个按键的功能。

功能键：用于功能的选择及取消、显示数据和复位。按下此功能键前，光电门遮过光，则清“0”，功能复位。光电门没遮过光时，按下功能键，仪器将选择新的功能。按下功能键不放，可循环选择功能，至所需的功能灯亮时，放开此键即可。

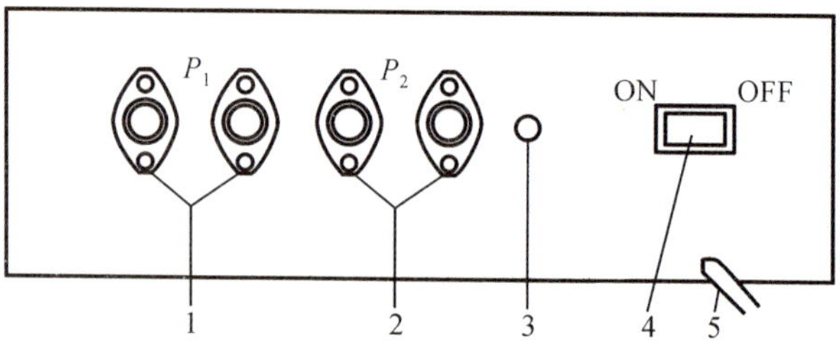

1— P_1 光电门插口（外侧口兼电磁铁插口）；2— P_2 光电门插口；
3—频标输出插口；4—电源开关；5—电源线。

图 6.2.4　MLJ-6B 型电脑通用计数器后面板

转换键：用于测量单位的转换、挡光片宽度的设定和简谐振动周期值的设定。在计时、加速度、碰撞功能时，按下转换键小于 1 s 时，测量值在时间或速度之间转换。按下转换键大于 1 s 时，可重新选择所需要的挡光片宽度 1.0 cm、3.0 cm、5.0 cm、10.0 cm，确认所用的挡光片宽度，放开此键即可。

取数键：在计时 1、计时 2、加速度、碰撞、周期和重力加速度功能时，仪器可自动保留前几次实验测量值，按下取数键，可显示存入值。当显示“E×”（表示第几次测量），提示将显示已存入的第 X 次实验值。在显示存入值过程中，按下功能键，会清除已存入的数值。

电磁铁键：按动此键，可改变电磁铁的吸合（键上方发光管亮）、放开（键上方发光管灭）。

【实验任务】

1. 利用气垫导轨测量重力加速度。
2. 利用气垫导轨验证机械能守恒。

【思考题】

1. 机械能守恒的条件是什么？
2. 若在验证机械能守恒的实验中，去掉砝码，仅观测滑块的机械能守恒，则验证机械能守恒的公式应该怎么写？

【实验心得】（不少于 100 字）

6.3 气垫导轨上简谐振动的研究

力学实验最困难的问题就是摩擦力对测量的影响。气垫导轨就是为消除摩擦而设计的力学实验的装置，它使物体在气垫上运动，避免物体与导轨表面的直接接触，从而消除运动物体与导轨表面的摩擦，也就是说，物体受到的摩擦阻力几乎可以忽略。利用气垫导轨可以进行许多力学实验，如测速度、加速度，验证牛顿第二定律、动量守恒定律，研究简谐振动、阻尼等，本实验采用气垫导轨研究弹簧振子的简谐振动。

阅读材料：

简谐振动是最基本、最简单的机械振动。当某物体进行简谐振动时，物体所受的力跟位移成正比，并且总是指向平衡位置。简谐振动是一种由自身系统性质决定的周期性运动。阻尼振动作为非简谐运动，是指由于简谐振动系统受到摩擦、介质阻力或其他能耗而使振幅随时间逐渐衰减的振动。利用简谐振动可以放大信号，相反，阻碍简谐振动则稳定结构。目前，简谐运动理论已经运用到各工程领域，并形成各类应用学科，如机械振动学、LC 振荡电路、振动传感器、车辆振动分析、建筑结构稳定与振动等；如通信信号放大器利用简谐振动增大信号能量，航天、航空、军工、枪炮、汽车等行业中应用各种各样的阻尼器来减振消能。20 世纪 70 年代，人们开始逐步把这些技术转用到建筑、桥梁、铁路等结构工程中，其发展十分迅速。上海中心大厦是中国第一高楼、世界第三高楼，地上 127 层，地下 5 层，总高 632 m。大厦顶楼的 125 ~ 126 层就藏着一个"镇楼神器"——有"上海慧眼"之称的大型阻尼器。该阻尼器是中国自主研发的摆式电涡流调谐质量阻尼器，可以抗 7 级地震和 12 级台风。阻尼器重达 1 000 吨，乃世界之最，由 12 根吊索、质量块、阻尼系统和主体保护系统四部分组成。阻尼器的质量块和吊索构成了一个巨大的复摆，通过与主体结构的共振，进而有效抵御大楼的晃动。

【实验目的】

1. 测量弹簧振子的振动周期 T。
2. 求弹簧的倔强系数 $\overline{k}$ 和有效质量 $\overline{m_0}$。

【实验仪器】

气垫导轨，滑块，附加砝码，弹簧，光电门，数字毫秒计。

【实验原理】

1）理论基础

在水平的气垫导轨上，两个相同的弹簧中间系一滑块，滑块作往返振动，如图 6.3.1 所示。如果不考虑滑块运动的阻力，那么，滑块的振动可以看成是简谐振动。

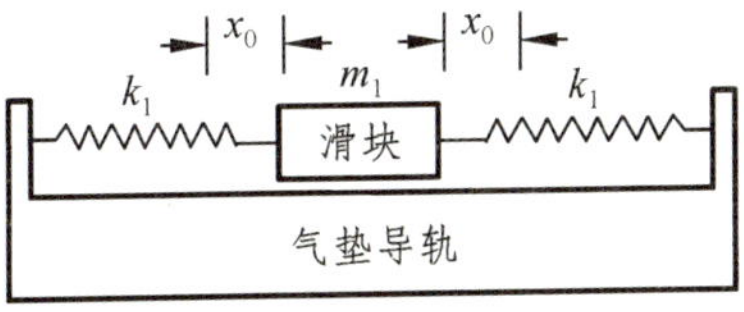

图 6.3.1　简谐运动原理图

设质量为 m_1 的滑块处于平衡位置，每个弹簧的伸长量为 x_0，当滑块 m_1 与平衡点的距离为 x_0 时，m_1 只受弹性力 $-k_1(x+x_0)$ 与 $-k_1(x-x_0)$ 的作用，其中 k_1 是弹簧的倔强系数。根据牛顿第二定律，其运动方程为

$$-k_1(x+x_0)-k_1(x-x_0)=m\ddot{x} \tag{6.3.1}$$

令 $k=2k_1$，方程（6.3.1）的解为

$$x=A\sin(\omega_0 t+\varphi_0) \tag{6.3.2}$$

式中，A 是振幅；φ_0 是初相位。

式（6.3.2）说明滑块作简谐振动。

$$\omega_0=\sqrt{\frac{k}{m}} \tag{6.3.3}$$

式中，ω_0 为振动系统的固有频率；m 满足

$$m=m_1+m_0 \tag{6.3.4}$$

式中，m 为振动系统的有效质量；m_0 为弹簧的有效质量；m_1 为滑块和砝码的质量。

ω_0 由振动系统本身的性质所决定。振动周期 T 与 ω_0 的关系为

$$T=\frac{2\pi}{\omega_0}=2\pi\sqrt{\frac{m}{k}}=2\pi\sqrt{\frac{m_1+m_0}{k}} \tag{6.3.5}$$

在实验中，若改变 m_1，测出相应的振动周期 T，考虑 T 与 m 的关系，从而求出弹簧的倔强系数 k 和弹簧的有效质量 m_0。

2）实验仪器介绍及其工作原理

气垫导轨是采用气垫进行力学实验的装置，它可以消除导轨对运动物体（滑块）的直接摩擦。如图 6.3.2 所示，它的主体是一根水平放置的空心菱柱形铝导轨。一端密封，另一端通入压缩空气。在气轨的两个上表面上钻有很多排列整齐的小孔，通入的压缩空气由小孔喷出，在滑块和气轨之间形成薄薄的空气层，滑块就飘浮在气垫上。滑块的下表面与气轨的上表面是经过精密加工严密吻合的。由于气垫的存在，滑块就可以在气轨上作近乎无摩擦的运动。滑块两端和气垫两端都有缓冲弹簧，滑块可在两端弹簧间沿气轨来回运动。气垫底部装有调平螺钉，可以调节气垫导轨水平。将质量为 M 的滑块放在水平的气垫导轨上，滑块的两端分别用倔强系数为 k_1 和 k_2 的弹簧分别固定在导轨的两端。如图 6.3.1 所示，把滑块从静止位置向左（或右）水平地拉到离开静止位置的位移为 x 处，然后释放弹簧，滑块就在弹性力（忽略阻力）的作用下振动。

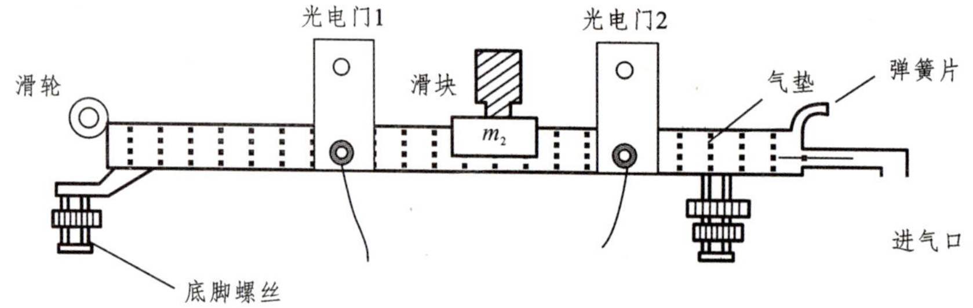

图 6.3.2　气垫导轨示意图

【实验任务】

1. 不加砝码，振动系统的有效质量为 $m = m_1 + m_0$，其中 m_1 是滑块本身的质量，m_0 为弹簧的有效质量。利用上述系统测量弹簧振子的振动周期 T，重复测量 6 次。

2. 在滑块上对称地加 2 块砝码，再重复步骤 1 测量相应的周期 T.注意，此时系统的有效质量 $m = m_2 + m_0$，其中 m_2 应是滑块本身质量加上 2 块砝码的质量，即 $m_2 = m_1 +$ “2 块砝码的质量”。

3. 再用 $m = m_3 + m_0$ 和 $m = m_4 + m_0$ 测量相应的周期 T。式中 $m_3 = m_1 +$ “4 块砝码的质量”；$m_4 = m_1 +$ “6 块砝码的质量”。（注意记录每次所加砝码的号数，以便称出各自的质量。）

4. 将上述测量值代入式（6.3.5）T 与 m 的关系式中，求出弹簧的倔强系数 $\bar{k}$ 和有效质量 $\overline{m_0}$，以及弹簧的有效质量与实际质量之比。

【思考题】

1. 仔细观察，可以发现滑块的振幅是不断减小的，那么为什么还可以认为滑块作简谐振动？实验中应如何尽量保证滑块作简谐振动？如何阻止简谐振动而实现阻尼振动？

2. 气垫导轨没有调节水平，对测量周期、速度和时间有没有影响？为什么？

3. 如何调整气垫导轨及光电计时系统？

【实验心得】（不少于 100 字）

6.4 电表的改装

电表在电测量中有着广泛的应用，因此了解电表和如何使用电表就显得十分重要。电流计（表头）由于构造的原因，一般只能测量较小的电流和电压，如果要用它来测量较大的电流或电压，就必须进行改装，以扩大其量程。万用表就是对微安表头进行多量程改装而来的，在电路的测量和故障检测中得到了广泛的应用。

【实验目的】

1. 测量表头内阻及满度电流。

2. 掌握将 1 mA 表头改成较大量程的电流表和电压表的方法。

3. 设计一个 $R_{中} = 1\ 500\ \Omega$的欧姆表，要求 E 在 1.3 ~ 1.6 V 范围内使用能调零。

4. 用电阻器校准欧姆表，作出校准曲线，并根据校准曲线用组装好的欧姆表测未知电阻。

5. 学会校准电流表和电压表的方法。

【实验仪器】

DH4508 型电表改装与校准实验仪，电阻箱。

【实验原理】

常见的磁电式电流计主要由放在永久磁场中的由细漆包线绕制的可以转动的线圈、用来产生机械反力矩的游丝、指示用的指针和永久磁铁所组成。当电流通过线圈时，载流线圈在磁场中产生一磁力矩 $M_{磁}$，使线圈转动，从而带动指针偏转。线圈偏转角度的大小与通过的电流大小成正比，所以可由指针的偏转直接指示出电流值。电流计允许通过的最大电流称为电流计的量程，用 I_g 表示，电流计的线圈有一定内阻，用 R_g 表示，I_g 与 R_g 是电流计的两个重要特性参数。

1）测量内阻 R_g 常用方法

（1）半电流法测电流计内阻（也称中值法）。

中值法测量原理如图 6.4.1 所示。当被测电流计接在电路中时，使电流计满偏，再用十进位电阻箱与电流计并联作为分流电阻，改变电阻值即改变分流程度，当电流计指针指示到中间值，且标准表读数（总电流强度）仍保持不变，可通过调节电源电压和 R_W 来实现，显然这时分流电阻值就等于电流计的内阻。

（2）替代法。

替代法测量原理图如图 6.4.2 所示。当被测电流计接在电路中时，用十进位电阻箱替代它，且改变电阻值，当电路中的电压不变时，且电路中的电流（标准表读数）亦保持不变，则电阻箱的电阻值即被测电流计内阻。替代法是一种运用很广的测量方法，具有较高的测量准确度。

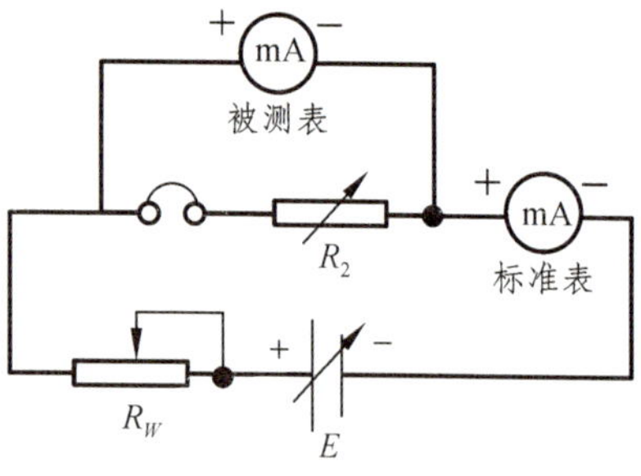

图 6.4.1　中值法测量原理图

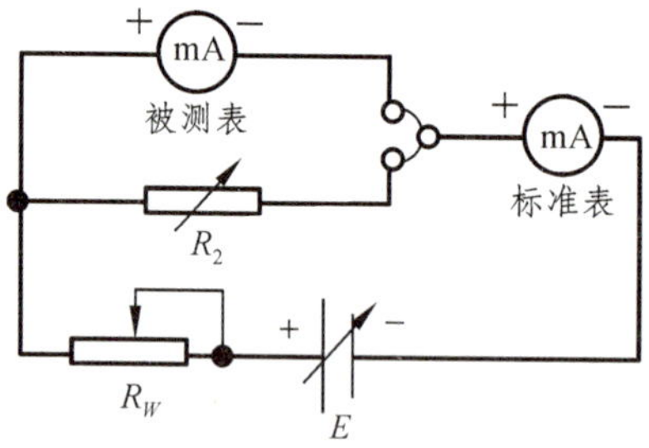

图 6.4.2　替代法测量原理图

2）改装大量程电流表

根据电阻并联规律可知，如果在表头两端并联上一个阻值适当的电阻 R_2，如图 6.4.3 所示，可使表头不能承受的那部分电流从 R_2 上分流通过。这种由表头和并联电阻 R_2 组成的整体（图中虚线框住的部分）就是改装后的电流表。如需将量程扩大 n 倍，则不难得出

$$R_2 = R_g/(n-1) \tag{6.4.1}$$

图 6.4.3 为扩流后的电流表原理图。用电流表测量电流时，电流表应串联在被测电路中，所以要求电流表应有较小的内阻。另外，在表头上并联阻值不同的分流电阻，便可制成多量程的电流表。

3）改装电压表

一般表头能承受的电压很小，不能用来测量较大的电压。为了测量较大的电压，可以给表头串联一个阻值适当的电阻 R_M，如图 6.4.4 所示，使表头上不能承受的那部分电压降落在电阻 R_M 上。这种由表头和串联电阻 R_M 组成的整体就是电压表，串联的电阻 R_M 叫作

扩程电阻。选取不同大小的 R_M，就可以得到不同量程的电压表。由图 6.4.4 可求得扩程后电阻值：

$$R_M = \frac{U}{I_g} - R_g \tag{6.4.2}$$

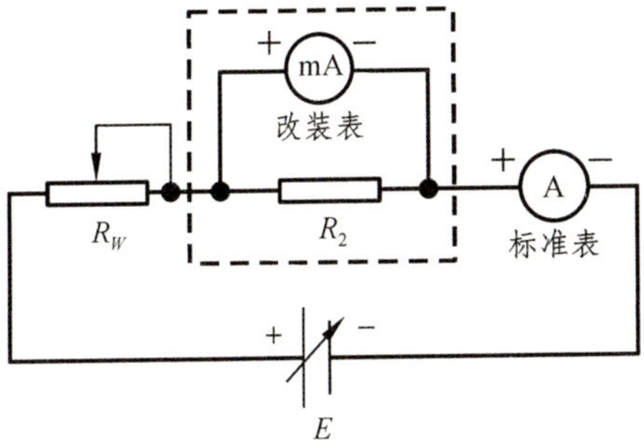

图 6.4.3　扩流后的电流表原理图

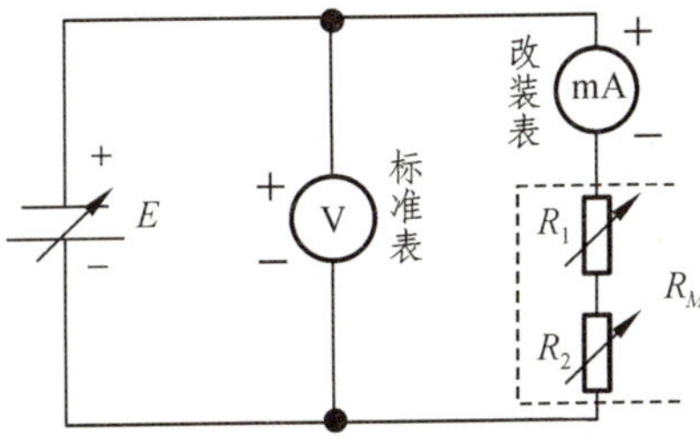

图 6.4.4　扩程后的电压表原理图

用电压表测电压时，电压表总是并联在被测电路上，为了不因并联电压表而改变电路中的工作状态，要求电压表应有较高的内阻。

4）改装毫安表为欧姆表

用来测量电阻大小的电表称为欧姆表。根据调零方式的不同，可分为串联分压式和并联分流式两种。其原理电路如图 6.4.5 所示。

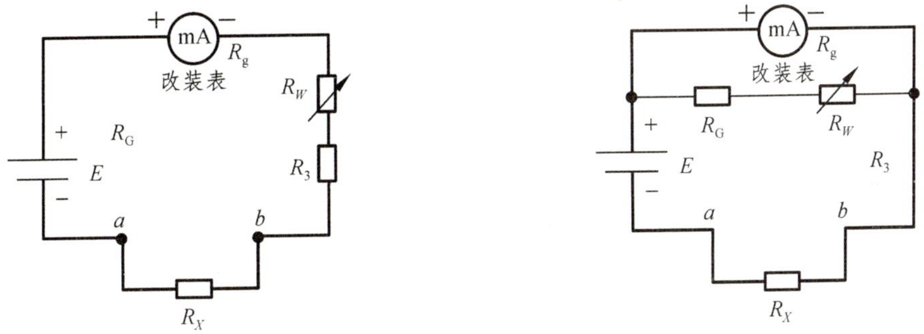

（a）串联分压式　　（b）并联分流式

图 6.4.5　欧姆表原理图

图 6.4.5 中，E 为电源电压，R_3 为限流电阻，R_W 为调“零”电位器，R_X 为被测电阻，R_g 为等效表头内阻。图 6.4.5（b）中，R_G 与 R_W 一起组成分流电阻。

欧姆表使用前先要调“零”点，即 a，b 两点短路，（相当于 $R_X = 0$），调节 R_W 的阻值，使表头指针正好偏转到满度。可见，欧姆表的零点是就在表头标度尺的满刻度（即量限）处，与电流表和电压表的零点正好相反。

图 6.4.5（a）中，当 a，b 端接入被测电阻 R_X 后，电路中的电流为

$$I = \frac{E}{R_g + R_W + R_3 + R_X} \tag{6.4.3}$$

对于给定的表头和线路来说，R_g，R_W，R_3都是常量。由此可见，当电源端电压E保持不变时，被测电阻和电流值有一一对应的关系。即接入不同的电阻，表头就会有不同的偏转读数，R_X越大，电流I越小。短路a，b两端，即$R_X = 0$时，指针满偏：

$$I = \frac{E}{R_g + R_W + R_3} = I_g \tag{6.4.4}$$

当$R_X = R_g + R_W + R_3$时，

$$I = \frac{E}{R_g + R_W + R_3 + R_X} = \frac{1}{2} I_g \tag{6.4.5}$$

这时，指针在表头的中间位置，对应的阻值为中值电阻，显然$R_{中} = R_g + R_W + R_3$。当$R_X = \infty$（相当于a，b开路）时，$I = 0$，即指针在表头的机械零位。所以欧姆表的标度尺为反向刻度，且刻度是不均匀的，电阻R越大，刻度间隔愈密。如果表头的标度尺预先按已知电阻值刻度，就可以用电流表来直接测量电阻了。

并联分流式欧姆表利用对表头分流来进行调零的，具体参数可自行设计欧姆表在使用过程中电池的端电压会有所改变，而表头的内阻R_g及限流电阻R_3为常量，故要求R_W要跟着E的变化而改变，以满足调“零”的要求，设计时用可调电源模拟电池电压的变化，范围取 1.3 ~ 1.6 V 即可。

【实验任务】

1. 用中值法或替代法测出表头的内阻，按图 6.4.1 或图 6.4.2 接线，测量出表头的内阻R_g。

2. 将一个量程为 1 mA 的表头改装成 5 mA 量程的电流表。根据式（6.4.1）计算出分流电阻值，先将电源调到最小，R_W调到中间位置，再按图 6.4.3 接线。慢慢调节电源，升高电压，使改装表指到满量程（可配合调节R_W变阻器），这时记录标准表读数。注意：R_W作为限流电阻，阻值不要调至最小值。然后调小电源电压，使改装表每隔 1 mA（满量程的 1/5）逐步减小读数直至零点（将标准电流表选择开关，打在 20 mA 档量程）；再调节电源电压按原间隔逐步增大改装表读数到满量程，每次记下标准表相应的读数。以改装表读数为横坐标，标准表由大到小及由小到大调节时，两次读数的平均值为纵坐标，在坐标纸上作出电流表的校正曲线，并根据两表最大误差的数值定出改装表的准确度级别。重复以上步骤，将 1 mA 表头改装成 10 mA 表头，可按每隔 2 mA 测量一次。（可选做）将面板上的R_G和表头串联，作为一个新的表头，重新测量一组数据，并比较扩流电阻有何异同。

3. 将一个量程为 1 mA 的表头改装成 1.5 V 量程的电压表。根据式（6.4.2）计算扩程电阻R_M的阻值，可用R_1，R_2进行实验。按图 6.4.4 连接校准电路。用量程为 2 V 的数显电压表作为标准表来校准改装的电压表。调节电源电压，使改装表指针指到满量程 1.5 V，记下标准表读数。然后每隔 0.3 V 逐步减小改装读数直至零点，再按原间隔逐步增大到满量程，每次记下标准表相应的读数。以改装表读数为横坐标，标准表由大到小及由小到大调节时，两次读数的平均值为纵坐标，在坐标纸上作出电压表的校正曲线，并根据两表最大误差的数值定出改装表的准确度级别。重复以上步骤，将 1 mA 表头改成 5 V 表头，可按每隔 1 V 测量一次。

4. 改装欧姆表及标定表盘刻度。根据表头参数I_g和R_g以及电源电压E,选择R_W为470 Ω，R_3为 1 kΩ，也可自行设计确定。按图 6.4.5（a）接线。将 R_1，R_2 电阻箱（这时作为被测电阻 R_X）接于欧姆表的 a，b 端，调节 R_1，R_2，使 $R_中 = R_1 + R_2 = 1\,500\ \Omega$。调节电源 $E = 1.5$ V，调 R_W 使改装表头指示为零。取电阻箱的电阻为一组特定的数值 R_{Xi}，读出相应的偏转格数 d_i。利用所得读数 R_{Xi}，d_i 绘制出改装欧姆表的标度盘。按图 6.4.5（b）接线，设计一个并联分流式欧姆表。试与串联分压式欧姆表比较，有何异同。

注：在实验前，应对毫安表进行机械调零。

【思考题】

1. 是否还有别的办法来测定电流计内阻？能否用欧姆定律来进行测定？能否用电桥来进行测定而又保证通过电流计的电流不超过 I_g?

2. 设计 $R_中$= 1 500 Ω的欧姆表，现有两块量程 1 mA 的电流表，其内阻分别为 250 Ω和 100 Ω，你认为选哪块较好？

【实验心得】（不少于 100 字）

6.5 太阳能电池特性测量和应用

广义地说，太阳辐射能、水能、风能、生物质能、潮汐能都属于太阳能，它们随着太阳和地球的活动，周而复始地循环，几十亿年内不会枯竭，因此常把它们称为可再生能源。太阳辐射可以说是取之不尽、用之不竭的能源。太阳与地球间的平均距离约为 1.5 亿千米。在地球大气层外，太阳辐射的功率密度约为 1.353 kW/m^2，称为太阳常数。当其到达地球表面时，由于部分太阳光被大气层吸收，太阳光的辐射能强度降低。在地球海平面上，在正午垂直入射时，太阳辐射的功率密度约为 1 kW/m^2，通常被作为测试太阳电池性能的标准光辐射强度。太阳光辐射的能量巨大，据统计，每年到达地球的辐射能相当于 49 000 亿吨标准煤的燃烧能；据计算，40 min 照射到地球上的太阳能，可以供全球人类一年的能量消费。可以说，太阳能的能量值大得惊人，同时，太阳能还是清洁能源，无公害，因此太阳能被誉为最理想的能源。但是，相对于传统发电而言，太阳能发电成本还要高一些。

太阳能电池根据所用材料的不同，可分为硅太阳能电池、化合物太阳能电池、聚合物太阳能电池、有机太阳能电池等。其中，目前发展最成熟的是硅太阳能电池，在应用中居主导地位。

太阳能发电有两种发电方式，即离网运行与并网运行。并网运行是将太阳能发电输送到大电网中，由电网统一调配，输送给用户。此时，太阳能发电站输出的电能必须与电网电能同频率、同相位，同时满足电网安全运行的诸多要求。大型太阳能电站，大都采用并网运行方式。离网运行是太阳能系统与用户组成的独立供电网络。由于光照的时间性，为解决无光照时的供电，必须配有储能装置，或能与其他电源切换、互补。中小型太阳能电站大多采用离网运行方式。

本实验研究单晶硅、多晶硅、非晶硅三种太阳能电池的特性以及离网型应用系统。

【实验目的】

1. 太阳能电池的伏安特性测量。
2. 测量太阳能电池开路电压和光强之间的关系。
3. 测量太阳能电池短路电流和光强之间的关系。
4. 太阳能电池的输出特性测量。
5. 掌握太阳能发电系统的组成及工程应用。
6. 测量失配及遮挡对太阳能电池输出的影响。
7. 太阳能电池对储能装置两种方式充电实验。
8. 太阳能电池直接带负载实验。
9. 加 DC-DC 匹配电源电压与负载电压实验。
10. DC-AC 逆变与交流负载实验。

【实验仪器】

太阳能电池特性实验仪，光源，测试仪，可变负载，太阳能电池，导轨，活动支架，遮光罩等。

【实验原理】

1）太阳能电池

太阳能电池利用半导体 PN 接收光照射时的光伏效应发电，太阳能电池的基本结构就是一个大面积平面 PN 结，如图 6.5.1 所示。P 型半导体中的多数载流子是空穴，N 型半导体中的多数载流子是自由电子。当两种半导体结合在一起时，N 区的电子向 P 区扩散，P 区的空穴向 N 区扩散，随着多数载流子的扩散，在两种半导体接触面附近形成空间电荷区和势垒电场。随着多数载流子的扩散，势垒电场越来越大，阻碍了多数载流子的进一步扩散。同时，势垒电场又促进了少数载流子的漂移，最终多数载流子的扩散与少数载流子的漂移达到平衡，使流过两种半导体接触面额净电流为零。在空间电荷区内，P 区的空穴被来自 N 区的电子复合，N 区的电子被来自 P 区的空穴复合，使该区内几乎没有能导电的载流子，此区域就称为结区或耗尽区，即 PN 结。

当太阳能电池受光照射时，部分电子被激发而产生电子－空穴对，在结区激发的电子和空穴分别被势垒电场推向 N 区和 P 区，使 N 区有过量的电子而带负电，P 区有过量的空穴而带正电，PN 结两端形成电压，这就是光伏效应，若将 PN 结两端接入外电路，就可向负载输出电能。

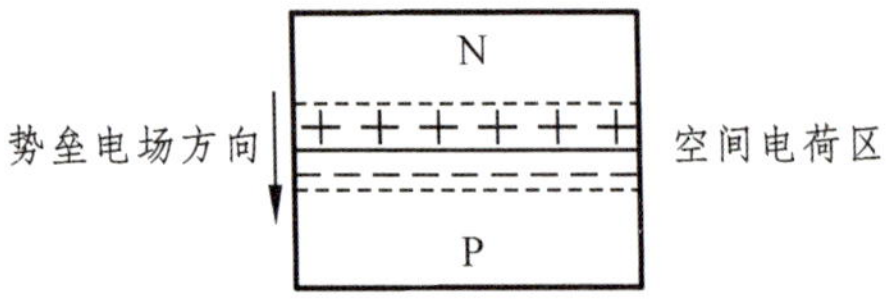

图 6.5.1 太阳能电池中的 PN 结示意图

在一定的光照条件下，改变太阳能电池负载电阻的大小，测量其输出电压与输出电流，得到输出伏安特性，如图 6.5.2 中实线所示。当负载电阻为零时，测得最大电流 I_{SC}，称为短路电流。当负载断开时，测得的最大电压 U_{OC}，称为开路电压。

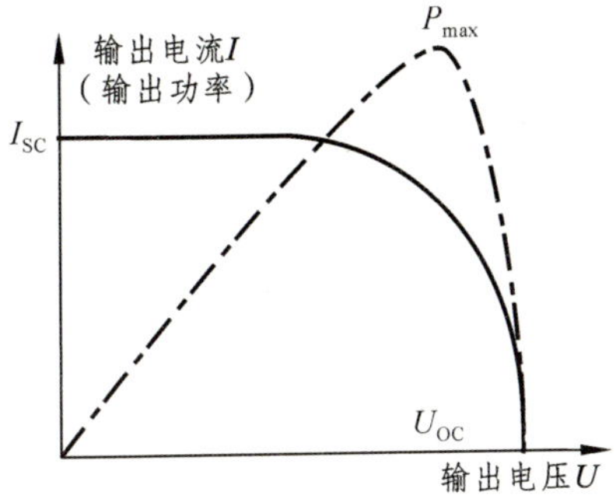

图 6.5.2　太阳能电池的伏安特性图

太阳能电池的输出功率为输出电压与输出电流的乘积。同时，电池的光照条件、负载电阻大小等不同，输出的功率也不同。若以输出电压 U 为横坐标，输出功率 P 为纵坐标，绘出的 P-U 曲线如图 6.5.2 中虚线所示。输出电压与输出电流的最大乘积值，称为最大输出功率 P_{max}。

填充因子 $F \cdot F$ 定义为

$$F \cdot F = \frac{P_{max}}{U_{oc} \times I_{sc}} \tag{6.5.1}$$

填充因子是表征太阳电池性能优劣的重要参数，其值越大，电池的光电转换效率越高，一般的硅光电池 $F \cdot F$ 值在 0.75 ~ 0.8 之间。

转换效率 η_s 定义为

$$\eta_s(\%) = \frac{P_{max}}{P_{in}} \times 100\% \tag{6.5.2}$$

式中，P_{in} 为入射到太阳能电池表面的光功率。理论分析及实验表明，在不同的光照条件下，短路电流随入射光功率增大而线性增长，开路电压在入射光功率增加时只略微增加，如图 6.5.3 所示。

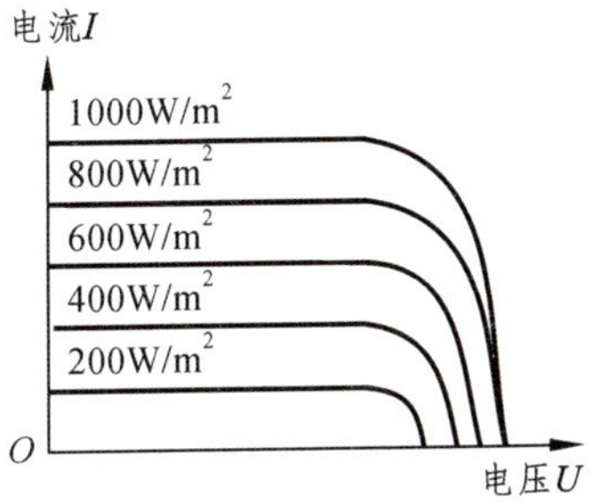

图 6.5.3　不同光照条件下的伏安特性曲线

硅太阳能电池分为单晶硅太阳能电池、多晶硅薄膜太阳能电池和非晶硅薄膜太阳能电池三种。

单晶硅太阳能电池转换效率最高，技术也最为成熟，在实验室里最高转换效率为

24.7%，规模生产时最高转换效率可达 15%，在大规模应用和工业生产中仍占据主导地位。但由于单晶硅价格高，大幅度降低其成本很困难，为了节省硅成本，发展了多晶硅薄膜太阳能电池和非晶硅薄膜太阳能电池作为单晶硅太阳能电池的替代产品。

多晶硅薄膜太阳能电池与单晶硅太阳能电池比较，成本低廉，效率高于非晶硅薄膜太阳能电池，其实验室最高转换效率为 18%，工业规模生产的转换效率可达 10%。因此，多晶硅薄膜电池可能在未来的太阳能电池市场上占据主导地位。

非晶硅薄膜太阳能电池成本低，重量轻，便于大规模生产，有极大的潜力。如果能进一步解决稳定性，并提升其转换率，无疑是太阳能电池的主要发展方向之一。

2）太阳能电池的应用

离网型太阳能光伏电源系统如图 6.5.4 所示。控制器又称充放电控制器，具有管理光伏系统能量、保护蓄电池及整个光伏系统正常工作的作用。当太阳能电池方阵输出功率大于负载额定功率或负载不工作时，太阳能电源系统通过控制器向储能装置充电。当太阳能电池方阵输出功率小于负载额定功率或太阳能电池不工作时，储能装置通过控制器向负载供电。蓄电池过度充电和过度放电都将大大缩短蓄电池的使用寿命，需控制器对充放电进行控制。本实验为设计性实验，没有配备控制器，需要学生独立连线，完成充放电实验及带负载实验。

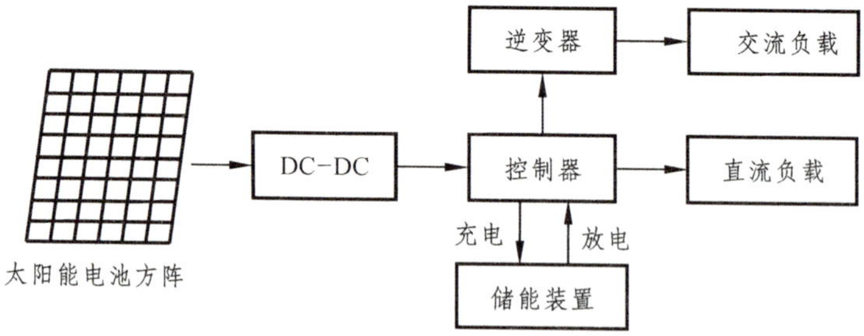

图 6.5.4　离网型太阳能光伏电源系统

DC-DC 为直流电压变换电路，相当于交流电路中的变压器，最基本的 DC-DC 变换电路如图 6.5.5 所示。图 6.5.5 中，U_i 为电源，T 为晶闸管，u_C 为晶闸管驱动脉冲信号，L 为滤波电感，C 为电容，D 为续流二极管，R_L 为负载，u_0 为负载电压。调节晶闸管驱动脉冲的占空比，即驱动脉冲高电平持续时间与脉冲周期的比值，即可调节负载端电压。

DC-DC 的作用是当电源电压与负载电压不匹配时，通过 DC-DC 调节负载端电压，使负载能正常工作。通过改变负载端电压，改变折算到电源端的等效负载电阻，当等效负载电阻与电源内阻相等时，电源能最大限度地输出能量。若取反馈信号控制驱动脉冲，进而控制 DC-DC 输出电压，使电源始终最大限度地输出能量，因此，DC-DC 也被称为最大功率跟踪器。

光伏系统常用的储能装置为蓄电池与超级电容器。蓄电池是提供和存储电能的电化学装置。光伏系统使用的蓄电池多为铅酸蓄电池，充放电时的化学反应式为

$$PbO_2+2H_2SO_4+Pb \underset{充电}{\overset{放电}{\rightleftharpoons}} 2PbSO_4+2H_2O \qquad (6.5.3)$$

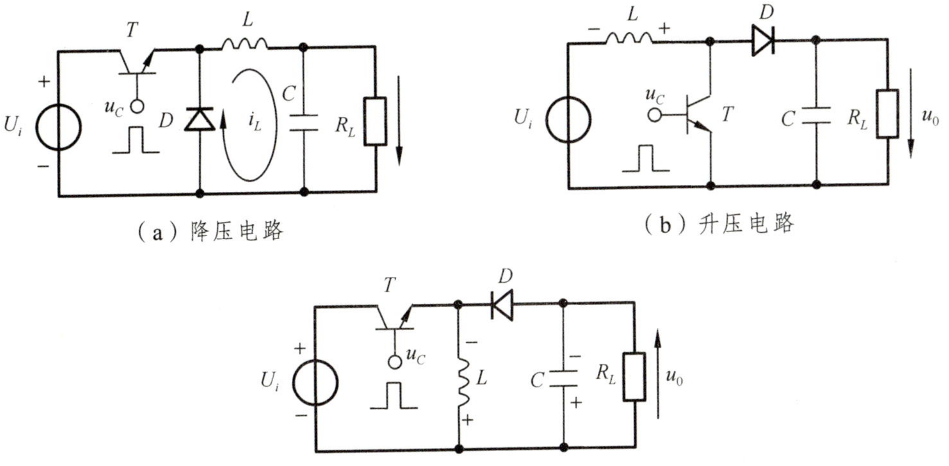

（a）降压电路

（b）升压电路

（c）升降压电路

图 6.5.5　DC-DC 的电路图

当蓄电池放电时，化学能转换成电能，正极的氧化铅和负极的铅都转变为硫酸铅。当蓄电池充电时，电能转换为化学能，硫酸铅在正负极又恢复为氧化铅和铅。

图 6.5.6 为蓄电池恒压充电时的充电特性曲线。*OA* 段电压快速上升。*AB* 段电压缓慢上升，且延续较长时间。接近 13.7 V，可停止充电。蓄电池充电电流过大，会导致蓄电池的温度过高或活性物质脱落，影响蓄电池的寿命。在充电后期，电化学反应速率降低，若维持较大的充电电流，会使水发生电解，正极析出氧气，负极析出氢气。理想的充电模式是开始时蓄电池以允许的最大充电电流充电，随着蓄电池电压升高逐渐减小充电电流，达到最大充电电压时立即停止充电。

图 6.5.7 为蓄电池的放电特性曲线。*OA* 段电压下降较快。*AB* 段电压缓慢下降，且延续较长时间。*C* 点后电压急速下降，此时应立即停止放电。蓄电池的放电时间一般规定为 20 h。放电电流过大和过度放电（电池电压过低）会严重影响电池寿命。

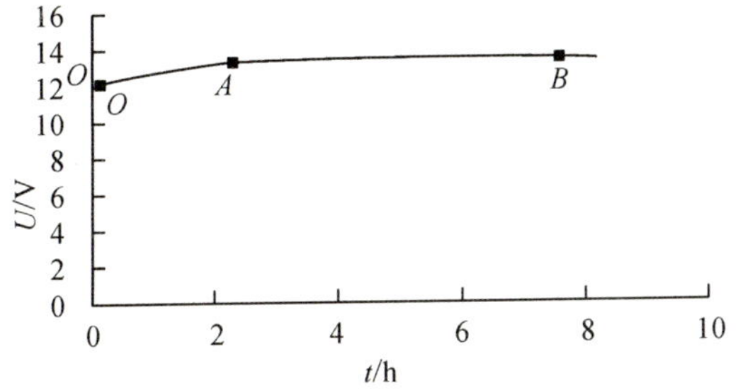

图 6.5.6　蓄电池恒压充电时的充电特性曲线

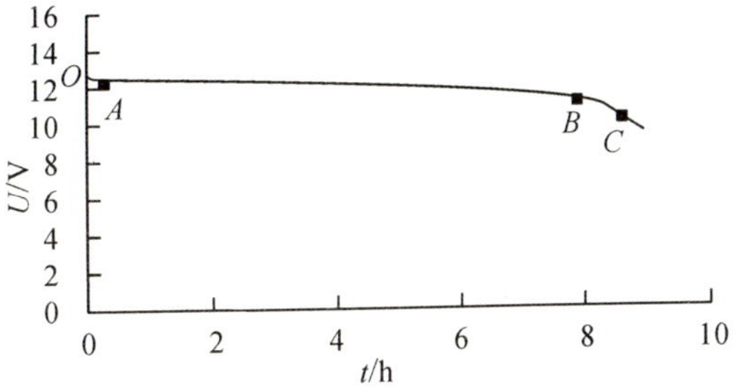

图 6.5.7　蓄电池的放电特性曲线

超级电容器通过极化电解质来储能，它由悬浮在电解质中的两个多孔电极板构成。当接入电路时，正极板吸引电解质中的负离子，负极板吸引正离子，形成两个容性存储层。它所形成的双电层，与传统电容器中的电介质在电场作用下产生的极化电荷相似，从而产生电容效应。由于紧密的电荷层间距比普通电容器电荷层间的距离小很多，因而具有比普通电容器更大的容量。当超级电容所加电压低于电解液的氧化还原电极电位时，电解液界面上的电荷不会脱离电解液，超级电容器为正常工作状态。如电容器两端电压超过电解液的氧化还原电极电位时，电解液将分解，为非正常状态。超级电容充电时不应超过其额定电压。

超级电容器的充放电过程始终是物理过程，没有化学反应，因此性能是稳定的。与利用化学反应的蓄电池不同，超级电容器可以反复充放电数十万次。超级电容具有功率密度高（可大电流充放电）、充放电时间短（一般为数分钟）、充放电寿命长等优点。但是，它与蓄电池相比，储能密度低。若将蓄电池与超级电容并联作蓄能装置，则可以在功率和储能密度上优势互补。

逆变器是将直流电变换为交流电的电力变换装置。逆变电路一般都需升压以满足 220 V 常用交流负载的用电需求。逆变器按升压原理的不同，分为低频、高频和无变压器三种。低频逆变器首先把直流电逆变成 50 Hz 低频交流电，再通过低频变压器升压成 220 V 的交流电，供负载使用。它的优点是电路结构简单，缺点是低频变压器体积大、价格高，效率也较低。高频逆变器是将低压直流电逆变为高频低压交流电，然后经过高频变压器升压后，再经整流滤波电路得到高压直流电，最后通过逆变电路得到 220 V 低频交流电，供负载使用。高频逆变器体积小、重量轻、效率高，是目前用得最多的逆变器类型。无变压器逆变器通过串联太阳能电池组或 DC-DC 电路得到高压直流电，再通过逆变电路，得到 220 V 低频交流电，供负载使用。这种逆变器在欧洲市场占主导地位，由于在发电与用电电网间没有变压器隔离，在美国禁止使用。

【实验任务】

1）太阳能电池基本特性测量

（1）测量硅太阳能电池的伏安特性。伏安特性曲线的电路图可以参考图 6.5.8。将电压源调到 0 V，然后逐渐增大输出电压，每间隔 0.1 V 记 1 次电流值。然后再次将电压输入调到 0 V，将“电压输出”接口的两根连线互换，即给太阳能电池加上反向的电压，逐渐增大反向电压，记录电流随电压变换的数据。

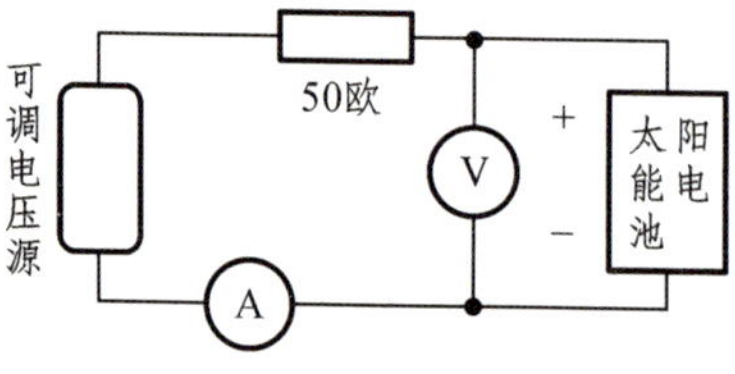

图 6.5.8　伏安特性测量接线原理图

（2）测量硅太阳能电池的开路电压、短路电流与光强关系。其测量电路图可以参考图 6.5.9。首先将光强探头装在太阳能电池板位置，探头输出线连接到太阳能电池特性测试仪的“光强输入”接口上。测试仪设置为“光强测量”。由近及远（从 10 cm 到 50 cm）移动滑动支架，测量距光源一定距离（每隔 5 cm）的光强 I。然后将光强探头换成单晶硅太阳能电池，测试仪设置为“电压表”状态。按图 6.5.8（a）接线，按测量光强时的距离值（光强已知），记录开路电压值。按图 6.5.9（b）接线，记录短路电流值。最后将单晶硅太阳能电池更换为多晶硅太阳能电池，重复上述测量步骤，并记录数据。

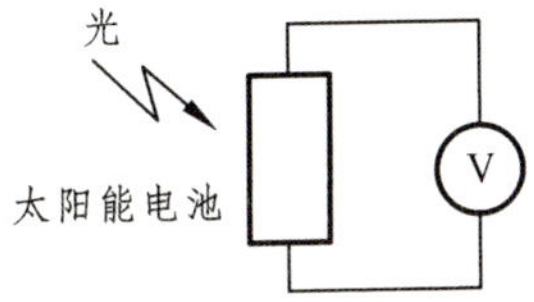

（a）测量开路电压

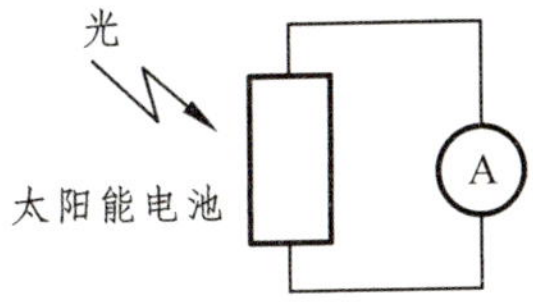

（b）测量短路电流

图 6.5.9　测量开路电压、短路电流与光强关系电路图

（3）太阳能电池输出特性实验。按图 6.5.10 接线，以电阻箱作为太阳能电池负载。在一定光照强度下（将滑动支架固定在导轨上某一个位置），分别将三种太阳能电池板安装到支架上，通过改变电阻箱的电阻值，记录太阳能电池的输出电压 V（按照每隔 0.2 V 的间隔）和电流。若时间允许，可改变光照强度（改变滑动支架的位置），重复前面的实验。

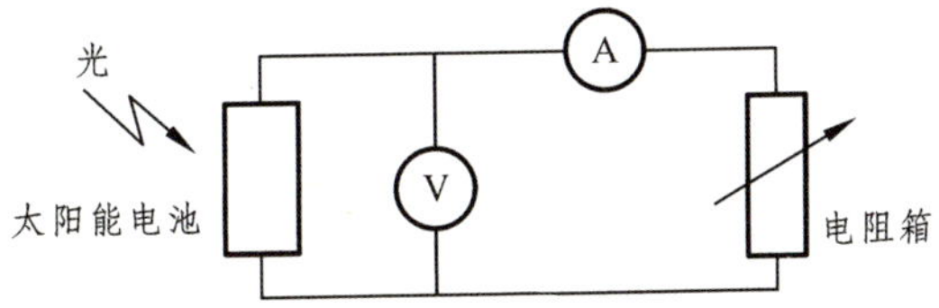

图 6.5.10　测量太阳能电池输出特性电路图

2）太阳能电池应用系统实验

（1）失配及遮挡对太阳能电池输出的影响实验。

太阳能电池在串、并联使用时，由于每片电池电性能不一致，使得串、并联后的输出总功率小于各个单体电池输出功率之和，称为太阳能电池的失配。

太阳能电池由于云层、建筑物阴影或电池表面灰尘的遮挡，使部分电池接收的辐照度小于其他部分，这部分电池输出，会小于其他部分，也会对输出产生类似失配的影响。

太阳能电池并联连接时，总输出电流为各并联电池支路电流之和。在有失配或遮挡时，只要最差支路的开路电压高于组件的工作电压，则输出电流仍为各支路电流之和。若有某支路的开路电压低于组件的工作电压，则该支路将作为负载而消耗能量。

太阳能电池串联时，串联支路输出电流由输出最小的电池决定。在有失配或遮挡时，一方面会使该支路输出电流降低，另一方面失配或被遮挡部分将消耗其他部分产生的能量，这样，局部的温度就会很高，产生热斑，严重时会烧坏太阳能电池组件。

由于即使部分遮挡，也会对整个串联电路输出产生严重影响。在应用系统中，常常在若干电池片旁并联旁路二极管，如图 6.5.11 中虚线所示。这样，若部分面积被遮挡，其他部分仍可正常工作。本实验所用电池未加旁路二极管。

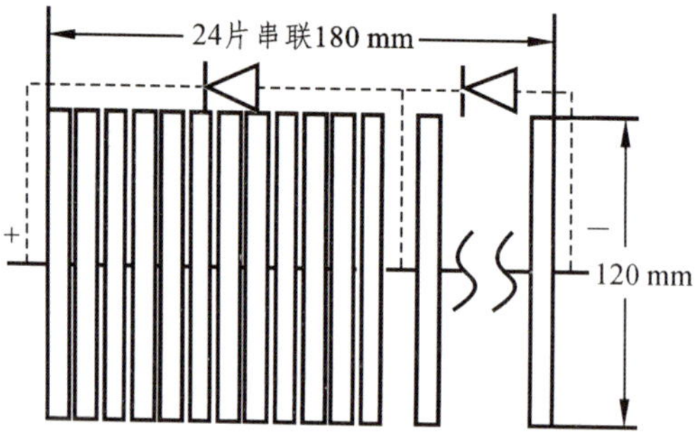

图 6.5.11　太阳能电池连接示意图

由太阳能电池的伏安特性可知，太阳能电池在正常工作范围内，电流变化很小，接近短路电流，电池的最大输出功率与短路电流成正比，故可按图 6.5.12 所示测量遮挡对短路电流的影响。

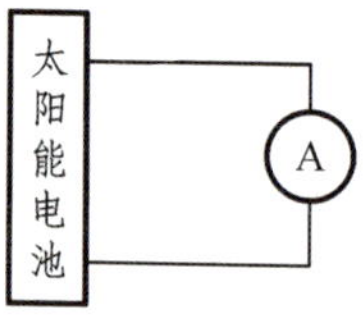

图 6.5.12　测量遮挡对短路电流的影响

（2）太阳能电池对储能装置的两种充电方式实验。

本实验对比太阳能电池直接对超级电容充电和在太阳能电池后加 DC-DC 再对超级电容充电两种充电方式，观测不同充电方式下的充电特性及其对充电效率的影响。

本实验所用 DC-DC 采用输入反馈控制，在工作过程中保持输入端电压基本稳定。若太阳能电池光照条件不变，并调节 DC-DC，使输入电压等于太阳能电池最大功率点对应的输出电压，即可实现在太阳能电池的最大功率输出下的恒功率充电。

理论上，采用最大功率输出下的恒功率充电，太阳能电池一直保持最大输出，充电效率应该最高。在目前系统中，由于太阳能电池输出功率不大，而 DC-DC 本身有一定的功耗，致使两种充电方式的充电效率差别不大，但从测量结果可以看出充电特性的不同。

按图 6.5.14（a），将负载组件接入超级电容放电，控制放电电流小于 150 mA，使电容电压放至低于 1 V。

按图 6.5.13（b）接线，进行太阳能电池直接对超级电容充电实验，每隔半分钟记录一次充电电压 U 和充电电流 I 的值，充电至 11 V 时，停止充电。

将超级电容再次放电后，按图 6.5.13（c）接线，先将电压表接至太阳能电池端，调节 DC-DC 使太阳能电池输出电压为最大功率电压。然后将电压表移至超级电容端（此时不再调节 DC-DC 旋钮）进行增加 DC-DC 后对超级电容充电实验，每隔半分钟记录一次充电电压 U 和充电电流 I 的值，充电至 11 V 时，停止充电。

注：由于蓄电池充电时间需要约 4 h，实验前用测试仪上的电压表测量蓄电池电压，若电压低于 11.5 V，用配置的充电器给蓄电池充电，充电与使用蓄电池可同时进行，电压充至 13.5 V 时停止充电。

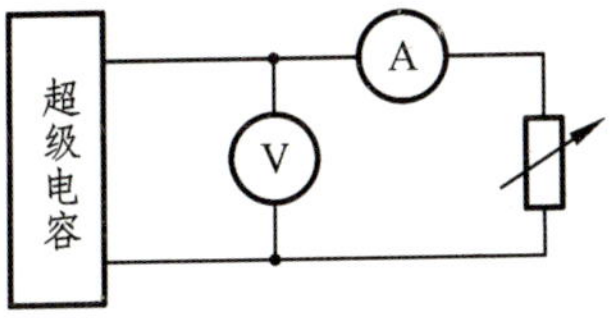

（a）超级电容放电电路图

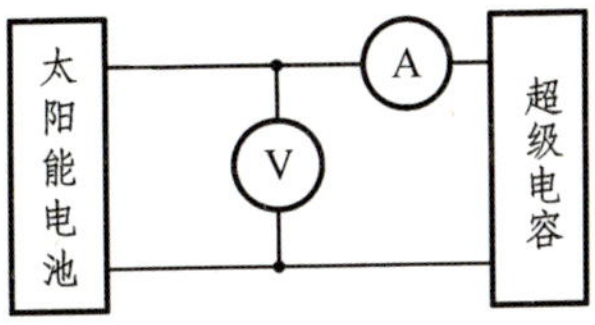

（b）太阳能电池直接充电电路图

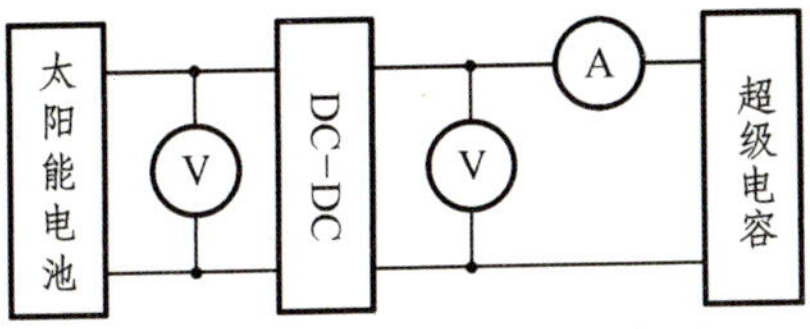

（c）加 DC-DC 的充电电路图

图 6.5.13　两种充电方式的电路图

3）太阳能电池带负载实验

（1）太阳能电池直接带负载实验。

本实验模拟负载功率大于太阳能电池最大输出功率的情况，观察并联超级电容前后太阳能电池输出功率和负载实际获得功率的变化。

首先测出该太阳能电池的最大输出功率。按图 6.5.14，断开超级电容，记录并联超级电容前太阳能电池输出的电压、电流，并计算输出功率 $P = UI$。将充电至约 11 V 的超级电容并联到负载上。由于超级电容容量较小，可看到负载的端电压从 11 V 一直下降，在实际应用系统中，只要储能器容量足够大，下降速率会非常慢。当超级电容电压降至接近太阳能电池最佳工作电压时，记录太阳能电池的相应参数。

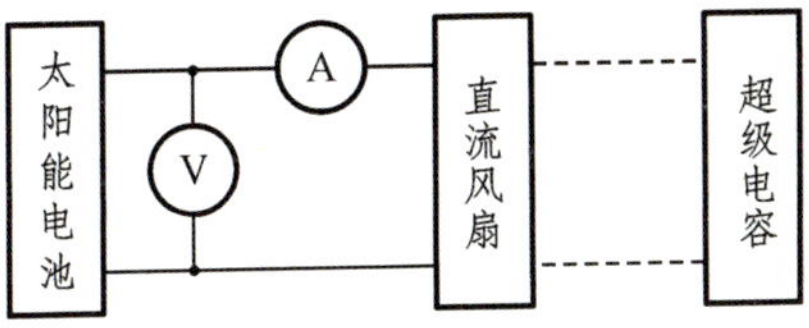

图 6.5.14　太阳能电池直接连接负载接线图

（2）加 DC-DC 匹配电源电压的带负载电压实验。

当太阳能电池输出电压与直流负载工作电压不一致时，太阳能电池输出需经 DC-DC 转换成负载电压，再连接至负载。

本实验比较太阳能电池输出电压与直流负载工作电压不一致时，加不加 DC-DC 对负载获得功率的影响，说明若不加 DC-DC，负载无法正常工作。

测量未加 DC-DC（不接入图 6.5.15 中的虚线部分）时负载的电压、电流。

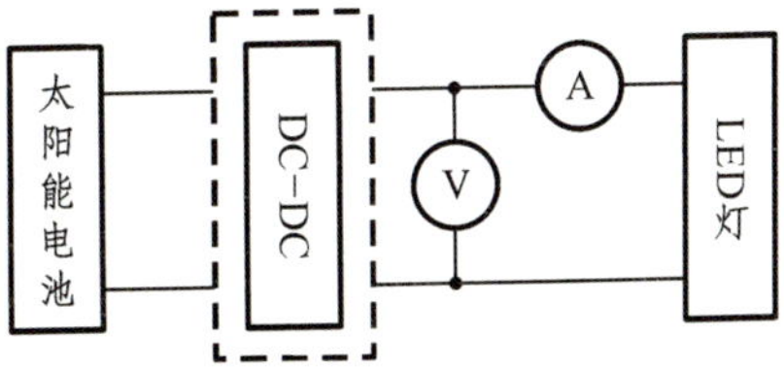

图 6.5.15　加 DC-DC 匹配电压接线图

接入 DC-DC 后，调节 DC-DC 的调节旋钮使输出最大（电压、电流表读数达到最大），测量此时负载的电压、电流。

（3）DC-AC 逆变与交流负载实验。

当负载为 220 V 交流时，太阳能电池输出必须经逆变器转换成交流 220 V，才能供负载使用。由于节能灯功率远大于太阳能电池输出功率，由太阳能电池与蓄电池并联后给节能灯供电。按图 6.5.16 接线，节能灯点亮。用电压表测量逆变器输入端直流电压，用示波器测量逆变器输出端电压及波形。

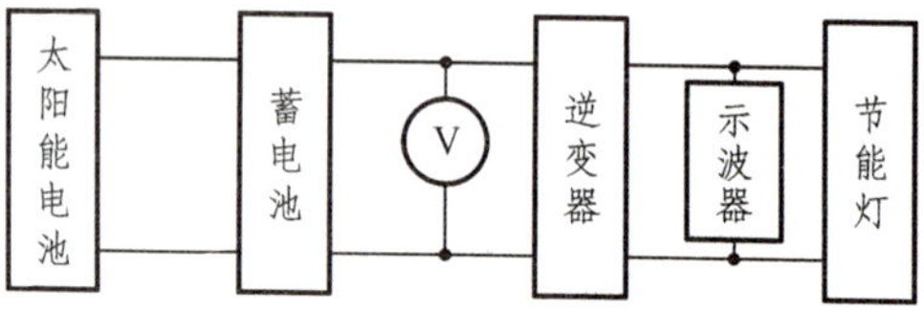

图 6.5.16　交流负载实验接线图

【思考题】

1. 太阳能电池的伏安特性与一般二极管的伏安特性有何异同?

2. 在“失配及遮挡对太阳能电池输出的影响实验”中，纵向遮挡（遮挡串联电池片中的若干片）对输出有何影响？工程上如何减小这种影响？横向遮挡（遮挡所有电池片的部分面积，等效于遮挡并联支路）对输出有何影响?

3. 对于“太阳能电池直接带负载实验”，若负载电阻不变，负载获得功率与电压平方成正比，计算负载功率增加率，若该增加率大于太阳能电池输出增加率，多余的能量由哪部分提供?

【实验心得】（不少于 100 字）

6.6　杨氏双缝测光波波长

粒子和波有着非常大的区别。当粒子与粒子相遇后，会发生碰撞，使粒子的运动轨迹发生变化，碰撞的粒子按照碰撞后的轨迹运行。而波与波相遇，会发生相互叠加，但叠加过后，两列波将恢复其原来的运动状态，继续向前运动，好像从来没有遇到过一样。波的干涉是波叠加中特有的一种自然想象。它表现为：在两列波频率相同，振动方向一致，相位差恒定，在空间相遇时，空间会出现有的地方振动加强，有的地方振动减弱，能量不均匀分配的现象，这种现象就是波的干涉。这种现象只有波才具有，粒子性不具有此现象。但是，光作为人们认为的最小物质，却同时具备了两个特性，既有粒子性，又有波动性，即波粒二象性。关于光的波动性和粒子性的纷争历经了三百多年。在十八世纪初，随着牛顿声望的提高，牛顿的微粒说占统治地位，直到 18 世纪末，托马斯·杨的杨氏双缝干涉实验的出现，推翻了光的微粒学说的统治地位，证明了光具有波动性，对进一步认识光的本质，大大推进了一步。

本实验是利用杨氏双缝干涉实验测量光的波长，且为设计性实验，就是希望
动脑筋，独立设计实验，再现前人精彩的瞬间。

【实验目的】

1. 掌握光波产生稳定干涉现象的条件。
2. 掌握杨氏双缝干涉实验测量光波波长的工作原理。
3. 独立设计实验，最后计算出光波的波长。

【实验仪器】

光源，透镜，滤光片，单缝，双缝，屏，米尺，移测显微镜等。

【实验原理】

1）理论基础

杨氏双缝干涉的光路图如图 6.6.1 所示。一单色光源的光照射在单缝 S 的屏上，光通过单缝 S，又照射在两个彼此极为靠近的平行狭缝 S_1 和 S_2 上。其中单缝 S 处在狭缝 S_1 和 S_2 的中垂线上。因此，透过 S_1 和 S_2 的光同时处在同一个波阵面上。它们属于一对初相位相同的相干光源。两相关光源透过 S_1 和 S_2 在空间叠加，产生干涉现象，在后面的接收屏上可以观察到稳定的明暗相间的干涉条纹。

如图 6.6.1 所示，双缝 S_1 和 S_2 之间的距离为 d，双缝到接收屏的距离为 D，且 $D>>d$。双缝 S_1 和 S_2 到接收屏上 P 点的距离分别为 r_1 和 r_2。由图 6.6.1 分析可知，双缝 S_1 和 S_2 到接收屏上 P 点的光程差为

$$\Delta r = r_2 - r_1 \approx d\sin\theta \approx d\theta \approx d\tan\theta = \frac{d}{D}x \tag{6.6.1}$$

式中，由于 θ 值较小，可以做如上简化。设入射光波的波长为 λ，则干涉出现明暗纹的条件为

$$\Delta r = \frac{d}{D}x = \begin{cases} \pm k\lambda \ (k=0,1,2,3,\cdots), & \text{明纹} \\ \pm(2k+1)\dfrac{\lambda}{2} \ (k=0,1,2,3,\cdots), & \text{暗纹} \end{cases} \tag{6.6.2}$$

式中，k 对应的是级次，$k=0$ 表示零级，$k=1$ 表示第一级，依次类推，当 $k=i$ 时，表示第 i 级。

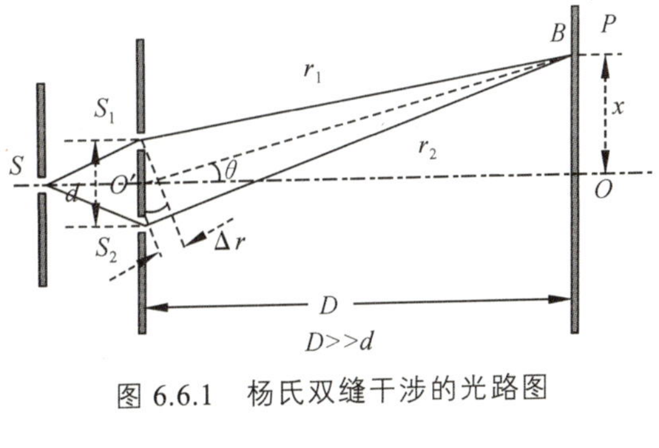

图 6.6.1　杨氏双缝干涉的光路图

得到各级条纹中心到 O 点的距离：

$$x_k=\begin{cases}\pm k\dfrac{D\lambda}{d}\ (k=0,1,2,3,\cdots), & \text{明纹}\\ \pm(2k+1)\dfrac{D\lambda}{2d}\ (k=0,1,2,3,\cdots), & \text{暗纹}\end{cases} \quad (6.6.3)$$

），可以求得相邻明纹或暗纹中心间的距离：

$$\Delta x=x_k-x_{k-1}=\frac{D\lambda}{d} \quad (6.6.4)$$

由上述公式可以得出，杨氏双缝干涉的干涉条纹是以接收屏 O 点为中心上下对称的、明暗相间的、等间距的、与狭缝平行的直条纹。同时，由式（6.6.4）可知，若测得相邻明纹或暗纹中心间的距离 Δx，S_1 和 S_2 狭缝之间的距离 d、双缝与接收屏之间的垂直距离 D，利用式（6.6.5）即可计算出入射光波的波长：

$$\lambda=\frac{d\cdot\Delta x}{D} \quad (6.6.5)$$

2）实验装置

本实验需要同学们自己组装和设计，本实验提供双缝干涉仪装置的结构图（见图 6.6.2）以供参考。

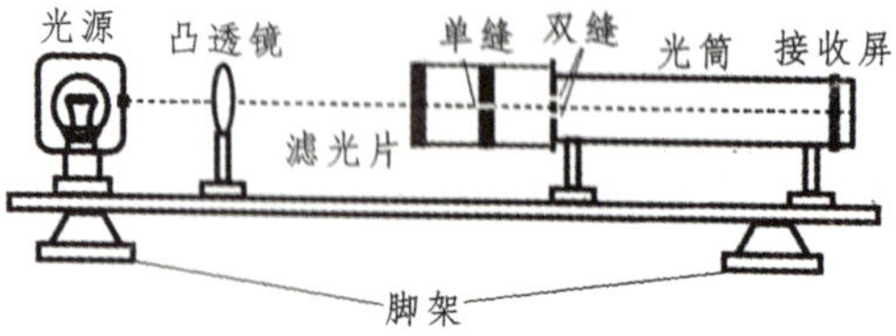

图 6.6.2　双缝干涉仪装置的结构示意图

【实验任务】

1. 将实验装置组合在一起，构成杨氏双缝干涉实验仪，并能够清楚地观测到干涉条纹。
2. 测量出 S_1 和 S_2 狭缝之间的距离 d。
3. 测量出双缝与接收屏之间的水平距离 D。
4. 测量出相邻明纹或暗纹中心间的距离 Δx。
5. 每组数据都需要重复测量，求平均值，以减小偶然误差。

【思考题】

1. 如果入射光是自然光，能否利用该实验获得各个颜色的光波的波段？

2. 若单缝 S，不在 S_1 和 S_2 狭缝之间连线的中垂线上，对干涉条纹的形成有影响吗？若有，有什么影响？为什么？

【实验心得】（不少于 100 字）

附　录

附表 1　国际单位制

	物理量名称	单位名称	单位符号		用其他 SI 单位表示式
			中文	国际	
基本单位与辅助单位	长度	米	米	m	
	质量	千克	千克	kg	
	时间	秒	秒	s	
	电流	安培	安	A	
	热力学温标	开尔文	开	K	
	物质的量	摩尔	摩	mol	
	发光强度	坎德拉	坎	cd	
	平面角	弧度	弧度	rad	
	立体角	球面度	球面度	sr	
导出单位	面积	平方米	米 ^{2}	m^2	
	速度	米每秒	米/秒	m/s	
	加速度	米每秒平方	米/秒 ^{2}	m/s^2	s^{-1}
	密度	千克每立方米	千克/米 ^{3}	kg/m^3	
	频率	赫兹	赫	Hz	
	力	牛顿	牛	N	$m \cdot kgs^{-2}$
	压力、压强、应力	帕斯卡	帕	Pa	N/m^2
	功、能量、热量	焦尔	焦	J	N · m
	功率、辐射通量	瓦特	瓦	W	J/s
	电量、电荷	库仑	库	C	S · A
	电位、电压、电动势	伏特	伏	V	W/A
	电容	法拉	法	F	C/V

续表

	物理量名称	单位名称	单位符号		用其他SI单位表示式
			中文	国际	
导出单位	电阻	欧姆	欧	Ω	V/A
	磁通量	韦伯	韦	wb	V·s
	磁感应强度	特斯拉	特	T	Wb/m^2
	电感	亨利	亨	H	Wb/A
	光通量	流明	流	lm	lm/m^2
	光照度	勒克斯	勒	lx	
	黏度	帕斯卡秒	帕·秒	Pa·s	
	表面张力	牛顿每米	牛/米	N/m	
	比热容	焦耳每米克开尔文	焦/（千克·开）	J/（kg·K）	
	热导率	瓦特每米开尔文	瓦/（米·开）	W/（m·K）	
	电容率（介电常量）	法拉每米	法/米	F/m	
	磁导率	亨利米	亨/米	H/m	

附表 2　基本物理常数 1986 年国际推荐值

物理量	符号	数值	单位	不确定度 ppm
光速	c	299，792，458	Ms^{-1}	（精确）
真空磁导率	μ_0	$4\pi\times10^{-7}$	$N\cdot A^{-1}$	（精确）
真空介电常量	ε_0	8.854 187 817…	$10^{12}\ F\cdot m^{-1}$	（精确）
牛顿引力常量	G	6.672 59（85）	$10^{11}\ m^3\ kg^{-1}\cdot s^{-2}$	128
普朗克常量	h	6.626 075 5（40）	$10^{-34}\ J\cdot s$	0.60
基本电荷	e	1.602 177 33（49）	$10^{-19}\ C$	0.30
电子质量	m_e	0.910 938 97（54）	$10^{-30}\ kg$	0.59
电子荷质比	$-e/m_e$	−1.758 819 62（53）	$10^{11}\ C/kg$	0.30
质子质量	m_p	1.672 623 1（10）	$10^{-27}\ kg$	0.59
里德伯常量	R_∞	10 973 731.534（13）	m^{-1}	0.001 2
精细结构常数	a	7.297 353 08（33）	10^{-3}	0.045
阿伏伽德罗常量	N_A，L	6.022 136 7（36）	$10^{23}\ mol^{-1}$	0.59
气体常量	R	8.314 510（70）	$Jmol^{-1}K^{-1}$	8.4
玻耳兹曼常量	k	1.380 658（12）	$10^{23}\ J\cdot K^{-1}$	8.4
摩尔体积（理想气体，$T=273.15K$；$p=101\ 325\ Pa$）	V_m	22.414 10（29）	L/mol	8.4
圆周率	π	3.141 592 65		
自然对数	e	2.718 281 83		
对数变换因子	$\log_e 10$	2.302 585 09		

附表 3　20 °C 时常见固体和液体的密度

物　质	密度ρ/（kg/m^3）	物　质	密度ρ/（kg/m^3）
铝	2 698.9	窗玻璃	2 400 ~ 2 700
铜	8 960	冰（0 °C）	800 ~ 920
铁	7 874	石蜡	792
银	10 500	有机玻璃	1 200 ~ 1 500
金	19 320	甲醇	792
钨	19 300	乙醇	789.4
铂	21 450	乙醚	714
铅	11 350	汽油	710 ~ 720
锡	7 298	弗利昂-12	1 329
水银	13 546.2	变压器油	840 ~ 890
钢	7 600 ~ 7 900	甘油	1 260
石英	2 500 ~ 2 800	食盐	2 140
水晶玻璃	2 900 ~ 3 000		

附表 4　标准大气压下不同温度的纯水密度

温度 t/°C	密度ρ/（kg/m^3）	温度 t/°C	密度ρ/（kg/m^3）	温度 t/°C	密度ρ/（kg/m^3）
0	999.841	17.0	998.774	34.0	994.371
1.0	999.900	18.0	998.595	35.0	994.031
2.0	999.941	19.0	998.405	36.0	993.68
3.0	999.965	20.0	998.203	37.0	993.33
4.0	999.973	21.0	997.992	38.0	992.96
5.0	999.965	22.0	997.770	39.0	992.59
6.0	999.941	23.0	997.538	40.0	992.21
7.0	999.902	24.0	997.296	41.0	991.83
8.0	999.849	25.0	997.044	42.0	991.44
9.0	999.781	26.0	996.783		
10.0	999.700	27.0	996.512	50.0	998.04
11.0	999.605	28.0	996.232	60.0	983.21
12.0	999.498	29.0	995.944	70.0	977.78
13.0	999.377	30.0	995.646	80.0	975.31
14.0	999.244	31.0	995.340	90.0	965.31
15.0	999.099	32.0	995.025	100.0	958.35
16.0	999.943	33.0	994.702		

附表 5　在海平面上不同纬度处的重力加速度

纬度 ϕ/°	g / (m/s^2)	纬度 ϕ/°	g / (m/s^2)
0	9.784 9	50	9.810 79
5	9.780 88	55	9.815 15
10	9.782 04	60	9.819 24
15	9.783 94	65	9.822 49
20	9.786 52	70	9.826 14
25	9.789 69	75	9.828 73
30	9.793 38	80	9.830 65
35	9.797 40	85	9.831 82
40	9.808 18	90	9.832 21

* 表中列出数值根据公式：$g = 9.780\ 49\ (1 + 0.005\ 288\sin^2\phi - 0.000\ 006\sin^2\phi)$，式中 ϕ 为纬度。

附表 6　在 20 °C 时部分金属的杨氏弹性模量

金属名称	杨氏模量	
	Gpa	$\times 10^2$ kg/mm^2
铝	69 ~ 70	70 ~ 71
钨	407	415
铁	186 ~ 206	190 ~ 210
铜	103 ~ 127	105 ~ 130
金	77	79
银	69 ~ 80	70 ~ 82
锌	78	80
镍	203	205
铬	235 ~ 245	240 ~ 250
合金钢	206 ~ 216	210 ~ 220
碳钢	169 ~ 206	200 ~ 210
康钢	160	163

* 杨氏模量值与材料结构、化学成分、加工方法关系密切，实际材料可能与表列数值不尽相同。